獣医学教育モデル・コア・カリキュラム準拠

コアカリ 獣医臨床繁殖学

獣医繁殖学教育協議会　編

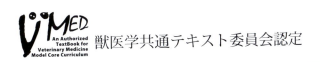
獣医学共通テキスト委員会認定

表紙イラスト提供（敬称略）

作者不明（Pixabay からの画像）

Viviane Monconduit（Pixabay からの画像）

Sipa（Pixabay からの画像）

Skeeze（Pixabay からの画像）

Yen Iai（Pixabay からの画像）

Yair Ventura Filho（Pixabay からの画像）

Ben Kerckx（Pixabay からの画像）

高桑ともみ（東京農工大学）

口 絵

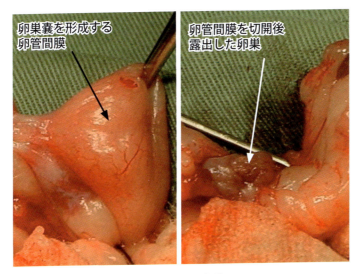

図 1-7　犬の卵巣

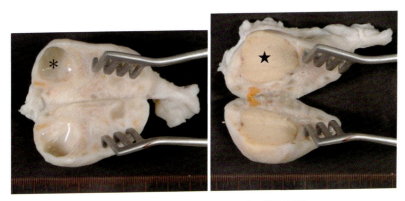

図 1-8　牛卵巣割面のホルマリン固定写真
左：胞状卵胞（＊），右：黄体（★）

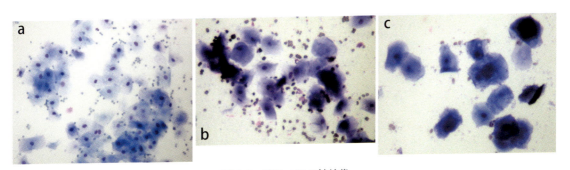

図 4-5　腟スメアの鏡検像
a：発情前期の初期，b：発情前期の後期，c：発情期

iv　　　　口　絵

図 4-6　雌馬のスクワッティングと排尿
　　　　（提供：南保泰雄氏）

図 4-8　雌猫のロードシス（提供：堀　達也氏）

図 4-9　雌犬のフラッギング（提供：堀　達也氏）

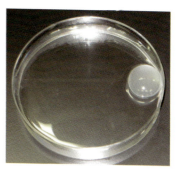

図 5-3　馬胚を包むカプセル（提供：南保泰雄氏）
　　　　妊娠 13 日，直径 13 mm

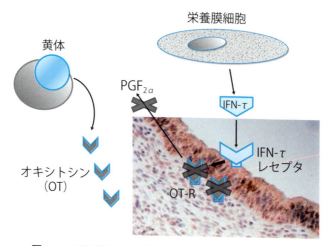

図 5-4　反芻動物の妊娠初期における黄体退行阻止機構
　胚の栄養膜細胞から産生されたインターフェロン‐タウ（IFN-τ）は子宮内膜細胞に作用し，オキシトシンレセプタ（OT-R）の発現を抑制することで，黄体から分泌されるオキシトシンのレセプタへの結合が阻止される．その結果，子宮内膜からのプロスタグランジン $F_{2\alpha}$（$PGF_{2\alpha}$）の産生が抑制され，黄体退行も阻止されることになる．

口絵　v

図 5-5　豚胚のスペーシング
　　　　AI 後 27 日.

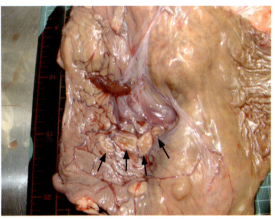

図 5-6　馬の子宮内膜杯（提供：南保泰雄氏）

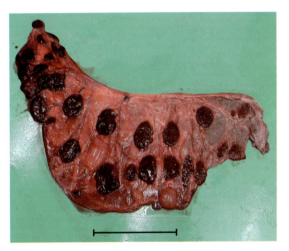

図 6-2　多胎盤
胎子娩出後に排出された牛の胎盤.（bar＝30cm）

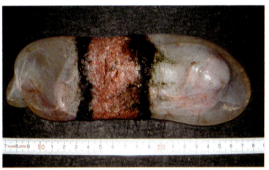

図 6-3　犬の帯状胎盤（提供：堀 達也氏）

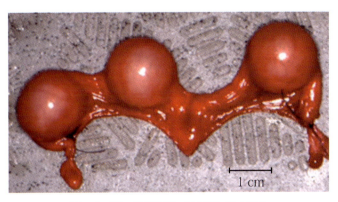

図 7-3　猫の妊娠子宮（交配後 20 日目）

図 8-3 乳牛の分娩経過
左列上：開口期（第 1 期）　尾の挙上，子宮頸管粘液の漏出，乳房の腫大，尾根部の陥没などがみられる．
左列下：産出期（第 2 期）　第一破水後　破裂し，陰門から下垂した尿膜嚢．
中央列上から順に：足胞の露出，第二次破水後に陰門から蹄が露出している，前肢および頭部通過中，頸部通過中．
右列上から順に：後肢通過中，産出直後．
右列下：後産期（第 3 期）　下垂した胎盤と腫大した乳房がみられる．

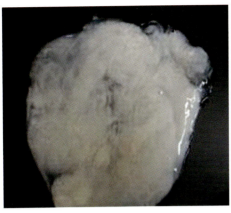

図 8-7　分娩後の悪露
正常な経過における分娩後 10 日頃の悪露（膿様粘液：左）および同時期の胎盤停滞牛の悪露（膿汁：右）．

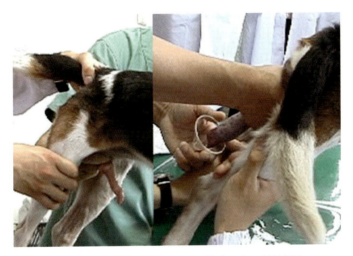

図 11-3　手圧（用手）法による雄犬からの精液採取
左：包皮から陰茎を完全に露出させ，陰茎の基部を握る．
右：完全に勃起した陰茎を背側に牽引し，亀頭球を圧迫して射精を促す．

図 14-2　水腫胎
　皮膚が黄色く染まっていることが多いが，これは排出された胎便に由来するものである．（写真提供：木村 淳氏）

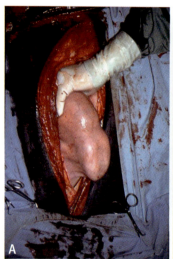
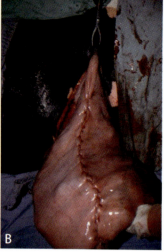

図 15-2 牛の起立位帝王切開
（提供：酪農学園大学）
A：開腹後，子宮壁の上から胎子の肢をつかみ，創口外に引き出したところ．
B：胎子摘出後，子宮の縫合を終えたところ．

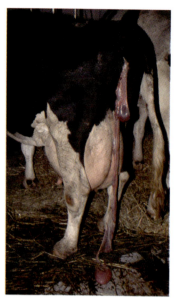

図 15-4 牛の胎盤停滞
（提供：澤向　豊氏）

図 15-3 牛の子宮脱
子宮脱発生から長時間が経過したため，子宮内膜・子宮小丘が乾燥している．　　　　（提供：澤向　豊氏）

図 16-1 牛の腟内に貯留した膿汁
（提供：澤向　豊氏）

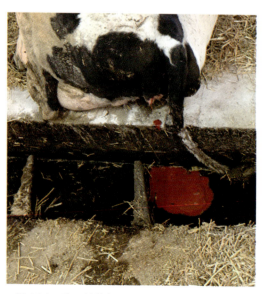

図 16-2 牛の外陰部から漏出した暗赤色の悪露

はじめに

　獣医臨床繁殖学は獣医繁殖・産科学（Veterinary Reproduction and Obstetrics あるいは Theriogenology）とも言い，動物の生殖に関わる生理と病理を探究し，関連する疾患の病態解明，診断，治療や予防法の開発および群単位での繁殖成績の向上や繁殖制御法の開発に貢献する学問です．

　産業動物の現場においては繁殖が生産と経営に直結することから，効率的な繁殖管理が求められます．農場規模が拡大傾向にある昨今においては一層その重要性が増しています．また，伴侶動物では避妊法が必要とされる一方で，動物の子を望むクライアントには受胎を促進するための対応が求められます．さらに，各種の野生動物や動物園飼育動物においても状況に応じて繁殖を促進あるいは制御することが求められます．従って，動物の生殖周期を理解し，そのサイクルをいかに回していくか（あるいは調節していくか），その手立てを考えること，そしてそのサイクルの進行を阻む様々な要因に対する理解を深め，対策を講じるための知識や技術を身につけることが重要です．本書がその一助になることを願っています．

　この分野の教科書としては，『動物臨床繁殖学』（朝倉書店）や『獣医繁殖学』（文永堂出版）などが国内の獣医学教育において広く活用されています．「獣医学モデル・コア・カリキュラム」に準拠した本書においては，共用試験に対する準備として必要な基本的項目に記述を絞りつつ，必要に応じて今の獣医学生や臨床家が知っておくべき最新の情報も掲載するように心掛けました．また，視覚に訴えるために図表や写真をできるだけ取り入れるようにしました．本書のために書き下ろした新しい図表等も少なからず掲載しています．このような理由から本書は獣医学生のみならず，多くの獣医師にとっても有用な書籍になったのではないかと考えています．本書を上述の教科書と併用することで獣医臨床繁殖学における理解がより進み，そして深まることでしょう．

　本書の上梓にあたっては，執筆の労をお願いした永野昌志，羽田真悟，村瀬哲磨の各先生，そして図表や写真をご提供いただいた先生方に深く感謝申し上げます．最後に，本書の企画から出版までの過程においてご協力をいただいた文永堂出版社長の福　毅氏，担当の松本　晶氏およびスタッフ一同に心より感謝申し上げます．

2019 年 5 月

企画・編集を代表して　**大澤健司**

全体目標

　動物の繁殖に関わる生理学を体系的に学び，代表的な動物の発情周期，妊娠，分娩および産褥の過程を理解することによりその異常を診断する能力を身につけ，繁殖障害の治療法および予防法の概要を説明する能力を養う．また，動物の生殖機能を人為的に調節する技術に関して，その内容および動物の健康と畜産製品の安全性への影響を説明する能力を身につける．

企　画 （五十音順・敬称略）

大澤健司	宮崎大学農学部
片桐成二	北海道大学大学院獣医学研究院
松井基純	帯広畜産大学獣医学研究部門

編　集 （五十音順・敬称略）

大澤健司	宮崎大学農学部
田中知己	東京農工大学大学院農学研究院

執　筆 （五十音順・敬称略）

大澤健司	宮崎大学農学部
片桐成二	北海道大学大学院獣医学研究院
田中知己	東京農工大学大学院農学研究院
永野昌志	北海道大学大学院獣医学研究院
羽田真悟	帯広畜産大学獣医学研究部門
松井基純	帯広畜産大学獣医学研究部門
村瀬哲磨	岐阜大学応用生物科学部

目　次

第1章　生殖器の構造と発生 ·· (田中知己) ··· 1
  1-1　生殖器の発生と性の分化 ··· 1
    1. 生殖器の構成 ·· 1
    2. 生殖細胞の発生 ·· 1
    3. 生殖道の発生 ·· 1
    4. 性の決定要因 ·· 2
    5. 生殖道の性分化 ·· 2
    6. 外部生殖器の発生 ·· 2
    7. 精巣下降 ·· 3
  1-2　雌性生殖器の構造と機能 ··· 4
    1. 雌性生殖器の構成要素 ·· 4
    2. 雌性生殖器に関係する間膜 ·· 5
    3. 卵胞発育と排卵 ·· 5
    4. 黄　体 ·· 6
    5. 卵　管 ·· 6
    6. 子　宮 ·· 6
    7. 腟 ·· 6
    8. 外部生殖器 ·· 7
  1-3　雄性生殖器の構造と機能 ··· 7
    1. 雄性生殖器の構成要素 ·· 7
    2. 精索における精巣の温度調節 ·· 7
    3. 陰嚢における精巣の温度調節と保護 ·· 8
    4. 精巣の構造と機能 ·· 8
    5. 雄性生殖器の排出管系 ·· 9
    6. 副生殖腺 ·· 9
    7. 陰　茎 ·· 9
第2章　生殖機能の調節機構 ·· (田中知己) ··· 11
  2-1　神経とホルモンによる繁殖機能調節 ·· 11
    1. 神経内分泌機構 ·· 11
    2. 視床下部における2つのセンター ·· 11
    3. 繁殖に関係するホルモン ·· 12
    4. 繁殖ホルモンとレセプター ·· 12
  2-2　視床下部−下垂体−性腺軸による繁殖機能調節 ·· 14
    1. 視床下部−下垂体−性腺軸とフィードバック機構 ··· 14
    2. GnRH ·· 15
    3. オキシトシン ·· 15
    4. 卵胞発育，LH サージと排卵 ·· 16
    5. 黄体形成と退行 ·· 16
    6. 妊娠成立と胎盤ホルモン ·· 17
    7. 精子形成とホルモン ·· 17
第3章　配偶子形成 ·· (田中知己) ··· 19
  3-1　生殖細胞の形成と成熟 ·· 19
    1. 配偶子形成過程 ·· 19

	2. 卵子形成	20
	3. 精子形成	21
3-2	卵子および卵胞の形成と成熟	21
	1. 卵胞の形成と成熟	21
	2. 排卵の過程	22
	3. 卵胞の閉鎖	24
3-3	精子の形成と成熟	24
	1. 精子の形態	24
	2. 精子形成過程	25
	3. 精子形成サイクル	27
	4. 精子の受精能	27

第4章　雌の生殖周期，発情周期および性行動 ………………………（大澤健司）… 29

4-1	生殖周期の基本概念と調節の仕組み	29
	1. ライフサイクル	29
	2. 性成熟	29
	3. 完全発情周期と不完全発情周期	30
	4. 繁殖季節	30
4-2	発情周期と調節の仕組み	30
	1. 卵巣周期と発情周期	30
	2. 完全発情周期と不完全発情周期	30
	3. 単発情と多発情	31
	4. 自然排卵および交尾排卵	31
	5. 牛の発情周期	31
	6. 馬の発情周期	32
	7. 豚の発情周期	32
	8. 犬の発情周期	33
	9. 猫の発情周期	33
4-3	発情周期中の生殖器の変化	34
	1. 牛	34
	2. 馬	35
	3. 豚	36
	4. 犬	36
4-4	性行動	37
	1. 雌の性行動	37
	2. 分娩後の発情回帰	38
4-5	発情診断	39
	1. 発情診断	39
	2. 授精適期	40

第5章　受精と着床 ……………………………………………………（大澤健司）… 42

5-1	受精の過程と調節の仕組み	42
5-2	胚の初期発生の過程	43
	1. 接合子から脱出胚盤胞に至る胚の発生過程	43
	2. 胚の伸長と胚葉の分化	44
5-3	母体の妊娠認識	44
5-4	着床過程の基本事項および特徴	46
	1. 胚の子宮内分布と移動	46
	2. 着床の形式	46

			目　次　　xiii

　　3.　着床過程 ………………………………………………………………………… 46
　　4.　着床遅延 ………………………………………………………………………… 47
第6章　妊娠と胎子発育 ……………………………………………（大澤健司）… 49
　6-1　妊娠期間および胎子発育の経過 ………………………………………………… 49
　　1.　妊娠期間 ………………………………………………………………………… 49
　　2.　胎子発育の経過 ………………………………………………………………… 49
　6-2　胎盤の構造と機能 ………………………………………………………………… 51
　　1.　胎　膜 …………………………………………………………………………… 51
　　2.　胎　盤 …………………………………………………………………………… 51
　6-3　妊娠維持に関わるホルモンとその作用 ………………………………………… 53
　　1.　牛 ………………………………………………………………………………… 53
　　2.　馬 ………………………………………………………………………………… 53
　　3.　犬 ………………………………………………………………………………… 54
　6-4　妊娠の経過に伴う母体の変化 …………………………………………………… 54
　　1.　循環動態の変化 ………………………………………………………………… 54
　　2.　栄養要求量の変化 ……………………………………………………………… 54
　　3.　母体腹部および乳房の変化 …………………………………………………… 55
第7章　妊娠診断 ……………………………………………………（片桐成二）… 56
　7-1　妊娠診断に有用な母体の変化 …………………………………………………… 56
　　1.　ノンリターン法 ………………………………………………………………… 56
　　2.　頸管粘液の検査 ………………………………………………………………… 56
　7-2　触診および画像診断 ……………………………………………………………… 57
　　1.　直腸検査 ………………………………………………………………………… 57
　　2.　腹部の触診 ……………………………………………………………………… 57
　　3.　超音波検査 ……………………………………………………………………… 57
　　4.　X線検査 ………………………………………………………………………… 58
　7-3　生理活性物質の測定 ……………………………………………………………… 59
　　1.　プロジェステロン濃度測定 …………………………………………………… 59
　　2.　その他の妊娠関連物質の検出 ………………………………………………… 59
第8章　分娩と産褥 …………………………………………………（片桐成二）… 62
　8-1　分娩開始の機序と分娩の徴候としての母胎の変化 …………………………… 62
　　1.　分娩開始の機序 ………………………………………………………………… 62
　8-2　分娩の経過 ………………………………………………………………………… 64
　　1.　分娩経過の区分 ………………………………………………………………… 64
　　2.　各動物の分娩経過 ……………………………………………………………… 66
　8-3　産　褥 ……………………………………………………………………………… 67
　　1.　牛 ………………………………………………………………………………… 67
　　2.　馬 ………………………………………………………………………………… 69
　　3.　豚 ………………………………………………………………………………… 70
　　4.　犬 ………………………………………………………………………………… 70
　8-4　新生子の生理と管理 ……………………………………………………………… 70
　　1.　自発呼吸 ………………………………………………………………………… 70
　　2.　体温調節 ………………………………………………………………………… 71
　　3.　初乳の摂取 ……………………………………………………………………… 71
第9章　発情周期および妊娠の人為的調節 ………………………（永野昌志）… 73
　9-1　発情と排卵の同期化 ……………………………………………………………… 73
　　1.　発情および排卵同期化の利点 ………………………………………………… 73

xiv　目　次

　　2．発情同期化法 ……………………………………………………………… 73
　　3．排卵同期化法 ……………………………………………………………… 75
　9-2　季節外繁殖 …………………………………………………………………… 76
　　1．季節外繁殖の意義 ………………………………………………………… 76
　　2．日照時間調整による季節外繁殖 ………………………………………… 77
　　3．ホルモン処理による方法 ………………………………………………… 77
　9-3　分娩の誘起 …………………………………………………………………… 77
　　1．分娩誘起の利点と意義 …………………………………………………… 77
　　2．牛 …………………………………………………………………………… 77
　　3．馬 …………………………………………………………………………… 78
　　4．羊および山羊 ……………………………………………………………… 78
　　5．豚 …………………………………………………………………………… 78
　　6．犬および猫 ………………………………………………………………… 78
　9-4　避妊および人工妊娠中絶 …………………………………………………… 78
　　1．避妊の利点と意義 ………………………………………………………… 78
　　2．人工妊娠中絶技術 ………………………………………………………… 79

第10章　雄の生殖生理 ………………………………………………（永野昌志）… 82
　10-1　性成熟と繁殖供用 ………………………………………………………… 82
　　1．性成熟 ……………………………………………………………………… 82
　　2．精子の形成と成熟 ………………………………………………………… 83
　10-2　精子と精液 ………………………………………………………………… 83
　　1．精子の形態と構造 ………………………………………………………… 83
　　2．精子の機能 ………………………………………………………………… 83
　　3．精　液 ……………………………………………………………………… 84
　10-3　陰茎の勃起と射精 ………………………………………………………… 86

第11章　人工授精 ……………………………………………………（永野昌志）… 89
　11-1　人工授精のための精液採取と検査 ……………………………………… 89
　　1．精液の採取法 ……………………………………………………………… 89
　　2．精液，精子の検査 ………………………………………………………… 90
　11-2　各動物種における人工授精技術 ………………………………………… 94
　　1．牛の人工授精 ……………………………………………………………… 94
　　2．豚の精液注入器および注入法 …………………………………………… 95
　　3．犬の精液注入器および注入法 …………………………………………… 95
　11-3　人工授精関連法規 ………………………………………………………… 95
　　1．家畜改良増殖法 …………………………………………………………… 95
　　2．家畜伝染病予防法 ………………………………………………………… 96
　　3．獣医師法 …………………………………………………………………… 96

第12章　胚移植および関連する生殖工学技術 ……………………（永野昌志）… 98
　12-1　胚移植技術 ………………………………………………………………… 98
　　1．手技の要点 ………………………………………………………………… 98
　　2．牛の胚移植 ………………………………………………………………… 99
　　3．胚の凍結保存と融解 ……………………………………………………… 101
　12-2　体外受精およびその他の生殖工学技術 ………………………………… 103
　　1．体外受精 …………………………………………………………………… 103
　　2．顕微授精 …………………………………………………………………… 103
　　3．クローニング ……………………………………………………………… 104
　　4．キメラ ……………………………………………………………………… 104

5.	遺伝子組換え動物	104
6.	雌雄の産み分け技術	105

第13章　雌の繁殖障害 ……………………………………………………（村瀬哲磨）… 107

13-1　生殖器の器質的異常による不受胎の診断法および対策 …………………………… 107
  1.　生殖器の先天性器質的異常 …………………………………………………………… 107
  2.　生殖器の後天性器質的異常 …………………………………………………………… 109

13-2　生殖器の機能的異常による不受胎の診断法と対策 ………………………………… 113
  1.　卵胞発育障害 …………………………………………………………………………… 113
  2.　牛の卵巣嚢腫 …………………………………………………………………………… 115
  3.　豚の卵巣嚢腫 …………………………………………………………………………… 116
  4.　無発情 …………………………………………………………………………………… 116
  5.　鈍性発情 ………………………………………………………………………………… 116
  6.　短発情 …………………………………………………………………………………… 117
  7.　持続性発情 ……………………………………………………………………………… 117
  8.　無排卵性発情（正常様発情），無排卵 ……………………………………………… 118
  9.　排卵遅延 ………………………………………………………………………………… 118
  10.　牛の黄体形成不全 …………………………………………………………………… 118
  11.　黄体遺残 ……………………………………………………………………………… 119
  12.　胚死滅 ………………………………………………………………………………… 120

13-3　生殖器への非定型感染とその結果生じる炎症による不受胎の診断法と対策 …… 120
  1.　腟　炎 …………………………………………………………………………………… 120
  2.　子宮頸管炎 ……………………………………………………………………………… 121
  3.　子宮内膜炎 ……………………………………………………………………………… 121
  4.　子宮蓄膿症 ……………………………………………………………………………… 122
  5.　子宮筋炎 ………………………………………………………………………………… 122
  6.　子宮外膜炎 ……………………………………………………………………………… 122
  7.　卵管炎 …………………………………………………………………………………… 123
  8.　卵巣炎，卵巣癒着 ……………………………………………………………………… 123

13-4　飼養管理の不良など人為的要因による不受胎の診断法と対策 …………………… 123
  1.　栄養管理 ………………………………………………………………………………… 123
  2.　飼育環境からのストレス ……………………………………………………………… 126

13-5　発情発見，精液の取扱いおよび授精技術の不良および失宜による不受胎の診断法と対策 ……… 126
  1.　発情の見逃し …………………………………………………………………………… 126
  2.　精液取扱いの失宜 ……………………………………………………………………… 127
  3.　授精技術の失宜 ………………………………………………………………………… 127

第14章　妊娠期の異常 ……………………………………………………（大澤健司）… 130

14-1　母体および胎盤の異常 ………………………………………………………………… 130
  1.　流産，早産，死産の定義 ……………………………………………………………… 130
  2.　腟　脱 …………………………………………………………………………………… 130
  3.　子宮捻転 ………………………………………………………………………………… 131
  4.　子宮ヘルニア …………………………………………………………………………… 132
  5.　胎膜水腫 ………………………………………………………………………………… 132

14-2　胎子の死亡および異常 ………………………………………………………………… 134
  1.　先天異常 ………………………………………………………………………………… 134
  2.　胎子ミイラ変性 ………………………………………………………………………… 135
  3.　胎子浸漬 ………………………………………………………………………………… 136

14-3　感染性流産 ……………………………………………………………………………… 136

目 次

14-4	非感染性流産	139
第 15 章　分娩時の異常	（松井基純）	141
15-1	難　産	141
15-2	分娩時の産道の損傷	145
15-3	子宮脱	145
15-4	胎盤停滞	146
第 16 章　産褥期の異常	（羽田真悟）	149
16-1	産褥性子宮炎	149
16-2	その他の異常	151
	1. 産褥熱	151
	2. 悪露停滞症	151
	3. 胎盤付着部の退縮不全	152
	4. 乳房炎・子宮炎・無乳症症候群	152
	5. 乳　熱	152
	6. 産後急癇（産褥性強直症）	153
	7. ダウナー牛症候群	153
16-3	新生子の蘇生法および新生子異常	153
	1. 新生子仮死	153
	2. 胎便停滞	154
	3. 鎖　肛	155
	4. 新生子黄疸	155
第 17 章　雄の繁殖障害	（村瀬哲磨）	157
17-1	雄の性腺，副生殖腺および外部生殖器の検査方法および代表的な異常所見	157
	1. 雄の性腺（精巣）	157
	2. 雄の副生殖腺	158
	3. 雄の外部生殖器	159
17-2	交尾障害	161
	1. 交尾欲減退～欠如症	161
	2. 交尾不能症	161
17-3	生殖不能症	162
	1. 無精液症	162
	2. 無精子症	162
	3. 精子減少症	163
	4. 精子無力症	163
	5. 精子死滅症	163
	6. 奇形精子症	163
	7. 血精液症	164
	8. 膿精液症	164
	9. 夏季不妊症	164

参考文献	166
正答と解説	168
索　引	176

第 1 章　生殖器の構造と発生

一般目標：生殖器の発生の過程および基本構造を理解し，機能との関連を説明できる．また，代表的な動物における生殖器の構造上の差異を説明できる．

哺乳類の性は遺伝要因により決定され，性の分化は胎生期初期に起こる．繁殖が営まれるためには，雌雄それぞれが有する特徴的な生殖器の構造に分化・発生する必要がある．生殖器の基本的な構成要素は生殖巣，生殖道，副生殖腺および外部生殖器であり，本章では代表的な動物における生殖器の構造を概説する．

1-1　生殖器の発生と性の分化

到達目標：生殖器の発生および性分化の過程としくみを説明できる．
キーワード：未分化生殖巣，中腎管（ウォルフ管），中腎傍管（ミューラー管），性決定領域（*Sry*），抗ミューラー管ホルモン，尿生殖洞，生殖結節

1. 生殖器の構成

家畜の生殖器は生殖巣（雌：卵巣；雄：精巣），生殖道（雌：卵管，子宮，腟；雄：精巣上体，精管，尿道），副生殖腺（雌：大前庭腺等；雄：前立腺等）および外部生殖器（雌：腟前庭，陰門；雄：陰茎）からなる．生殖器の発生は腎臓系の発生と同時期に近接して起こるが，これは発生の過程で腎臓系を利用していることによる．雌雄胎子の生殖器官の分化を表 1-1 にまとめた．

表 1-1　雌雄胎子の生殖器官の分化

胎子器官	雄（XY）	雌（XX）
未分化生殖巣	精巣	卵巣
中腎管	精巣上体，精管，精囊腺	痕跡
中腎細管	精巣輸出管	痕跡
中腎傍管	痕跡	卵管，子宮，腟の一部
尿生殖洞	前立腺，尿道球腺，尿道，膀胱	腟の一部，腟前庭，尿道，膀胱
生殖結節	陰茎	陰核
前庭ひだ	陰囊	陰唇

2. 生殖細胞の発生

生殖巣における生殖細胞の発生は，原始生殖細胞が卵黄囊の内胚葉に出現することに始まる．卵黄囊で発生した原始生殖細胞は背側に移動して，最終的に中腎の内側縁に存在する未分化生殖巣（undifferentiated gonads）に移動する．同時にこの時期には体腔上皮の局所肥厚と数百の原始生殖細胞の到来のため中腎の中央部内側が急速に拡大し，生殖隆起（後の生殖巣）が出現する．

3. 生殖道の発生

生殖道は "管" が変化して発生したものであり，胎生期における中腎管（mesonephric duct）（ウォルフ管）（中腎細管を含む）および中腎傍管（paramesonephric duct）（ミューラー管）がそれぞれ雄および雌の生殖道の発生に関わっている．性の分化が開始する前の妊娠初期では雄性および雌性両方の生殖器構造の原基が雌雄問わず全ての胎子に発生している．この雌雄両方の原基が存在している時期を器官形成の未分化期とよび，この状態を性的未分化とよぶ．つまりこの時期にはまだ形態的な性差は認められない．性的未分化の状態は牛では妊娠第 6 週中に，犬では第 4 週中に起こる．その後まもなく雄

性または雌性の特徴が出現し，性の分化が始まることになる．

4. 性の決定要因

哺乳類の性は遺伝要因により決定される．卵子がX染色体を有する精子（sperm）と受精した場合は雌に，Y染色体を有する精子と受精した場合は雄に誘導される（図1-1）．生殖器の性差はY染色体上に存在する**性決定領域**（sex-determining region Y：*Sry*）により導かれる精巣決定因子（testis determining factor：TDF）の制御を受ける．雄はTDFが作用することで雄に誘導され，雌は*Sry*とTDFがないことで雌に誘導されることから，哺乳類の性は生物学的に雌に向かうようにプログラムされていると理解される．

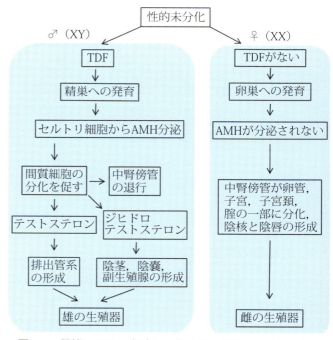

図1-1 雌雄における生殖巣，生殖道，外部生殖器の性分化

雄に誘導される過程においてTDFが存在すると未分化生殖巣は精巣への分化を開始する．精巣のセルトリ細胞（Sertoli cell）からは糖タンパクの**抗ミューラー管ホルモン**（anti-Müllerian hormone：AMH）（中腎傍管抑制物質，Müllerian duct inhibiting substance：MISともいう）が分泌され，中腎傍管が退行する．一方，同時に精巣における間質細胞（interstitial cell）（ライディッヒ細胞，Leydig cellともいう）の分化が促され，間質細胞から分泌されるテストステロンは中腎を雄の排出管系の形成に誘導する．**尿生殖洞**（urogenital sinus）および外部生殖器の細胞はテストステロンを取り込み5α-リダクターゼによってジヒドロテストステロンに変換する．ジヒドロテストステロンは陰茎（penis），陰嚢（scrotum），副生殖腺の形成に関与する．一方，雌に誘導される過程においてTDFが存在しない状態では未分化生殖巣は卵巣への分化を開始する．雄の場合と異なり中腎傍管はAMHの影響を受けないため，中腎傍管が卵管，子宮，子宮頸および腟の一部となるように発育し，雌の生殖道が形成され，中腎管は退行する．

5. 生殖道の性分化

雄生殖器の排出管系（精巣輸出管，精巣上体管，精管）は中腎系に由来する（図1-2）．中腎は頭側から尾側方向へ退行変性するが，雄では生殖巣と癒合した中腎細管のいくつかは退行せずに存在し続け，精巣輸出管を形成する．また中腎管の中腎内に存在する部分は精巣との密接な関係を保つ形で精巣上体を形成し，中腎管の尾側部は精管を形成する．

雌の中腎傍管からは卵管，子宮角が発生するとともに，尾側では両側の中腎傍管が癒合して子宮体，子宮頸および腟の一部が形成される．子宮の形態は動物種により異なるが，これは左右の中腎傍管の癒合の程度の差を反映したものである．子宮の発育と同時に中腎の腹膜が腹腔内に伸長し，卵巣間膜，卵管間膜，子宮間膜からなる子宮広間膜が形成される．尿生殖洞の尾側部分は腟前庭として残る．

6. 外部生殖器の発生

外部生殖器の発生において，雌の家畜では尿生殖洞の外側に接する尿生殖ひだが分かれた状態として

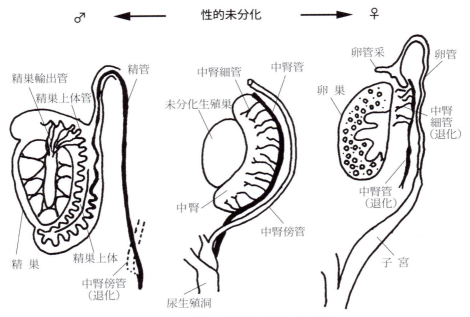

図 1-2 生殖器の性分化過程の模式図

残り陰唇となり陰門を形成する．これらは生殖結節（genital tubercle）よりも大きくなり，生殖結節は腟前庭内に内在した状態で陰核を形成する．胎子の成長とともに生殖隆起は生殖結節の頭側に移動し，ほとんどの動物種では胎子発育中にこれらは消失する．雄胎子では生殖結節が頭側へ移動し尿生殖ひだが尿生殖洞の背側で癒合する．したがって，生殖結節の基部と肛門との距離が雌に比べ雄では長いという特徴があり，胎生期における雌雄鑑別の指標となる．この雌雄差は牛胎子では妊娠42日，犬胎子では30日頃から出現し，雄では肛門から生殖結節基部の距離が増大するのに対し，雌では変わらない．

7. 精巣下降

　生殖隆起に発生した精巣が陰嚢内に収まるためには精巣が腹腔から鼠径管を通り，陰嚢内に移動（精巣下降）する必要がある．精巣下降の過程は3つの過程からなる．それらは体の成長に伴う精巣の受動的な移動，精巣導帯の膨張（発育）および精巣導帯の退縮である（図1-3）．中腎管が尿生殖洞につながる部位は体の両側で陰嚢隆起（隆起が進むと最終的に陰嚢になる部位）の位置の近くである．この部位は凝縮して精巣導帯を形成し，これは陰嚢隆起から伸びて頭側部に存在する精巣の精巣上体尾と精管の接合部に続いている．基本的に精巣導帯は伸長することはなく，精巣は尿生殖洞から同じ距離に留まっている．このような状況により体の発育が進行すると陰嚢隆起の方向に結果として相対的に精巣が牽引され，鼠径管の近くに受動的に移動する．続いて精巣が鼠径管を通過するためには，精巣の鼠径管通過を容易にするような変化が起こる必要がある．それは鼠径管の位置での精巣導帯の発育による膨張によってもたらされる．精巣導帯の膨張は導帯を形成する細胞の増殖と，主にヒアルロン酸からなる細胞外物質が著しく増加することによる．これらの変化は鼠径管の拡大をもたらし，精巣導帯を軟化させ，精巣下降への物理的な抵抗力を減ずる作用がある．このような精巣導帯の発育はテストステロン以外の精巣因子により促進されることが推定されている．次いで精巣からのテストステロン作用により精巣導帯が退縮を開始し，精巣導帯の短小化により精巣上体尾間膜となる．これに伴い最終的に精巣は陰嚢深くまで移動し，陰嚢内に収まる．精巣下降の時期は動物種によって異なり，牛で胎齢4か月，羊

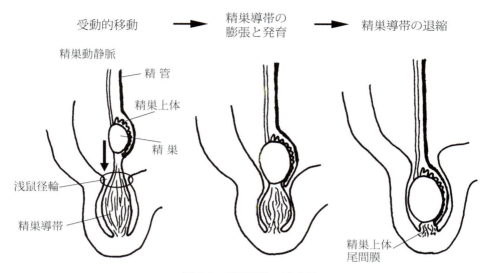

図 1-3 精巣下降の模式図

および豚で胎齢 3 か月，馬では胎齢 10 か月～出生後 1 週，犬および猫ではそれぞれ出生後 30 日および 20 日である．

1-2　雌性生殖器の構造と機能

　到達目標：雌性生殖器の基本構造および動物による違いを機能と関連づけて説明できる．
　キーワード：卵巣，卵管，子宮，腟，外部生殖器，卵巣嚢

1. 雌性生殖器の構成要素

　雌性生殖器は**卵巣**（ovary），**卵管**（oviduct），**子宮**（uterus），**腟**（vagina），**外部生殖器**（external organs of reproduction）および副生殖腺からなる（図 1-4，図 1-5）．家畜の生殖器は直腸生殖窩をはさんで直腸の腹側に存在しており，牛，馬，大型の豚では直腸を介して生殖器に対する様々なアプローチが可能である．代表的な方法は手指を直腸に挿入し，直腸を介して内部臓器を触診するいわゆる直腸検査であり，生殖器検査に多用される．直腸検査により卵巣や子宮の状態を把握することで発情周期のステージを推定することや，妊娠の有無等を検査することが可能である．

　卵管から外部生殖器は大小の差はあるが管状の構造をしており，生殖道とよぶ．生殖道は基本的に 4 層構造からなり，内側から粘膜上皮，粘膜固有層，筋層および漿膜（子宮においては外膜）である．漿膜は最外層で生殖道を包む役割を果たしている．筋層は輪走筋と縦走筋があり，生殖器の収縮に関与している．筋層の収縮は子宮の分泌物や卵子，精子，受精後の胚の輸送にも重要な役割を果たしており，分娩の際には胎子を娩出させる産出力としても重要である．粘膜固有層は血中ホルモン濃度の影響を受けて厚さが大きく変化する部位であり，神経やリンパ系が多く分布している．粘膜上皮は生殖道の内腔および粘膜固有層に対

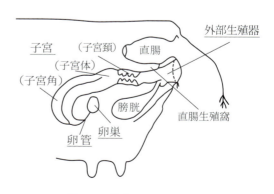

図 1-4　雌牛の生殖器模式図

第 1 章 生殖器の構造と発生　5

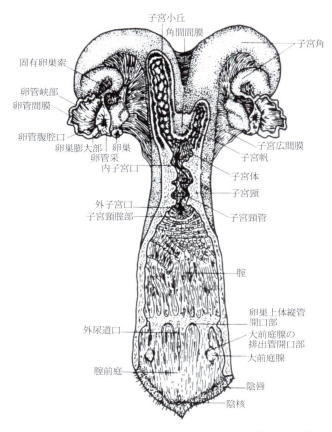

図 1-5　雌牛の生殖器（背側の一部を切開）（菱沼 貢，獣医繁殖学第 4 版，文永堂出版，2012 より転載）

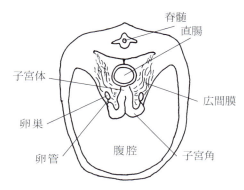

図 1-6　雌牛の腹腔内における生殖器の位置（前面）

して様々な物質を分泌しており，卵巣ステロイドホルモンの影響を強く受ける．

2. 雌性生殖器に関係する間膜

　生殖器は腹膜からなる広間膜により骨盤腔および腹腔内にぶら下がるように支えられている（図 1-6）．広間膜は卵巣間膜，卵管間膜および子宮間膜からなる．卵巣間膜は卵巣を支持し，卵巣への血管や神経が分布する卵巣堤索を形成する．卵巣間膜への卵巣の付着部位を卵巣門といい，血管，神経，リンパ管はこの部位を通り，卵巣内に分布する．卵管間膜は卵管を支持しており，一部卵巣に付着し，卵巣を内部に有する卵巣嚢（ovarian bursa）を形成する．犬の卵巣は卵巣嚢の中に収められており（図 1-7），卵巣を直接観察するためには卵巣嚢を形成する卵管間膜を切除しなければならない．子宮間膜は子宮角を支持しており，広間膜のほとんどの部分を占めている．

3. 卵胞発育と排卵

　卵巣は腎臓の尾側に存在し，生殖周期の変化に応じて構造物や機能を変化させる器官である．卵巣に認められる構造物として主に 6 つのものがある．それらは，原始卵胞（primordial follicle），一次卵胞（primary follicle），二次卵胞（secondary follicle），胞状卵胞（antral follicle），黄体（corpus luteum）および白体である．特に胞状卵胞と黄体は臨床上重要である（図 1-8）．胞状卵胞は原始卵胞の発育に始まる卵胞の発育過程の最終段階であり，胞状卵胞が発育して成熟胞状卵胞になるとやがて排卵（ovulation）（卵胞からの卵母細胞の排出）に至る．多くの動物種では卵巣表面のどの部分からでも排卵するが，馬では卵

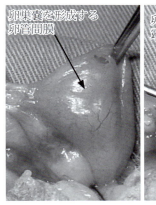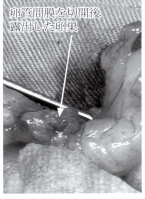

図 1-7　犬の卵巣（口絵参照）

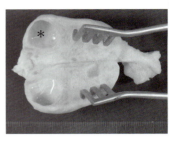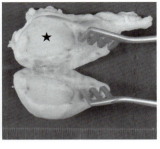

図1-8 牛卵巣割面のホルマリン固定写真
左：胞状卵胞（＊），右：黄体（★）
（口絵参照）

巣門の反対側に位置する排卵窩からのみ排卵する．

4. 黄体

　黄体は排卵した卵胞を起源にして形成される構造物である．黄体は大型黄体細胞および小型黄体細胞からなり，特徴的なこととして黄体には豊富な血管が存在することがあげられる．黄体の発育が完了した時点では黄体細胞と血管および結合組織が複雑に入り交じる構造物となり，反芻動物や豚では卵巣の表面に突出したような形態となる．牛や豚では胞状卵胞および黄体を直腸検査により触診することができ，超音波検査により画像描出することも可能である．白体は黄体が退行した構造物であり，特徴的な硬結感が明瞭となる白い瘢痕組織である．

5. 卵管

　卵管は卵巣と子宮をつなぐ役割を果たす細管であり，胚の誕生と輸送に関わる．卵管は卵管采，卵管漏斗，卵管膨大部および卵管峡部からなり，卵管漏斗の腹腔端に卵管采があり，排卵時には卵巣を包んで排卵された卵母細胞を捕捉するように働く．排卵された卵母細胞は卵管膨大部に運ばれ，交配が行われた場合には，ここで精子と受精する．受精が成立すると卵管は胚を子宮に輸送する役割を果たす．卵管は受精や初期胚の発生にとって最適な環境を備え，精子，卵子および胚に栄養を供給すると同時に，それらを保護する役割を果たしている．

6. 子宮

　子宮は妊娠のための器官である．子宮は胚を着床させて胎盤（placenta）を形成し，胎子は分娩までの期間，子宮の中で発育を続け，酸素や栄養素，老廃物等の物質交換を行う．一般の家畜（牛，犬，馬，羊，山羊，豚，猫）は形態学的に双角子宮に分類され，2つ（左右）の子宮角，1つの子宮体および1つの子宮頸から構成されている．子宮の場合，粘膜上皮と粘膜固有層を併せて子宮内膜といい，筋層を子宮筋層，漿膜を子宮外膜という．反芻家畜では子宮内膜に多数の小隆起（子宮小丘）が存在し，妊娠時には母体側の胎盤形成が起こる．一方，馬や豚には子宮小丘はなく特徴的な縦状のひだがある．

　子宮は精子の輸送，黄体退行と発情周期調節，胚の着床環境の整備，母体としての胎盤形成および分娩時の胎子の娩出，という基本的に5つの機能がある．子宮頸は子宮の最尾側で腟につながり，動物種に特有の形態を有し，厚く弾力性のある器官である．牛ではリング状のひだが4つ前後あり，豚では雄のペニスの形状に対応したらせん状のひだがある．馬は腟内に大きく突出している特徴があり，犬の子宮頸は短く狭い．子宮頸は頸管粘液を排出し，腟内の潤滑および洗浄の役割を果たし，妊娠中には糊状粘液を排出して子宮頸腟部の外子宮口を塞ぎ，妊娠時における外界からの異物の侵入を防ぐ働きがある．

7. 腟

　腟は交尾器官であり，分娩時には産道となる．腟の粘膜上皮は重層扁平上皮であり，発情周期のホル

モンの変化に反応して変化する．犬の腟垢検査において発情期には鱗の剥げ落ちたような特徴的な角化上皮細胞が顕著になるが，これはエストロジェン（estrogen）の影響による．腟の尾側は腟弁（注：動物種によっては痕跡）を境にして腟前庭につながる．

8. 外部生殖器

外部生殖器は腟前庭と陰門からなり，外尿道口が開口する．牛では外尿道口の腹側に尿道下憩室が存在する．陰門は外部から生殖道への開口部であり，両側に陰唇がある．陰唇内部には陰核があり，多数の神経が終末している．腟前庭と陰門は通常でも細菌が多数検出される部位であり，人工授精や胚移植など生殖道内への器具の挿入を伴う作業では生殖道に細菌を持ち込まないように留意する必要がある．

1-3 雄性生殖器の構造と機能

到達目標：雄性生殖器の基本構造および動物による違いを機能と関連づけて説明できる．
キーワード：精索，陰囊，精巣，精巣上体，精管，副生殖腺，陰茎，精囊腺，前立腺，尿道球腺

1. 雄性生殖器の構成要素

雄の生殖器が機能するための基本的な構成要素は，精索（spermatic cord），陰囊，精巣（testis），排出管系〔精巣輸出管，精巣上体（epididymis），精管（deferent duct）〕，副生殖腺（accessory reproductive glands），陰茎および機能調節のための筋肉である（図1-9）．雄性生殖器の最も重要な役割は受精可能な精子を作り排出することである．

2. 精索における精巣の温度調節

精索は体幹と精巣をつなぐ連絡路であり，重要な構造物として精管，蔓状静脈叢および精巣挙筋を含む．精索内には血管，リンパおよび神経の各系が通り，体幹との物質や情報の交換が行われている．また蔓状静脈叢は精索内の温度調節に必須のものである（図1-10）．これは哺乳類の精巣が造精機能を発揮するためには体温よりも低い温度に維持される必要があることと関係する．体幹から供給される精巣動脈は精索内に下降する時にコイル状に迂曲しているが，これを取り囲むように精巣静脈が分岐して蔓状に動脈に巻きつき，蔓状静脈叢が形成されている．通常体幹の温度を反映して家畜の精巣動脈血は38〜39℃の温度で精巣に供給されるが，精巣内の

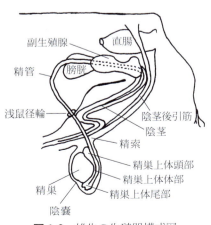

図1-9 雄牛の生殖器模式図

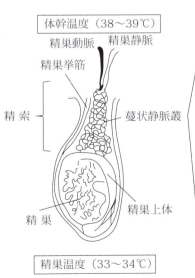

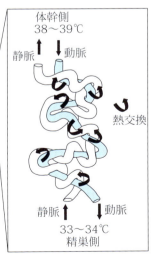

図1-10 精索における熱交換
精索を通ることにより動脈から蔓状静脈叢への熱交換が効率的に行われる．

動脈血温度は 33〜34℃に維持されている．これは，蔓状静脈叢の中で，体幹からの動脈血と精巣からの静脈血の間で効率的な熱交換が行われていることによる．よって動脈血は精索を通過する間に温度を下げられ，精巣内に流入することになる．また，精巣は精巣挙筋により支持されているが，陰嚢および精巣内の温度が低下したことを感知すると速やかに収縮し，体幹近くまで精巣を引き上げ一時的な精巣の温度調節に寄与している．

3. 陰嚢における精巣の温度調節と保護

陰嚢は外側から皮膚，肉様膜および総鞘膜からなる．獣医療では精巣摘出術が一般的に行われるが，外科的に精巣を露出させ摘出する際にはこれらの膜を切開する必要がある．陰嚢の大きな役割は大きく2つあり，陰嚢内の温度調節と精巣を物理的に保護することである．陰嚢の特徴として，他の皮膚に比べて薄いこと，被毛がまばらで大型の汗腺と温度受容器が発達していることがあげられる．これらは陰嚢内の温度調節に寄与し，例えば，体温が上昇した際や陰嚢の温度受容器により高温の情報が受容されるとその情報は視床下部（hypothalamus）に伝達され，陰嚢から汗が出て陰嚢の温度を下げる作用がある．また肉様膜には豊富な平滑筋が含まれており，陰嚢の温度変化を感知して，収縮または弛緩することで体幹との距離を調節しながら精巣における急激な温度変化が起こらないように働く．また，陰嚢は皮膚が弾力に富み，両内股の間で体幹の最後位にあるという特徴があり，これらは精巣を物的な衝撃から保護する役割を果たしていると考えられている．

4. 精巣の構造と機能

精巣は精子を産生（造精）するとともに雄性ホルモンを分泌して副生殖腺を発育させ，交配行動や二次性徴を出現させる．精巣の体幹に対する向きや大きさは動物種により異なる．牛，羊，山羊の精巣は体軸に対して垂直に位置し，体壁から下垂しており，羊や山羊の精巣の体格比は他の家畜に比べて大きい．犬および馬の精巣は体軸に対してほぼ水平に位置し，豚では精巣の長軸が体軸に対して斜めとなり精巣上体の頭部が下方を向いている．

精巣は白色強靭な白膜で覆われ，白膜内またはその内層に血管や神経が豊富に存在している．精巣の内部では精巣小葉と精巣縦隔が肉眼的にも観察される（図 1-11）．精巣小葉は精細管（seminiferous tubule）が密集した部分であり，精細管において精子が産生される．精細管内では最終的に精子に分化する精細胞と支持細胞（セルトリ細胞）が同心円状に存在し，両者を併せて精細管上皮という．基底膜に接しているセルトリ細胞はエストロジェンを分泌するとともに精細胞への栄養供給やこれらの細胞の支持や保護の役割を果たしている．精細管周囲の結合組織には間質細胞（ライディッヒ細胞），血管，リンパ管が存在し，間質細胞

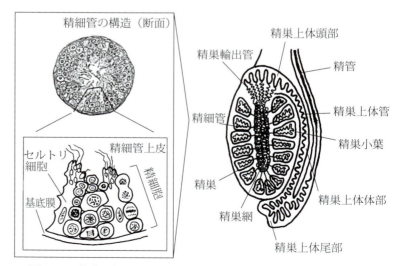

図 1-11 雄牛の精巣および精巣上体と精細管内の構造の管系模式図
（新家畜臨床繁殖学，朝倉書店，1998 より一部転載）

からアンドロジェン（androgen）が分泌される．精細管の周囲では分子量の大きな物質を通さない仕組みがあり，血液・精巣関門とよばれる．精巣縦隔には精細管が集合して形成された精巣網が存在し，精巣網は精巣上端付近で白膜を貫きここから十数本の迂曲した精巣輸出管につながる．

5. 雄性生殖器の排出管系

精巣輸出管，精巣上体管，精管を排出管系とよぶ．精巣輸出管は精巣網からの管が集合し，十数本の管となった部位で，その後再び集合して1本の管となり精巣上体管になる．精巣上体は1本の極めて長い精巣上体管からできており，著しく屈曲して精巣上体内を走行し結合組織で互いに結びつけられ，鞘膜臓側板に包まれて，精巣の一部に付着している．精巣上体はさらに頭部，体部および尾部に分けられる．精子は精巣上体管内を数日〜十数日かけて移動し（表1-2），精巣上体体部を通過するまでに精巣上体管の分泌液の作用によって成熟し，運動性や受精能を獲得する．精巣上体尾部の上体管は太く，精子は射精までここに貯蔵される．

精管は精巣上体尾部から連なった，管壁が厚く筋層の発達した管である．精管は精索，鼠径管を通過して腹腔内に入り，膀胱の背側で後方に強く弯曲を形成した後，射精口として尿道に開口する．射精に際して精管は急激な，あるいは律動的な収縮によって精管や精巣上体尾部に貯留している多数の精子を尿道内に移送する．

表1-2 精子が精巣上体各部位の通過に要する日数

動物種	精巣上体		
	頭部	体部	尾部
牛	2	2	10
馬	1	2	6
豚	3	2	4〜9
羊	1	3	8

6. 副生殖腺

副生殖腺は精嚢腺（vesicular gland），前立腺（prostate gland）および尿道球腺（bulbourethral gland）である．副生殖腺は精巣上体とともに精液の液性成分（精漿）を分泌し，精子の代謝や射精に際しての尿道の洗浄に役立つ．副生殖腺の有無は動物種により異なる．犬と猫は精嚢腺を欠き，犬は尿道球腺も欠く．したがって犬の副生殖腺は前立腺のみである．

7. 陰　茎

陰茎は交尾器として雌動物の腟（動物種によっては子宮）内に精液を注入する役割をもつ．陰茎は解剖学的に陰茎根，陰茎体および陰茎亀頭からなる．陰茎亀頭には神経が多数分布しており，交尾の際はここで受容した圧覚や温覚が射精の発生に重要となる．陰茎はスポンジ状構造をした尿道海綿体と陰茎海綿体ならびにこれを取り囲む筋肉とともに構成されている．陰茎の形態は動物種により異なり，牛，豚，羊，山羊では弾性線維型，馬，犬は血管筋肉質型に分類される．

陰茎の勃起，突出および射精は陰茎の筋肉により調節される．弾性線維型の動物種では仙骨または尾骨から伸びた陰茎後引筋が陰茎体に付着して，性的休息時には陰茎を後方に引いて陰茎S状曲を作り，陰茎を包皮内に収めている．しかし勃起時にはこの筋肉が完全に伸長して陰茎は包皮から前方に突出する．血管筋肉質型の陰茎においても陰茎後引筋を有するものの，陰茎S状曲を形成しない．勃起時には血液の流入増加と流出減少によるうっ血が起こり，陰茎は膨張して硬さを増す．射精に重要な筋肉は，尿道筋，球海綿体筋および座骨海綿体筋である．

演習問題

問1　雌の生殖器の発生において，卵管と子宮に分化する胎子器官は次のうちどれか．

a. 生殖隆起

10   第 1 章　生殖器の構造と発生

　　b. 中腎管
　　c. 中腎細管
　　d. 中腎傍管
　　e. 尿生殖洞

問 2　牛の直腸検査および超音波検査で触知・検査可能な卵巣の構造物の組合せを以下の中から 1 つあ
　　　げよ.
　　a. 二次卵胞と胞状卵胞
　　b. 胞状卵胞と黄体
　　c. 二次卵胞と白体
　　d. 胞状卵胞と白体
　　e. 黄体と白体

問 3　発情している牛が外陰部より多量の水様性粘液を排出している. この粘液を分泌している部位は
　　　次のうちどれか.
　　a. 卵管
　　b. 子宮角
　　c. 子宮頸
　　d. 腟
　　e. 腟前庭

第 2 章　生殖機能の調節機構

> 一般目標：生殖機能調節に関わる内分泌器官およびホルモンの産生および作用機序を理解し，その相互作用について説明できる．
>
> 動物の生殖機能は神経系と内分泌系により支配されており，生殖機能の調節に関与するホルモンは内分泌腺または神経細胞から分泌される．ホルモンは血中に放出されて特異的なレセプターをもつ標的器官にのみ作用し，新たな産生物や他のホルモンの分泌を促す．本章ではこれら内分泌機構の特徴および視床下部−下垂体−性腺軸による生殖機能調節について概説する．

2-1　神経とホルモンによる繁殖機能調節

到達目標：生殖機能調節に関わる主要なホルモンの名称，産生部位および標的器官（細胞）を説明できる．

キーワード：視床下部，オキシトシン，性腺刺激ホルモン放出ホルモン（GnRH），下垂体，性腺，子宮，胎盤，黄体形成ホルモン（LH），卵胞刺激ホルモン（FSH），インヒビン，ステロイドホルモン，プロスタグランジン（PG）

1．神経内分泌機構

　家畜の繁殖機能調節には神経系および内分泌系が関与する．繁殖活動は外部環境および内部環境に応じて変化するが，神経系と内分泌系は独立して作用するのではなく，相互作用することで繁殖機能に影響を及ぼしている（図 2-1）．**視床下部**の神経細胞の一部は神経ホルモンを血中に放出し，神経と内分泌の両方の機能を併せもつ．

　神経系は通常の神経応答に加えて神経内分泌機構により繁殖機能を調節する．交配において陰茎亀頭で腟内の温覚や圧覚を受容した刺激が求心性に脊髄に伝わり反射的に陰茎の筋肉を収縮させて射精を誘導する．これは神経応答である．一方，神経内分泌機構の例として，雄が視覚，聴覚，嗅覚，および触覚などを介して性的な刺激を受容するとその情報は視床下部に伝わり視床下部において**オキシトシン**が合成され下垂体後葉を介して血中に放出される．オキシトシンは精巣上体や精管の平滑筋に作用し，射出部位への精子の移動を促進するように働く．

2．視床下部における 2 つのセンター

　視床下部には繁殖機能を神経内分泌的に調節する中枢制御部位がある．特に主要な神経核は室傍核，弓状核および視索前野であり，主要なホルモンは**性腺刺激ホルモン放出ホルモン（GnRH）**および**オキシトシン**である．また，視

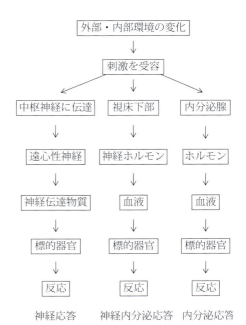

図 2-1　繁殖機能調節における神経および内分泌機構による主な 3 つの作用様式

床下部には繁殖機能を制御する重要な2つのセンターが存在していることが知られている．それらは雌雄の両性に認められ性腺活動を活動させるためのセンター（パルスセンター）と，雌のみに存在し発情（排卵）の周期性を調節するためのセンター（サージセンター）である．これらの2つのセンターはGnRH分泌を制御している神経機構であり，正常な繁殖機能制御や繁殖障害の発生に関与する中枢制御部位と考えられている．

3. 繁殖に関係するホルモン

　繁殖機能は内分泌系による支配を受ける．繁殖に関係するホルモンは神経細胞および下垂体(pituitary gland)や性腺（gonad）を代表とする内分泌腺から分泌される．ホルモンの基本的な作用過程は，ホルモンが腺細胞から血中に放出→全身を循環→標的細胞の特異的レセプターに結合→生理応答，である（図2-1）．繁殖に関するホルモンの多くがng〜pg/mlの血中レベルで全身を循環しており，ホルモンが非常に微量にもかかわらず強い生理作用を有することがわかる．

　繁殖に関与する主要なホルモンを表2-1にまとめた．ホルモンは分泌部位や作用様式または生化学的な特徴により分類される．繁殖ホルモンの分泌器官は主に5つあり，それらは視床下部，下垂体，性腺，子宮および胎盤である．また，繁殖ホルモンの作用様式は，他のホルモンを放出させる作用（GnRH等），性腺を刺激する作用〔黄体形成ホルモン（LH）や卵胞刺激ホルモン（FSH）等〕，性的行動の促進作用（テストステロンやエストラジオール等），妊娠維持作用（プロジェステロン），黄体退行作用（$PGF_{2\alpha}$等），および他のホルモン分泌を抑制する作用（インヒビン等），に大別される．さらに繁殖ホルモンはペプチドホルモン，糖タンパクホルモン，ステロイドホルモン（steroid hormone）およびプロスタグランジン（PG）と，生化学的に大きく4つに分類される．

4. 繁殖ホルモンとレセプター

　全身を循環するホルモンが特定の器官に作用するためには標的器官の細胞に特異的なレセプター（受容体）が存在することが必要となる．繁殖ホルモンとレセプターの作用様式は主に2つあり，タンパク系ホルモンの作用様式である細胞膜レセプターに結合する様式とステロイドホルモンに認められる核内レセプターに結合する様式である（図2-2）．前者ではホルモンが細胞膜に存在するシグナルレセプタータンパク質に結合して，Gタンパク質がアデニールシクラーゼを活性化し，細胞質内のATPをcAMPに変換する．ついでcAMPはセカンドメッセンジャーとしてプロテインキナーゼを活性化し，新たな物質が産生される．後者では脂溶性のステロイドホルモ

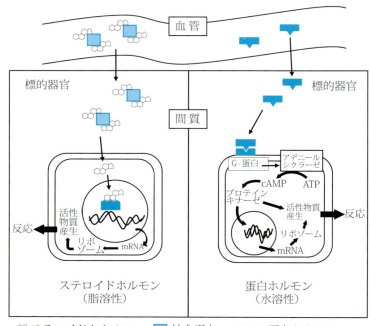

図2-2　ホルモンとレセプターの作用機序

表 2-1　繁殖に関与する主要ホルモン一覧

ホルモンの名称（英名）	略名	化学的性状（分子量）	産生部位	雄		雌	
				標的器官	生理作用	標的器官	生理作用
性腺刺激ホルモン放出ホルモン（gonadotropin-releasing hormone）	GnRH	ペプチド（1,182）	視床下部	下垂体前葉（ゴナドトロフ）	下垂体前葉から LH, FSH を放出	下垂体前葉（ゴナドトロフ）	下垂体前葉から LH, FSH を放出
黄体形成ホルモン（luteinizing hormone）	LH	糖タンパク（約29,000）	下垂体前葉（ゴナドトロフ）	精巣（ライディッヒ細胞）	アンドロジェンの合成と分泌を刺激	卵巣（内卵胞膜細胞と黄体細胞）	卵胞発育，排卵誘起，黄体形成，P_4 分泌調節
卵胞刺激ホルモン（follicle stimulating hormone）	FSH	糖タンパク（約25,000〜41,000）	下垂体前葉（ゴナドトロフ）	精巣（精細管，セルトリ細胞）	精細管での精子形成過程の前段を促進，セルトリ細胞の機能調節	卵巣（顆粒膜細胞）	卵胞発育，卵胞での E_2 合成
プロラクチン（prolactin）	PRL	単純タンパク（約22,000）	下垂体前葉（ラクトロフ）	副生殖腺	副生殖腺の発育	乳腺，黄体（犬，猫，ラット，マウス）	黄体刺激，泌乳，母性行動
オキシトシン（oxytocin）	OT	ペプチド（1,007）	視床下部で合成されて下垂体後葉に貯蔵，黄体（雌）	精巣上体尾部，精管および精管膨大部の平滑筋	$PGF_{2\alpha}$ の合成，射精前の精子の移動	子宮筋層，子宮内膜，乳腺の筋上皮細胞	子宮収縮，子宮内 $PGF_{2\alpha}$ の合成促進，射乳
エストラジオール（estradiol）	E_2	ステロイド（272）	卵胞の顆粒膜細胞（雌），胎盤（雌），精巣セルトリ細胞（雄）	脳	性行動	視床下部，生殖器全体，乳腺	性行動，子宮収縮，GnRH/LH サージの誘起，生殖器からの分泌物増加
プロジェテロン（progesterone）	P_4	ステロイド（314）	黄体，胎盤			子宮内膜，子宮筋層，乳腺，視床下部	子宮内膜からの子宮乳分泌促進，妊娠維持，GnRH 分泌抑制，性行動抑制
テストステロン（testosterone）	T	ステロイド（288）	精巣ライディッヒ細胞（雄），卵巣の内卵胞膜細胞（雌）	副生殖腺，陰嚢の肉様膜，精細管，脳	二次性徴促進，精子形成の促進，副生殖腺からの分泌促進	脳，顆粒膜細胞	E_2 合成の基質
インヒビン（inhibin）		糖タンパク（約32,000）	卵胞の顆粒膜細胞（雌），精巣セルトリ細胞（雄）	下垂体前葉（ゴナドトロフ）	FSH 分泌の抑制	下垂体前葉（ゴナドトロフ）	FSH 分泌の抑制
プロスタグランジン $F_{2\alpha}$（prostaglandin $F_{2\alpha}$）	$PGF_{2\alpha}$	脂肪酸（354）	子宮内膜（雌），精嚢腺（雄）	精巣上体	精巣上体の収縮	黄体，子宮筋層，排卵卵胞	黄体退行，子宮収縮，卵胞局所に作用して排卵

ンが血液に溶けにくいため，血中では結合タンパクと結合した状態で存在し，全身を循環する．続いて，血中より細胞間隙に移動すると結合タンパクから遊離したステロイドホルモンが細胞膜を通過し，細胞質を通って核内のシグナルレセプターに結合する．そのホルモン・レセプター複合体は転写因子として作用し，核内で mRNA が合成され，新たな生理活性物質が産生される．

　ホルモンがそれぞれの標的器官において作用する時の反応の強さは，血中のホルモンレベル，標的器

官におけるレセプターの数およびホルモンとレセプターの親和性に左右される．血中のホルモンレベルは分泌細胞におけるホルモンの合成量や分泌量および肝臓や腎臓での代謝速度に大きく依存する．標的器官におけるレセプター数は様々な要因により変化する．ある種のホルモンは標的器官において他のホルモンレセプターの発現を増加させる作用（up-regulation）がある．逆に長期間にわたりホルモンが持続的に作用するとレセプター数が減少し，そのホルモンの刺激効果が消失することがある（ダウンレギュレーション down-regulation，または脱感作 desensitization）．また，レセプターに対するホルモンの親和性は化学的特徴が大きく関与する．天然のホルモンに比べその類似体（アナログまたは作動薬）はレセプターとの親和性が高く強い生理活性が得られるため，臨床分野では天然のホルモンよりもその類似体が広く利用される．一方，拮抗薬とよばれるホルモン剤はレセプターとの親和性が天然のものよりも高いが，レセプターに結合した後の生理応答が誘起されない．そのため，内因性のホルモンがレセプターと結合することができず，生理作用が発揮されない．拮抗ホルモン剤はホルモン作用を抑制することを目的とした薬剤として活用される．

2-2　視床下部−下垂体−性腺軸による繁殖機能調節

　到達目標：視床下部−下垂体−性腺軸を中心に，生殖機能調節に関わる主要なホルモンの作用および分泌調節のしくみを説明できる．
　キーワード：フィードバック機構，パルス状 GnRH 分泌，キスペプチン，馬絨毛性性腺刺激ホルモン（eCG），人絨毛性性腺刺激ホルモン（hCG）

1. 視床下部−下垂体−性腺軸とフィードバック機構

　動物の繁殖機能は視床下部−下垂体−性腺軸とよばれる生殖内分泌系の制御を受ける（図2-3）．下垂

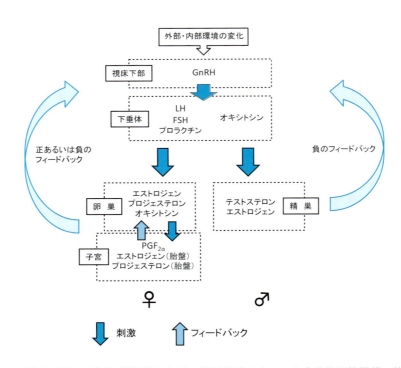

図 2-3　視床下部−下垂体−性腺軸における繁殖関連ホルモンと内分泌調節機構の模式図

体前葉から分泌されるLHやFSHは卵巣や精巣の機能とホルモン分泌を調節する．これらの性腺刺激ホルモン分泌はさらに上位の視床下部から分泌されるGnRHによって調節されている．視床下部は内分泌系と神経系を介して生殖系を統御する重要な役割を果たしており，特に体内外の環境情報を受け取り，環境条件に適応した繁殖活動を営むように視床下部からのGnRH分泌を制御する．これらに加えて，下垂体後葉から分泌されるオキシトシンは生殖道や乳腺の生理機能に関与する．一方，性腺から分泌されるホルモンは視床下部や下垂体に作用して，上位器官からのホルモン分泌を制御する働きがある．すなわち，性腺機能を制御している視床下部や下垂体ホルモンは逆に性腺から分泌されるホルモンによってその分泌がコントロールされており，性腺の情報を受け取り，全体の機能が正常に維持されるための内分泌システムが存在する．これをフィードバック作用という．抑制的に作用する場合を負のフィードバック（negative feedback），促進的に作用する場合を正のフィードバック（positive feedback）とよぶ．

2. GnRH

GnRHは視床下部の正中隆起部において神経細胞から放出され，下垂体門脈を通って下垂体前葉の性腺刺激ホルモン産生細胞（ゴナドトロフ）に作用する．これによりLHおよびFSHの合成および分泌が促進される（図2-4）．しかし，FSH分泌は卵巣から分泌されるインヒビンによって負のフィードバック制御を受けており，GnRH分泌の刺激効果は主にLH分泌に反映される．通常GnRHは雌雄ともにパルス状に分泌され，この分泌頻度の変化が下垂体からのLHとFSH分泌に影響する．一方，雌動物の卵胞期では特徴的なGnRHおよびLHの一過性の大量分泌（サージ状分泌）が起こる．これはエストロジェンの正のフィードバック作用によるものであり，LHサージ（LH surge）は成熟卵胞（mature follicle）の排卵に必須の内分泌現象である．

GnRHは視床下部内において神経細胞から分泌されるキスペプチンによってその分泌が制御されている．キスペプチンはGnRH分泌に対して強い刺激作用を有し，ステロイドホルモンによる正あるいは負のフィードバック作用をGnRH分泌に伝える仲介の役割を果たしていると考えられている．

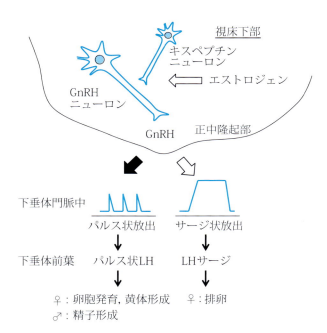

図2-4 GnRH分泌様式の模式図
通常，雌雄ともにGnRHはパルス状に分泌され，卵巣や精巣機能に関与する．GnRH分泌はキスペプチンの制御を受ける．雌の卵胞期ではエストロジェンの正のフィードバック作用によりGnRHの大量放出が起こり，LHサージが誘起され排卵が起こる．

3. オキシトシン

下垂体後葉から分泌されるオキシトシンの重要な生理作用は生殖道や乳腺における平滑筋収縮作用である．雄では排出管系の平滑筋に作用し，精巣上体尾部から射出部位までの精子の移動を助ける．雌においては特に子宮筋層や乳腺胞の筋上皮細胞を収縮させる．分娩時にオキシトシンは子宮内膜における$PGF_{2\alpha}$の産生を刺激し，産生された$PGF_{2\alpha}$の作用によって子宮筋の収縮がさらに増強され，分娩の際

には陣痛を引き起こして胎子の娩出を促す．子宮筋のオキシトシンに対する感受性は，エストロジェンによって高まり，プロジェステロンによって低下する．また，オキシトシンによる乳腺胞筋上皮細胞の収縮は，腺胞内または小腺管内に貯留している乳汁を排出（射乳）させる作用につながる．

4．卵胞発育，LHサージと排卵

　動物の生殖周期が正常に営まれるためには，雌動物の発情周期の開始が必須となる．発情周期は卵胞期に始まる（図2-5）．卵胞期の開始は視床下部からのパルス状GnRH分泌，特に分泌頻度の増加が生殖内分泌系の最初のシグナルとなる．LHおよびFSHは卵胞（follicle）の顆粒層細胞（granulosa cells）および内卵胞膜細胞を刺激する．LHは内卵胞膜細胞の細胞膜に存在するLHレセプターに結合し，セカンドメッセンジャーを介してコレステロールからテストステロンの合成を刺激する．FSHは顆粒層細胞に存在するFSHレセプターに結合し，テストステロンからエストラジオールの合成を刺激するように作用する．一方，エストロジェンの血中濃度がある一定の値（閾値）を超えると，持続的なGnRHの大量放出（GnRHサージ）が起こり，血中LH濃度の急激な上昇（LHサージ）が誘起される（正のフィードバック）．この時点において，卵胞の細胞の多くはLHレセプターを有しており，大量のLH刺激に対してさらに強く反応できる．LHサージは最終的な卵胞の成熟と排卵プロセスを誘導し，顆粒層細胞および内卵胞膜細胞を黄体化へと導く．牛および犬において，LHサージピーク後それぞれ約25～30および30～48時間に排卵が起こる．

5．黄体形成と退行

　排卵後，排卵した卵胞を起源として黄体が形成される．黄体は一時的な内分泌器官としてプロジェステロンを分泌し，子宮内膜に働いて妊娠成立のための着床性増殖を引き起こす．また，プロジェステロンは子宮に対して自発運動を抑制し，オキシトシンに対する感受性を低下させて，子宮の平滑筋収縮が起こりにくい状態にする．卵管に対しては子宮端部位の括約筋を弛緩させ，胚の子宮内侵入を可能にさせている．

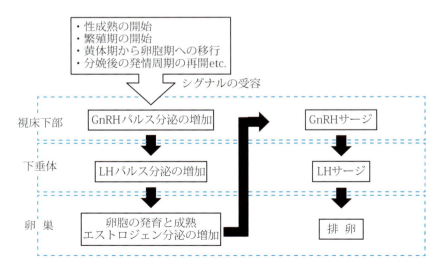

図2-5 卵胞期における卵胞発育から排卵までのステップ
　脳が発情周期開始のシグナルを受容すると視床下部におけるパルス状GnRH分泌活動が刺激される．視床下部→下垂体→卵巣→視床下部→下垂体→卵巣という正のフィードバック機構を介した内分泌系の調節機構により，卵胞の発育と成熟，それに続く排卵が誘発される．

妊娠が成立しない場合，黄体は退行し機能を失う．黄体が退行する過程では卵巣と子宮との間における特殊な内分泌調節機構が関わる（図2-6）．排卵後の一定期間の後（牛では排卵後17日前後）から子宮内膜においてPGF$_{2\alpha}$が分泌され始める．分泌されたPGF$_{2\alpha}$は子宮静脈と卵巣動脈との対向流機構を介して，全身循環を通過せずに直接卵巣の黄体に作用し，黄体退行を引き起こす．

6. 妊娠成立と胎盤ホルモン

妊娠の成立によって形成される胎盤はホルモンを分泌し，妊娠期間における重要な内分泌器官として働く．胎盤からはステロイドホルモンとしてプロジェステロンおよびエストロジェンが分泌される．プロジェステロンは妊娠の維持に必須のホルモンであるが，牛では

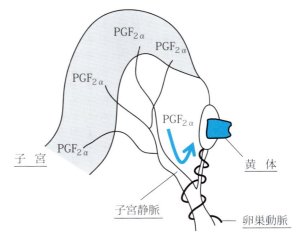

図 2-6 黄体退行における内分泌調節の想定模式図
黄体退行の過程では子宮内膜からPGF$_{2\alpha}$が分泌される．子宮静脈内に移行したPGF$_{2\alpha}$は対向流機構を介して直接卵巣動脈に移行し，黄体を退行させる．

妊娠180〜240日を過ぎると黄体からのプロジェステロン供給の重要性が低下する．一方，犬では黄体からのプロジェステロンの供給が妊娠期間全体を通して必須である．胎盤由来のエストロジェンは妊娠末期に子宮筋のオキシトシンに対する感受性を増加させ，子宮頸の柔軟化を促進して分娩の準備を整える．馬および人の胎盤からは妊娠初期にそれぞれ馬絨毛性性腺刺激ホルモン（equine chorionic gonadotropin：eCG）および人絨毛性性腺刺激ホルモン（human chorionic gonadotropin：hCG）が分泌され妊娠の維持に関与する．eCGおよびhCGは他の動物種においても性腺刺激ホルモン作用を発揮することから，繁殖管理や繁殖障害治療における動物薬として汎用されている．

7. 精子形成とホルモン

雄の精子形成においても下垂体からのLHおよびFSHが重要な役割を果たしており，視床下部からのGnRH分泌による中枢制御を受ける．精子形成において，精子発生過程はFSHにより促進され，一次精母細胞（primary spermatocyte）の減数分裂とその後の精子完成過程はテストステロンにより促進される．テストステロン分泌はLHによって制御されており，GnRHのLH分泌刺激が間接的に精子完成過程を促進していることになる．間質細胞から分泌されたテストステロンは副生殖腺の上皮細胞を活性化する．テストステロンはGnRH，LH，FSHに対して抑制的に作用するが，これは雄における血中のホルモンレベルを調節する主要な負のフィードバック機構である．

演習問題

問1 次の事象のうち神経内分泌応答に該当しない記述はどれか．
  a. 卵胞からエストロジェンが分泌され，LHサージが誘起される．
  b. 搾乳時に乳房を刺激すると射乳がみられる．
  c. 交尾排卵動物では交尾刺激により排卵が誘起される．
  d. 性的興奮時に精巣上体尾部から射出部位へ精子が移動する．
  e. 交配時，腟からの刺激を受けて射精が起こる．

問2　下記の経路でセカンドメッセンジャーとして働いているのはどれか.

 a.　ホルモン

 b.　G タンパク質共役型受容体

 c.　G タンパク質

 d.　アデニールシクラーゼ

 e.　cAMP

 f.　プロテインキナーゼ

問3　LH サージが起こる時期として適切な時期はどれか.

 a.　黄体が退行を開始する時期

 b.　排卵直前

 c.　受精が起こる時期

 d.　胎盤形成が開始される時期

 e.　分娩直前

第3章　配偶子形成

> 一般目標：生殖細胞に特有の減数分裂の過程と意義を理解し，卵子および精子の構造および形成過程とその調節機構を説明できる．
>
> 　卵子および精子はそれぞれ卵巣の卵胞内および精巣の精細管内において形成される．成熟した卵子と精子になるためには，生殖細胞に特有な減数分裂の過程を経る必要がある．本章では卵子と精子の構造上の特徴および受精可能な配偶子に成熟するまでの過程やその調節機構を概説する．

3-1　生殖細胞の形成と成熟

到達目標：生殖細胞における減数分裂の過程および意義を説明できる．
キーワード：減数分裂，有糸分裂，精子形成，卵子形成

1. 配偶子形成過程

　配偶子形成の過程は，生殖細胞の**減数分裂**（meiosis，成熟分裂ともいう）に基づいているが，精子と卵子の産生には**有糸分裂**（mitosis）も関与し，詳細は雌雄で異なる．成熟精子の産生である雄の**精子形成**は連続的な増殖過程である．一方，雌の**卵子形成**は3つの主要なプロセスにおいて，精子形成と異なっている（図3-1）．1つ目は，卵母細胞の減数分裂における細胞質の分裂が不等の大きさで起

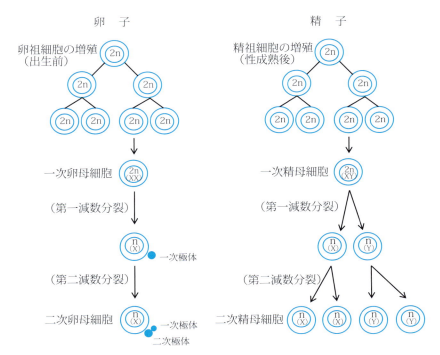

図 3-1　雌と雄の配偶子形成
卵子では1つの一次卵母細胞の減数分裂により1つの二次卵母細胞（卵子）が形成される．
精子では1つの一次精母細胞から4つの二次精母細胞（後に精子に変態）ができる．

こり，細胞質のほとんど全てが，二次卵母細胞（secondary oocyte）である単一の娘細胞に独占される．この大きな娘細胞は受精のための卵母細胞として発育を続け，減数分裂のもう1つの産物である極体（polar body）とよばれる小細胞は退化する．対照的に精子形成では減数分裂で生じる4つの細胞の全てが成熟精子となる．2つ目は，精祖細胞（spermatogonia）から成熟精子を連続して産生する精子形成とは著しく異なり，卵子形成は長い休止期が存在する．3つ目は，精子が発生するための精細胞は雄の生涯にわたって有糸分裂によって分裂しつづけるが，卵子形成は個体の高齢化に伴って卵巣にある限られた数の卵胞が枯渇することで終了すると考えられている．

2. 卵子形成

生殖巣原基に到達した原始生殖細胞は卵祖細胞（oogonia）とよばれ，卵祖細胞が一次卵母細胞（primary oocyte），二次卵母細胞を経て，成熟卵が形成されるまでの過程を**卵子形成**という．卵祖細胞は胎生期から出生時までの間に盛んに**有糸分裂**を繰り返して増殖する．成長期に入った卵祖細胞を卵母細胞とよび，第一減数分裂完了までを一次卵母細胞，第二減数分裂の完了までを二次卵母細胞とよぶ．一次卵母細胞は成長を開始すると間もなく**減数分裂**を始めるが，一部の動物を除き第一減数分裂前期の状態で長い休止期に入る．多くの家畜はこの状態で出生を迎える．やがて，動物が性成熟に達すると一次卵母細胞は卵胞の中で発育を再開する．一次卵母細胞は卵胞の中で顆粒層細胞に囲まれて大きさを増す．卵母細胞の成長にはギャップ結合で結ばれた顆粒層細胞からの物質移動が重要な役割を果たしていると考えられている．また，卵母細胞自身による生合成も盛んに行われ，高分子化合物（グリコーゲン，脂肪，タンパク質等）の取込みや合成が活発に行われる．牛において発育した一次卵母細胞は直径が約140 µm になり，その後，一次卵母細胞の大きさは増加しないが周囲の顆粒層細胞は増殖を続けて多層化し，一次卵母細胞を含む卵胞が大きく成長することになる．

第一減数分裂前期にとどまっている一次卵母細胞は卵胞期において LH サージの刺激を受けると減数分裂を再開し，第二減数分裂中期へと進む（図3-2）．このような核の成熟過程を卵子の成熟という．卵子の成熟の過程では卵核胞の核膜は消失し，濃縮された染色体，中心小体，紡錘糸が出現して，第一減数分裂が完了する．雌における減数分裂では，一次卵母細胞が2つの細胞に分裂するが，片方の細胞が細胞内のほぼ全貯蔵栄養物を受け取って二次卵母細胞となり，これによって染色体は半減する．一方，分裂した他方は核と少量の細胞質からなる一次極体（primary polar body）となり，卵母細

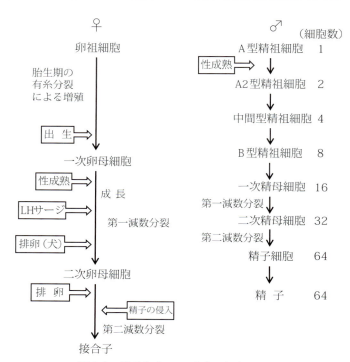

図 3-2 精子と卵子の形成・発育の過程

雌では出生前に有糸分裂による卵祖細胞の増殖は完了しており，1つの卵母細胞から1つの受精可能な卵子が作られる．

雄牛では性成熟後にA型精祖細胞の有糸分裂が始まり，1つのA型精祖細胞から64の精子が作られる．

胞と透明帯（zona pellucida）の間隙である囲卵腔に放出され，やがて消失する．成熟を続ける一方の二次卵母細胞は二次極体（secondary polar body）を放出するために第二減数分裂を始めるが，分裂を完了しない第二減数分裂中期で再び減数分裂を停止し，この状態で卵胞から卵管に向けて排出される（排卵，ovulation）．排卵された二次卵母細胞は卵管を移動しつつ分裂を継続し，二次極体の放出は二次卵母細胞が卵管膨大部において精子と出会い，精子の侵入を受けた後に起こる．精子が侵入すると，二次卵母細胞は二次極体を放出して第二減数分裂が完了するが，精子の侵入がない場合，二次極体の放出はなく，二次卵母細胞はやがて退行する．なお，犬では一次卵母細胞の状態で排卵が起こるという特徴があり，排卵後約60時間に卵管内において一次極体を放出して受精能を獲得する．

　卵巣内の卵祖細胞の数は胎生期から出生時が最も多く，出生後に急激に減少することが知られている．牛では出生時に約75,000個存在していた卵母細胞が12〜14歳で2,500個に減少するという．同様に犬では700,000個みられたものが性成熟に達した時期に350,000個と半減し，10歳の犬ではわずか500個まで減少することが示されている．この現象には卵巣内における卵祖細胞（卵母細胞）の退行消滅が関与する．この過程を閉鎖といい，精子形成とは異なり，大多数の雌の生殖細胞はライフサイクルの早い段階で閉鎖するものと考えられる．

3．精子形成

　精子は精細管基底膜の内腔側に1層に並ぶ精祖細胞から発生する．精祖細胞は，雄動物が成長して性成熟期に達するまでは分裂などの活動を停止している．しかし，性成熟期に達すると，急激に分裂を開始して細胞数を増加させるとともに，最終的に長い尾部をもつ特徴的な形態を有する精子までの分化が誘導される．精子形成では，精祖細胞の有糸分裂が起こり何回かのA型精祖細胞の分裂と，中間型，B型精祖細胞を経て，一次精母細胞となる．一次精母細胞は形成後まもなくDNA量を倍化して減数分裂に入り，2個の半数体である二次精母細胞（secondary spermatocyte）となり，第一減数分裂が完了する．続いて，DNA量が倍化した2個の二次精母細胞がそれぞれ有糸分裂し，DNA量が体細胞の半分となった4個の精子細胞（spermatids）が形成される（第二減数分裂の完了）．その後，精子細胞は最終的に精子特有の形態に変化する．牛の場合，最初に分裂した1個のA型精祖細胞から8個のB型精祖細胞が形成され，最終的に64個の精子細胞（精子）に分裂して，精子形成の分裂は終わる（図3-2）．また特徴的な分裂様式として，A型精祖細胞から精子細胞になるまでの過程では有糸分裂した細胞同士はそれぞれのステージで細胞間架橋により細胞質が連結されており，分化が完全に同期化され進行する．精子形成に要する日数は，牛および犬でそれぞれ約61日および54日である．

3-2　卵子および卵胞の形成と成熟

　到達目標：卵子の構造および形成過程を卵胞の形成および発育の過程と関連づけて説明できる．
　キーワード：透明帯，原始卵胞，一次卵胞，二次卵胞，一次卵母細胞，成熟卵胞，排卵，卵丘，LHサージ，一次極体，二次卵母細胞

1．卵胞の形成と成熟

　卵母細胞は，内側から透明帯，卵胞上皮細胞という順序で囲まれた「卵胞」の中で発育する．卵胞は，形態学的特徴により，原始卵胞，一次卵胞，二次卵胞および胞状卵胞に分けられる（図3-3）．通常，卵巣の肉眼所見では胞状卵胞のみを観察することができ，二次卵胞より前の発育段階の卵胞は顕微鏡下でなければ識別できない．原始卵胞は卵胞の発育ステージの中で最初のステージであり，一次卵母細胞が1層の扁平な卵胞上皮細胞に囲まれている状態である．形成過程の原始卵胞には複数の卵母細胞が

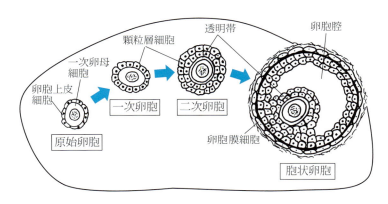

図 3-3 卵胞の発育段階における形態的な分類

含まれるが，その数は減少し，最終的に原始卵胞の中には1つの**一次卵母細胞**のみとなる．続いてこの原始卵胞が発育すると，卵胞上皮細胞が円柱上皮となって顆粒層細胞とよばれるようになる．この状態が**一次卵胞**である．

雌動物は多くの動物種において，通常原始卵胞および一次卵胞の中に一次卵母細胞を有した状態で出生を迎える．出生後，一次卵胞は発育を継続するが，一次卵母細胞が2層以上の重層の顆粒層細胞に囲まれた状態になると，**二次卵胞**とよばれる．二次卵胞では顆粒層細胞と卵母細胞との間に**透明帯**とよばれる領域が形成される．この発育ステージでは卵母細胞と顆粒層細胞との間に透明帯を貫通した結合複合体（ギャップ結合）が形成され，物質交換やシグナル伝達が可能な状態となる．さらに，この間に一次卵母細胞は顆粒層細胞から栄養供給を受け，容積が増大する．*In vitro* の実験において卵母細胞は周囲の細胞や機能的ギャップ結合がない状態では発育することができないことが確かめられている．

二次卵胞が発育すると顆粒層細胞の間に内容液が貯留するようになり，卵胞腔を有する，いわゆる胞状卵胞に発育する．胞状卵胞の胞状内に含まれる内容液を卵胞液とよぶ．胞状卵胞は形態学的に内側から一次卵母細胞，透明帯，顆粒層細胞そして卵胞腔からなり，さらにその外側には，間質の細胞が卵胞の基底膜を取り囲む卵胞膜が存在する．顆粒層細胞，基底膜，卵胞膜をあわせて卵胞壁という．卵胞膜は形態的および機能的に内側から卵胞膜内膜細胞（内卵胞膜細胞）と卵胞膜外膜細胞（外卵胞膜細胞）に分けることができる．胞状卵胞が GnRH によって促進された下垂体からの性腺刺激ホルモンの刺激を受けると，卵胞膜細胞および顆粒層細胞が協調して，ステロイドホルモンを産生・分泌する（図 3-4）．胞状卵胞は卵胞液の量が増えるにつれて卵巣表面に膨隆するようになる．特に，排卵前の最終ステージまで発育した大型の卵胞は**成熟卵胞**またはグラーフ卵胞とよばれ，牛においては直径 12〜24mm に達する．卵母細胞は**排卵**する部位と反対側の卵胞壁に位置し，顆粒層細胞の一部が隆起してできた**卵丘**（cumulus oophorus）に囲まれている．成熟卵胞は発情行動を誘起するエストロジェンを盛んに分泌し，エストロジェンの血中濃度が一定の閾値を超えると **LH サージ**が誘起される．この LH サージの刺激が加わると排卵のカスケードが開始されるとともに，一次卵母細胞は**一次極体**を放出して**二次卵母細胞**に発育する．卵胞構成物の形態学的，生理学的特性を（表 3-1）にまとめた．

2．排卵の過程

LH サージの刺激により卵母細胞が最終成熟段階に入り，**排卵**の過程が始まる．卵母細胞の成長に関与してきた卵母細胞と顆粒層細胞のギャップ結合が失われ，同時に減数分裂の再開に伴い透明帯と卵母

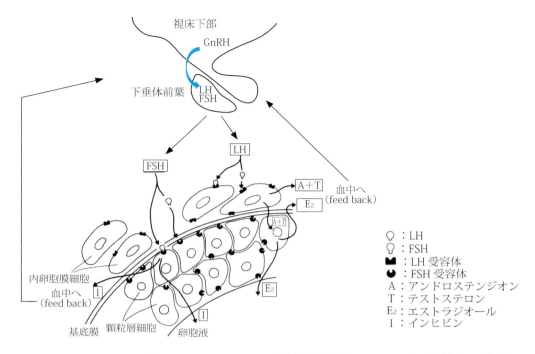

図 3-4 卵胞における性ステロイドホルモンの分泌調節（森 裕司，1995 を一部利用して作成）

表 3-1 卵胞構成物の形成学的および生理学的特性

構造物	特　性
原始卵胞	中央に卵母細胞を有し，単層扁平の卵胞上皮細胞をもった卵胞
一次卵胞	原始卵胞が発育し，卵胞上皮細胞が円柱状の細胞（顆粒層細胞）になった卵胞
二次卵胞	一次卵胞が発育し，有糸分裂により増殖した 2 層以上の顆粒層細胞に卵母細胞が囲まれ，透明帯が形成された状態の卵胞
胞状卵胞	二次卵胞が発育し，顆粒層細胞内の腔所に卵胞液が蓄積した状態の卵胞
卵胞壁	基底膜で分けられる顆粒層細胞と卵胞膜細胞からなる．
顆粒層細胞	・卵母細胞を取り囲み，卵母細胞とのギャップ結合により物質交換やシグナル伝達を行う． ・FSH レセプターを有し，テストステロンをエストラジオールに変換して分泌する． ・排卵後は主に大型黄体細胞に分化する．
卵胞膜細胞	・内卵胞膜細胞と外卵胞膜細胞からなる． ・内卵胞膜細胞は LH レセプターを有し，コレステロールからテストステロンを合成し，分泌する． ・排卵後は主に小型黄体細胞に分化する．
卵胞液	・多くの代謝物，K^+，Na^+ を血清中と同じ濃度に含む． ・液中にステロイドホルモン等の多くの生理活性物質を含む． ・卵胞期では高濃度のエストラジオールを含み，排卵時にはプロジェステロンが含まれる．

細胞間に囲卵腔が出現する．

　排卵には自然排卵と交尾排卵の 2 つのタイプがあり，多くの家畜は前者であり，後者の代表的な家畜は猫およびウサギである．排卵には大きく 3 つの作用，卵胞における血液流量の増加，卵巣の収縮，そして結合組織の崩壊，が関与する（図 3-5）．卵巣と排卵卵胞には多くの毛細血管が存在しており，

LHサージが起こると卵巣における血液量が増加する．この変化は卵巣における水腫性の変化をもたらし，卵胞内圧の上昇につながる．一方，顆粒層細胞および卵胞膜細胞では $PGF_{2\alpha}$ および PGE_2 の産生を増加させ，卵巣の平滑筋が収縮して卵胞内圧が上昇する．LHサージは卵胞内でのエストロゲン分泌をプロジェステロン分泌に変換する．すなわち，内卵胞膜細胞でのプレグナンをアンドロスタンに変換する酵素および顆粒層細胞でのアンドロジェンをエストロジェンに変換するアロマターゼ活性が阻害されエストロジェン産生が低下する．同時にコレステロールをプレグネノロンに変換する酵素の活性が顆粒層細胞で高まりプロジェステロン産生が増加する．プロジェステロン産生の増加によって卵胞壁のコラゲナーゼ活性が急増し，PGE_2 によりプラスミン活性が上昇する結果，卵胞壁の脆弱化が起こる．また，排卵直前になると卵母細胞は卵丘の周囲の細胞に囲まれて卵丘から遊離し，卵胞液中に浮遊する．この変化および卵胞内圧の上昇が相まって卵胞の破裂が起こり，浮遊した卵母細胞が卵胞外へ放出され排卵となる．成熟した二次卵母細胞は排卵と同時に卵巣から放出されて卵管采に取り込まれ，そして卵管内に移動して，精子との受精の機会を待つ．

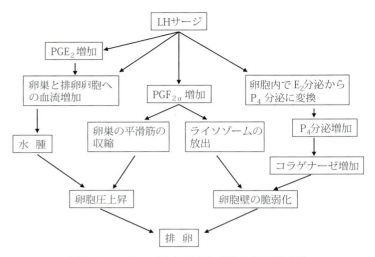

図 3-5 LHサージから排卵に関わる局所的変化

3．卵胞の閉鎖

排卵に至らない卵胞はある段階で発育を停止し，死滅して消失する．これを卵胞の閉鎖という．卵胞の発育は不規則に起こるのではなく，ある一定の周期で波状に発育と閉鎖が繰り返されている．これを卵胞ウェーブ（follicular wave）という．卵胞ウェーブではまず卵胞群の中から卵胞が多数出現するが，多くは発育を停止し，最終的に少数の大きな卵胞（主席卵胞）が発育する．排卵に至らない場合，この主席卵胞はやがて閉鎖するが，閉鎖が始まると再び新たな卵胞群が出現し，選抜，主席卵胞の出現という卵胞ウェーブの過程が繰り返し起こることになる．家畜において1卵胞期に排卵する数は動物種により異なるが，排卵数の調節には卵胞ウェーブにおける卵胞の出現と閉鎖を調節する機構が大きく関与している．

3-3　精子の形成と成熟

到達目標：精子の構造および形成と成熟の過程を説明できる．

キーワード：精子，頭部，尾部，中片部，精細管，精祖細胞，精子細胞，精子発生過程，精子完成過程，セルトリ細胞，先体，精子形成サイクル，精子形成（精細管上皮）の波

1．精子の形態

精子は雄性生殖細胞が最終的に高度に特殊化したもので，特徴的な形態を有する．精子の形態は大きく頭部と尾部に分けられ，尾部はさらに頸部，中片部，主部および終部に分けられる（図3-6）．

なお，詳細については第10章10-2-1．を参照のこと．

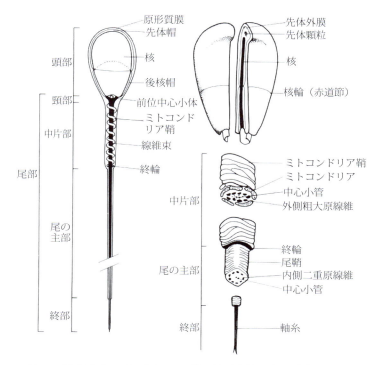

図 3-6　精子の構造模式図（三宅陽一，獣医繁殖学第 4 版，文永堂出版，2012）

精子は精巣の**精細管**において産生される．受精可能な精子が作られるためには大きく 4 つの事象，すなわち精巣機能の内分泌調節，**精祖細胞**の有糸分裂，**精子細胞**になるための減数分裂，そして精子細胞から精子になるための形態の変化が関与する．

2. 精子形成過程

精子形成は**精子発生過程**と**精子完成過程**に分けられ，精子発生過程は FSH 分泌により，減数分裂および精子完成過程はテストステロンにより発育が促進される．精子形成においても視床下部・下垂体・精巣を軸とする生殖内分泌系の調節を受ける（図3-7）．精子形成は視床下部からのパルス状 GnRH 分泌の増加が内分泌学的な引き金となって起こる．GnRH 分泌の増加は下垂体前葉からの LH および FSH 分泌の増加を引き起こし，精子形成を刺激する．また，LH は精巣の間質細胞に作用してテストステロン分泌を刺激し，FSH は**セルトリ細胞**に作用してエストロジェン分泌を促進する．テストステロンは負のフィードバック作用により GnRH および LH 分泌を抑制し，セルトリ細胞はインヒビンを分泌して FSH 分泌を抑制する．

精子完成過程における特徴的な形態の変化は先体顆粒期（ゴルジ期），頭帽期，先体期および成熟期という 4 つの時期に分けられる（図3-8）．先体顆粒期は精子細胞のゴルジ装置内における先体顆粒の形成に続き，先体顆粒が核膜に密接して集合し先体胞が形成される時期である．また，この時期には先体胞が形成された反対側に近位中心体および遠位中心体が形成され，尾部形成のための初期発生過程が始まる．頭帽期は先体胞が核膜の表面に接着して核の周りを覆い，核に帽子をかぶせたような状態になる時期である．さらに遠位中心体から尾部の軸糸成分となる軸細糸が細胞質の周囲を越えて伸展する．次に先体期では円形であった核および細胞質が伸展し，形態が著しく変化することで特徴づけられる．

26　第 3 章　配偶子形成

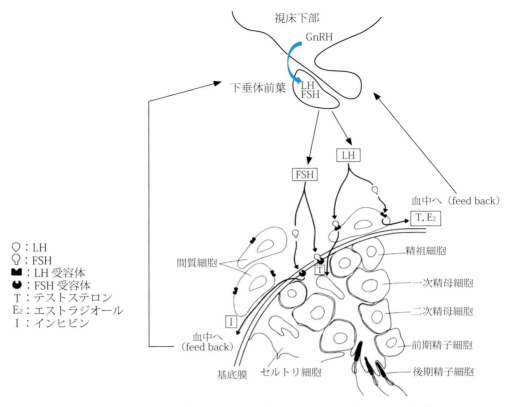

図 3-7　精巣における内分泌調節（森 裕司，1995 を一部利用して作成）

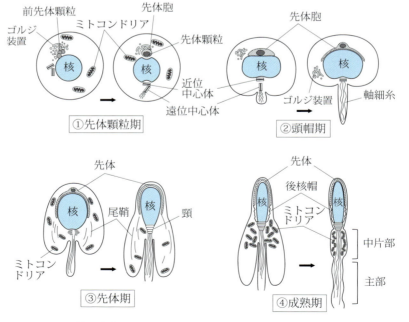

図 3-8　精子完成過程における精子細胞から精子への変態の模式図
（Pathways to Pregnancy and Parturition 3rd ed., Current Conceptions, 2012 の図を元に作成）

核では高密度のクロマチン顆粒への濃縮が起こり，細長く扁平な構造へと変形する．核に密着する**先体**（acrosome）も濃縮され，核の変化に対応して細長くなる．細胞質も軸糸の形成される方向に伸展し，尾部が形成されていく．成熟期は精子となるための最終段階であり，細長化した精子細胞から精細管腔に放出直前の細胞まで変形する時期である．この時期に動物種に特有な精子が形成される．核内ではクロマチン顆粒が引き続き濃縮され，核全体が均質な物質で均一に満たされるようになる．また，先体と軸糸の起始部の核周囲は先体から伸びた膜で覆われ，後核帽を形成する．一方，尾部側では線維鞘とその内側に粗大線維が軸糸の周囲に形成され，線維鞘は頸部から終部の起始部まで軸糸を覆う．ミトコンドリアは後に中片部となる部位のミトコンドリア鞘の中に密にらせん状に詰め込まれる．このようにして，ほぼ精子の形態となった精子細胞には，余分な細胞質からなる残余小体とよばれる円形楕円状の小葉がセルトリ細胞の作用によって形成される．残余小体の形成で精子は最終的な成熟を終え，精上皮から精細管腔に放出（精子放出）されるための準備を完了する．

3．精子形成サイクル

精子形成において，各精細胞の分化は完全に同期化されて進行するので，精細管の横断面では，A型精祖細胞から精子細胞までの数種類の段階の精細胞が一定の規則性をもった組合せ（ステージ）として出現する．牛および犬ではそれぞれ8および10パターンのステージがある．また，精細管の一定の部位において精細胞の分化を観察すると一定の期間（周期）で次のステージが出現し，全てのステージが終了すると再び同じステージが出現する．あるステージから次のステージになるまでには一定の時間を要し，全てのステージが完了し再び同じステージが出現することを**精子形成サイクル**（spermatogenic cycle）または精細管上皮サイクルという．例えば，牛ではサイクルの長さは，13.5日である．つまり精細管の一定の部位において，8つのステージが次々に現れ，同じステージが再び認められるまでの日数は13.5日ということになる．しかし，サイクルの長さは精祖細胞から精子になるまでに要する日数の長さを示しているのではなく，分化が完了する過程には数回のサイクルが行われなければならない．牛の場合，精祖細胞が精子になる時にはサイクルが4.5回回帰することが必要である．よって牛の精子形成過程に要する日数は，13.5 × 4.5 ＝ 約61日ということになる．一方，精細管の長軸に沿って精子形成を観察すると，ある断面におけるステージは原則的にこれに隣接するステージと連続性があり，精巣網側に向かって1つ進んだステージとなっている（図3-9）．これを**精子形成の波**または**精細管上皮の波**（spermatogenic wave）とよぶ．

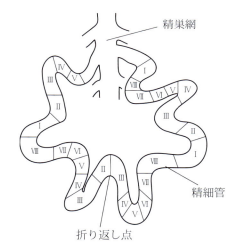

図3-9 精細管上皮の波を模式的に描いた1本の精細管

牛，羊，豚等ではⅠ～Ⅷ型（4～5種類の特定の精細胞の組合せ）の8つのステージの波が規則正しく発生する．同一部位ではステージⅠ～Ⅷまで，一定の時間毎に順序よく出現し，精細管全体で見ると折り返し点から精巣網に向かって1つ進んだステージが出現するようになっている．

4．精子の受精能

精細管において管腔内に放出された精子はまだ受精能力を備えていない．放出後，精子は精巣網，精巣輸出管を経て，精巣上体に運ばれるが，精子は精巣上体管内で成熟する．精巣上体は精巣および精巣

上体が産生した液（精巣上体液）の流れや精巣上体管の収縮運動などによって精子を精巣上体尾部まで移送する．精子は精巣上体頭部から尾部に移送される過程で精巣上体液中のタンパク質を取り込むことにより前進運動性を獲得して受精能をもつようになる．そして，精巣上体尾部の上体管は極めて太く精子の貯蔵場所として機能し，精子はここに貯蔵されて射精の機会を待つ．動物種により異なるが，精子は精巣上体の通過に 9 〜 14 日を要し，牛では尾部に貯蔵された精子は 30 日前後の受精能力を維持している．

演習問題

問 1　牛の精子形成において，1 つの一次精母細胞から最終的に生じる精子の数はどれか．
　　a．2
　　b．4
　　c．8
　　d．16
　　e．32

問 2　牛の胚移植技術ではドナー牛から多数の胚を得るために発育する卵胞数を増加させるホルモン投与が行われる．投与するホルモンは次のうちどれか．
　　a．FSH
　　b．LH
　　c．プロラクチン
　　d．オキシトシン
　　e．$PGF_{2\alpha}$

問 3　排卵時に卵胞内圧の上昇に関与していない事象はどれか．
　　a．排卵卵胞への血流量の増加
　　b．卵胞の水腫性の変化
　　c．卵巣平滑筋の収縮
　　d．卵胞膜細胞における PGE_2 の産生増加
　　e．コラゲナーゼ分泌の増加

問 4．雄畜の性成熟と精子の形成に関して誤っている記述はどれか．
　　a．テストステロンは精子産生や精巣上体内での精子成熟に必要である．
　　b．性成熟前の曲精細管内には，精祖細胞と，ライディッヒ細胞のみが存在する．
　　c．精祖細胞が精子細胞へと分裂することを精子発生過程という．
　　d．精子細胞がセルトリ細胞に接しながら長い尾をもった精子に変態するまでを精子完成過程という．
　　e．牛の精子形成に要する精子形成サイクルの回数は 4 〜 5 回である．

第4章　雌の生殖周期, 発情周期および性行動

一般目標：雌の生殖および発情周期の基本を理解し，代表的な動物の生殖および発情周期とその調節のしくみを説明できる．また，発情にともなう雌の卵巣，子宮，外部徴候および行動の変化を理解し，発情を診断する方法を説明できる．

　哺乳動物の繁殖活動は周期的に営まれており，これを生殖周期とよぶ．また，繁殖活動期の妊娠していない雌では，周期的に発情が繰り返され，これを発情周期とよぶ．性行動は，成熟動物において妊娠に至るために備わった重要な行動であり，異性の探索，誘因，求愛および交配の一連の過程からなる．本章では生殖周期の基本概念と調節の仕組み，そして代表的な動物における発情周期，性行動および発情診断法について概説する．

4-1　生殖周期の基本概念と調節の仕組み

　到達目標：生殖周期の基本概念および調節のしくみを説明できる．

　キーワード：ライフサイクル，春機発動，性成熟，繁殖季節，完全生殖周期，不完全生殖周期，妊娠

1. ライフサイクル

　哺乳動物における繁殖活動にかかわる周期を生殖周期という．このうち，ある個体の出生から死亡までを1周期として，世代を交代しながら繰り返される生殖周期をライフサイクルとよぶ．出生，繁殖非活動期，繁殖活動期，再び繁殖非活動期を経て寿命（死亡）を迎えてその個体のライフサイクルは終了する．繁殖活動が可能な年齢の限界を繁殖寿命（reproductive life-span）という．

2. 性成熟

　雌では雄と交尾して妊娠し得る状態，雄では雌と交尾して妊娠させ得る状態になることを性成熟（sexual maturation）に達するという．特に，性成熟過程の開始を春機発動（puberty）といい，性成熟過程の完了の時期を性成熟期という．また，広義には性成熟過程全体を性成熟期と称する．

1）性成熟に影響を及ぼす要因

（1）品　種

　一般に小型の品種の方が大型の品種よりも性成熟が早い．ジャージー種の雌子牛の春機発動までの期間は約8か月であるが，ホルスタイン種は約10か月である．また，小型犬では大型犬に比べて初回発情が数か月早く到来する．

（2）気　候

　一般に熱帯地方に生息する動物の性成熟は温帯地方の動物よりも早い．

（3）季　節

　季節繁殖動物では初回発情の発現が季節により左右される．例えば2月〜3月に出生した子馬は翌年の繁殖季節（生後15〜18か月齢時）に初回発情を示すようになるが，5月〜6月に出生した子馬は翌々年の繁殖季節（生後20〜23か月齢時）まで初回発情が発現しない．

（4）栄　養

　栄養条件の良好な個体が早く性成熟に達する．牛，豚などでは性成熟到来の時期は，日齢や月齢より

も体重との関連が深く，一定の体重に達した時に性成熟を迎えることが知られている．

(5) 異性の存在
雌の牛や豚において，雄と一緒に飼育された場合に性成熟の到来が早まることが知られている．

(6) 性
一般に雄は雌に比べて早く性成熟に達する．

3. 完全発情周期と不完全発情周期

繁殖活動期では妊娠の成立の有無により2つの周期が繰り返される．発情後に妊娠，分娩および授乳を経て再び発情がみられる生殖周期を完全生殖周期といい，妊娠，分娩および授乳の過程が入らない生殖周期を不完全生殖周期という．多くの動物種では，不完全生殖周期では排卵後に形成される黄体の寿命は妊娠黄体に比べて短い．ただし，犬の不完全生殖周期の黄体寿命は妊娠黄体とほぼ同じ長さである．

4. 繁殖季節

牛，豚，犬などは季節に関係なく繁殖活動を営むことから周年繁殖動物（non-seasonal breeder）とよばれる．一方，馬，羊，山羊，猫などは生殖活動が可能な季節（繁殖季節）が決まっており，季節繁殖動物（seasonal breeder）とよばれる．季節繁殖動物のうち，日照時間が長くなる春〜夏にかけて発情を示し，交配が可能となる動物を長日繁殖動物（long-day breeder）といい，馬や猫がその例である．反対に，日照時間が短くなる秋〜冬にかけて発情を示し，交配が可能となる動物を短日繁殖動物といい，羊や山羊などがその例である（図4-1）．

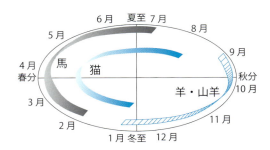

図4-1 季節繁殖動物における季節周期の例
本図は自然環境の1例（北半球に位置する日本を想定）であって，人工的な照明時間の操作や，緯度の違いや南半球の場合には当てはまらない．

4-2 発情周期と調節の仕組み

到達目標：代表的な動物の発情周期とその調節のしくみを説明できる．

キーワード：卵巣周期，発情周期，完全発情周期，不完全発情周期，排卵，黄体形成，黄体退行，卵胞期，黄体期，発情前期，発情期，発情後期，発情休止期，卵胞ウェーブ，主席卵胞，偽妊娠

1. 卵巣周期と発情周期

卵巣における卵胞および黄体の発育と退行の周期性を卵巣周期（ovarian cycle）とよぶ．また，不完全生殖周期における発情発現の周期性を発情周期（estrous cycle）とよぶ．発情周期の長さは発情開始日から次の発情開始日まで，あるいは排卵日から次の排卵日までの長さであり，動物種により一定である（表4-1）．

2. 完全発情周期と不完全発情周期

一般の家畜の発情周期では，卵胞発育，排卵，黄体形成，黄体退行が周期的に繰り返される．このような発情周期を完全発情周期とよぶ．さらに完全発情周期は，黄体退行に伴う卵胞成熟から排卵までの期間である卵胞期（follicular phase）と黄体形成から黄体退行までの期間である黄体期（luteal phase）の2つの期間に分けられる．卵胞期はさらに発情前期と発情期に分けられ，黄体期はさらに，黄体初期（形成期），黄体最盛期（開花期）および黄体後期（退行期）に分けられる．黄体期を発情後期および発情

表 4-1　主な動物の発情周期の比較

動物	繁殖季節	周期の型	一発情周期の平均的長さ	発情持続時間	発情開始から排卵までの時間	LHサージから排卵までの時間
牛	なし（周年繁殖）	多発情	21日	15時間	24〜32時間	28時間
馬	あり（春〜夏）	多発情	21日	7日	5日	2日
豚	なし（周年繁殖）	多発情	21日	50時間	36〜44時間	40時間
羊	あり（秋〜冬）	多発情	17日	30時間	24〜30時間	26時間
山羊	あり（秋〜冬）	多発情	20日	2日未満	12〜36時間	21時間
犬	なし（年1〜2回）	単発情	6〜10か月	5〜20日	4〜24日	2〜3日
猫	あり（1月〜9月）	多発情	3〜4週	5〜14日	交尾後24〜30時間	30〜40時間

片桐成二，獣医繁殖学第4版，文永堂出版，2012を元に作成

休止期に分ける場合もある．

　マウスやラットでは，発情時に交配（交尾刺激）がないと排卵後に黄体期を欠く不完全発情周期を示す．

3．単発情と多発情

　1繁殖期に発情周期が1回だけみられる動物を単発情動物（monoestrous animal）といい，犬がその例である．一方，妊娠しない限り発情周期を繰り返す動物を多発情動物（polyestrous animal）といい，牛，豚，馬，羊などがその例である．

4．自然排卵および交尾排卵

　成熟卵胞が，外部からの刺激なしに排卵することを自然排卵，交尾刺激により排卵することを交尾排卵という．自然排卵動物として牛，馬，犬などが，交尾排卵動物として猫，ウサギ，ミンクなどがあげられる．交尾刺激は子宮頸管から神経系を介して視床下部からのGnRH分泌を促し，LHサージを誘起することで排卵に至る．

5．牛の発情周期

1）発情周期の長さ

　牛は周年繁殖の多発情動物であり，性成熟後，妊娠しない限り1年を通して周期的に発情を繰り返す．発情周期の長さは経産牛では18〜24日（平均21日）であり，未経産牛では17〜22日（平均20日）である．1回の発情周期中に2〜3回の卵胞群の発育が観察される．この周期的な卵胞群の発育を卵胞ウェーブ（卵胞波，follicular wave）とよぶ．発情周期の長さは，卵胞ウェーブの数，品種，栄養状態，季節，飼養環境の影響を受ける．

2）発情周期の調節の仕組み

　発情周期に伴う生殖器および行動の変化は，主として視床下部−下垂体−卵巣軸に子宮を加えた生殖内分泌系のはたらきによって調節されている．すなわち，視床下部からのGnRH，および下垂体からのLHやFSHによる上位刺激と，卵巣からのプロジェステロン，エストロジェンやインヒビンによるフィードバック機構により卵巣活動や副生殖器の機能が調節されている．卵胞ウェーブの始まりから主席卵胞の選抜までの過程はFSHに依存し，主席卵胞の成熟および排卵の過程はLHに依存する．

　発情後16〜18日頃に子宮からのPGF$_{2\alpha}$分泌がはじまると，黄体は退行し，血中プロジェステロン濃度は急速に低下する．血中プロジェステロン濃度の低下によりパルス状LH分泌の頻度は増加，振幅は低下，基底値は増加する．パルス状LH分泌の頻度が増加すると主席卵胞は成熟し，排卵の1〜3日前にかけてエストロジェンが上昇する．エストロジェン濃度の上昇は，正のフィードバックにより視床

下部のサージセンターからの GnRH の一過性の大量分泌を促し，LH サージを引き起こす．LH サージは発情開始から約 6 時間後に高く鋭いピークとなって出現し，排卵を誘起する．エストロジェンのプロジェステロンに対する比率は発情時にピークを示す．インヒビンはエストロジェン同様に変化し，発情時に最高値を示す．

　排卵は LH サージから 24 〜 30 時間（平均 28 時間）で起こる．通常，排卵する卵胞数は 1 個であるが，2 個排卵する個体も約 5% いる．複数排卵は乳量の増加や暑熱環境などの要因によって発生頻度が増加すると考えられている．

　排卵後 1 〜 3 日間は血中エストロジェンおよびプロジェステロン濃度はいずれも低値を示すが，血中プロジェステロン濃度はその後上昇して排卵後 8 〜 10 日頃までには最高値に達する．妊娠時には，黄体は退行せず妊娠黄体として維持され，プロジェステロン分泌も持続する．

6. 馬の発情周期

1）発情周期の長さ

　発情周期の長さは平均 21 日（18 〜 24 日）である．発情周期の長さを左右する要因は発情期の長さであり，発情期は 3 〜 10 日間持続する．栄養状態が不良な場合，あるいは繁殖季節のはじめや終わりには，発情発現後の排卵が遅れるために発情周期が長くなる．黄体期の長さは 14 〜 16 日間でほぼ一定である．

2）発情周期の調節の仕組み

　発情周期中に FSH 濃度は 10 〜 12 日間隔で 2 回の上昇がみられる．FSH 分泌は卵胞ウェーブの発現と卵胞発育を刺激する．卵胞が発育してエストロジェン分泌が増加すると発情徴候が現れる．エストロジェン濃度の増加は正のフィードバック作用により GnRH 分泌を刺激し，LH サージを誘起する．馬の LH サージは排卵前の急激な LH 濃度の上昇としては現れず，ピークに達するまで数日を要し，LH 濃度の上昇中に排卵する．血中エストロジェン濃度は発情期にピーク値を示すが，排卵の 1 〜 2 日前には低下し始める．血中プロジェステロン濃度は排卵前 1 日に上昇し始め，排卵後 5 日頃までにピーク値に達する．排卵後 12 〜 14 日頃に子宮から $PGF_{2\alpha}$ の分泌が始まると，黄体は退行を開始して $PGF_{2\alpha}$ の分泌開始から 24 〜 48 時間以内に血中プロジェステロン濃度は基底値まで低下する．

7. 豚の発情周期

1）発情周期の長さ

　経産豚における発情周期の長さは平均 21 日（18 〜 24 日）であり，未経産豚では 1 日程度短い．発情前期が 1 〜 2 日，発情期が 2 〜 3 日（36 〜 96 時間，平均 50 時間），発情後期が 1 〜 2 日である．黄体期は排卵から，その後に形成される黄体が退行するまでの約 14 日間前後の期間である．

2）発情周期の調節の仕組み

　発情後 13 〜 15 日に子宮からの $PGF_{2\alpha}$ 分泌により黄体退行が始まると血中プロジェステロン濃度は急速に低下するとともに卵胞発育が加速して血中エストロジェン濃度が上昇，発情開始の 24 〜 48 時間前にはピークに達する．エストロジェンの急速な上昇は発情徴候と LH サージを誘起する．豚において LH サージはピークを経て基底値に戻るまでに 40 数時間を要する．LH サージ後に血中エストロジェン濃度およびインヒビン濃度は急激に低下し，排卵時には最低値となる．血中 FSH 濃度は LH サージと同時期にみられるサージよりも排卵後にみられる第 2 の FSH サージの方が明瞭であり，この FSH 分泌により小卵胞が発育するとされている．黄体からのプロジェステロン分泌は発情後 1 日より始まり，8 〜 14 日にかけてピーク値に達する．発情後 8 日までのプロジェステロン濃度は黄体数に比例してい

8. 犬の発情周期

1) 発情周期の長さ

性成熟に達した犬では，6～10か月間隔で発情を繰り返すが，この期間は小型犬では短く，大型犬では長い傾向にある．

犬の発情周期は，発情前期（proestrus），発情期（estrus），発情休止期（diestrus），および無発情期（anestrus）の4期に分けられる．持続日数は発情前期が3～17日（平均8日），発情期が5～20日（平均10日），発情休止期が約2か月，および無発情期が4～8か月間である（図4-2）．

2) 発情周期の調節の仕組み

雌犬は，卵胞期の後半に自然排卵する．卵胞は発育しつつエストラジオールを分泌し，その作用で子宮からの出血（発情出血），陰部の腫大が認められる．

排卵前1～2日にLHサージが起こる．血中プロジェステロン濃度は排卵日前までに上昇を開始していることから，交配適期を判定するうえで血中プロジェステロン濃度測定は臨床的にも有用である．

排卵後に形成された黄体は，約2か月間存続し，妊娠期，非妊娠期ともに同様の消長を示す．非妊娠期における黄体期は発情休止期に相当する．非妊娠犬においても妊娠犬と同様の妊娠徴候（乳腺の発達等）を示す個体があり，このような症状を偽妊娠という．プロラクチンの分泌過多が原因と考えられている．犬の偽妊娠期間は妊娠期間と同程度である．

妊娠犬では，妊娠中期頃から血中プロラクチン濃度が上昇し，分娩後，授乳中は高値で維持される．分娩後，新生子の死亡などで吸乳刺激が加わらなければプロラクチン濃度は直ちに低下し，乳腺も退行する．

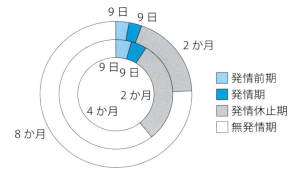

図4-2　雌犬の発情周期
発情前期，発情期，発情休止期ともに期間の長さにはある程度の個体差はあるものの，無発情期の長さは4～8か月と，さらに個体差が大きい．すなわち，内側の円に示す個体では約半年毎に発情が発現するのに対し，外側の円に示す個体では発情の間隔が10か月以上となる．

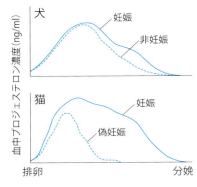

図4-3　犬と猫の妊娠期，発情休止期（犬，非妊娠）および偽妊娠（猫）における血中プロジェステロン濃度の推移

9. 猫の発情周期

1) 発情周期の長さ

猫は長日の季節繁殖動物で日本では1月～8月が繁殖季節とされているが，一般の家庭で飼育されている猫では，夜間の照明のため繁殖季節が明瞭ではなく，周年繁殖性を示す個体が多い．

猫は交尾排卵動物で，発情中に交尾がなければ卵胞は閉鎖し，発情は終了する．未交尾の発情周期は不規則で，多くの場合排卵を伴わない3～4週の周期を2～3回繰り返し，1～2か月の間を置いて再び発情を繰り返す．雄に対する交尾許容期間（発情期）は5～14日であるが，個体差が大きく，この範囲を超える個体もいる．交尾が行われると1.5日後に排卵が起こり，交尾後3～5日で発情が終了する．

なお，猫の偽妊娠期間は妊娠期間よりも短い（図4-3）．

2）発情周期の調節の仕組み

　発情期に血中エストラジオール濃度は上昇するが，交尾刺激がなければ徐々に低下して発情が終了する．交尾が行われるとLHが直ちに放出され，2～4時間でピークに達する．このLH放出量は交尾回数が多いほど増加し，1回のみの交尾では排卵に十分なLHの放出が期待できない．十分量のLHが放出されると，24～30時間後に排卵が起こり，排卵後3日で黄体からのプロジェステロン分泌量が増加する．

4-3　発情周期中の生殖器の変化

　到達目標：代表的な動物について発情周期中の生殖器の変化を説明できる．
　キーワード：卵巣，子宮，子宮頸管，発情粘液，外部生殖器，子宮腟部

1．牛

1）卵巣の変化

　卵胞ウェーブは多数の小卵胞の出現により始まり，そのなかから通常1個の卵胞（主席卵胞）が選抜されて発育を続ける（図4-4）．排卵後最初の卵胞ウェーブの主席卵胞は，黄体の存在下においてLH分泌が抑制されるために閉鎖退行する．しかし，発情周期の最後のウェーブから選抜された主席卵胞は黄体の退行により成熟，排卵に至る．排卵直前の成熟卵胞の直径は12～24 mmとなり，直腸検査による触知が可能である．

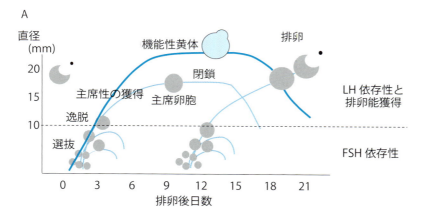

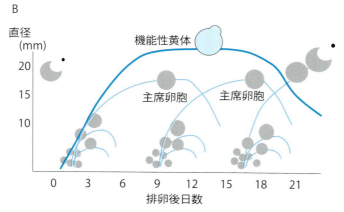

図4-4　正常牛における発情周期中の卵胞ウェーブ
A：1発情周期に2回の卵胞ウェーブを有する個体の例．
B：1発情周期に3回の卵胞ウェーブを有する個体の例．

排卵する卵胞数は通常 1 個である．排卵は卵巣表面のどの部位からでも起こり，排卵直後から翌日にかけて排卵部位はくぼみ，直腸検査により触知できる．排卵後の卵胞の内腔は血液，リンパ液および卵胞液によって満たされ，出血体（または赤体）とよばれる．つづいて，顆粒層細胞および内卵胞膜細胞を起源として形成された大型および小型黄体細胞が増殖して内腔を埋めることにより急速に黄体が形成されて，排卵の 48 時間後には直径約 1.5cm になる．黄体形成は排卵後約 7 日で完了し，その後 8 〜 9 日間，機能性黄体として持続する．機能性黄体の長径は 20 mm 以上とされる．通常，黄体は排卵部位で卵巣表面から突出しており，大部分は卵巣実質内に埋没している．非妊娠牛では発情後 16 〜 18 日頃から黄体の退行が始まり，急激に縮小する．

2）副生殖器の変化

発情期にはエストロジェンの働きで卵管の収縮性が増し，精子および卵子の移送に重要な役割を果たす．子宮平滑筋の収縮性も高まるため触診により子宮は収縮して硬いコイル状の子宮角に触れる．発情時に子宮頸腟部は充血，腫脹，弛緩し，子宮頸管から発情粘液の分泌がみられ，外部生殖器（外陰部）も充血，腫脹し，発情粘液の漏出がみられる．発情粘液は透明で水分を多く含み，牽糸性が高く，大量に分泌される．

発情粘液をスライドグラス上に塗抹して乾燥標本（cervical dry smear：CDS）を作成すると，定型的なシダ状の結晶形成が観察される．また，スライドグラス上に頸管粘液と精液が接するように置くと，精子が粘液側に侵入する様子が観察される．このような頸管粘液の性質は精子受容性（sperm receptivity：SR）とよばれる．

発情後 24 〜 48 時間に子宮内膜の血管が破綻して子宮小丘からの点状出血がみられる．これが原因となり，発情後 2 〜 3 日頃に大部分の未経産牛と約半数の経産牛において外陰部からの血液の漏出（発情後出血）が観察される．発情後，充血および腫脹は急速に消失し，粘液は次第に減少して発情終了後 4 日頃までにはほとんどみられなくなる．受精後，胚はプロジェステロンの働きにより子宮に向かって卵管内を下降する．

黄体期には子宮内膜が増殖，肥厚する（着床性増殖）．子宮頸管および陰唇は緊縮し，プロジェステロンの作用により分泌される薄い黄色ないし茶色の粘度の高い粘液によって子宮頸管の内腔は閉鎖される．

2. 馬

1）卵巣の変化

排卵に至る卵胞が属する小卵胞群は発情周期の 10 日頃あるいは排卵の 12 〜 14 日前に出現し，その中から数個の卵胞が発育して直径 15 mm 以上に発育する．排卵の 6 〜 7 日前には通常 1 個の主席卵胞が選抜され，他の卵胞は閉鎖する．主席卵胞の直径は発情開始日には 30 mm を超え，排卵直前の成熟卵胞は軽種では直径 40 〜 45 mm に達する．重種ではそれよりも約 10 mm 大きい．

卵胞は卵巣内部で発育するため小型の卵胞は直腸検査により触知することは困難であるが，排卵直前の卵胞は排卵窩の直下に到達し，排卵窩が拡張する．

排卵する卵胞数は通常 1 個であるが，2 個排卵することもある．排卵部位は排卵後 24 時間以内に内腔が血液および滲出液で満たされて出血体を形成する．黄体は排卵後 5 〜 7 日程度まで発育して最大直径に達し，次の排卵の 8 〜 10 日前から退行を始める．馬の黄体は卵巣表面に突出することなく，卵巣組織内に完全に埋没して発育するため直腸検査により触知することが難しいが，超音波検査では黄体を描出することが可能である．

2）副生殖器の変化

　黄体期には外陰部のひだが多く，粘膜は乾燥し色は淡い．子宮腟部は腟内に突出し，外子宮口は閉じている．直腸検査では子宮は緊縮，肥厚しており，子宮頸管は硬く筒状の構造物として触知される．

　発情期には，外陰部は腫脹してひだが伸び，粘膜は充血してバラ色ないしオレンジ色の色調となり，透明で粘性の低い粘液がみられる．子宮腟部は充血して腫脹し，外子宮口は開口している．また，発情最盛期にかけて次第に弛緩し腟底に沈む．子宮頸は短くなり，弛緩する．直腸検査では，牛と異なり子宮の緊張度が減少して触知しにくいほど柔軟になる．

3．豚

1）卵巣の変化

　黄体退行は排卵後15日頃に始まり，その時期には左右の卵巣に計40〜60個の小卵胞が存在する．この中から10〜20数個の卵胞が発育を続け，排卵直前の成熟卵胞は直径8〜12 mm程度になる．排卵に至る卵胞数は年齢，品種，産歴，栄養，性成熟後に回帰した発情周期の数などに左右されるが，およそ10〜24個の範囲である．排卵後には血液を満たした直径4〜5 mmの出血体となる．排卵後5〜8日までには黄体直径は最大（8〜11 mm）となる．

2）副生殖器の変化

　発情開始前3日には外陰部の充血，腫脹などの変化が現れ，発情開始1〜2日前にはピークとなる．外陰部から乳白色で粘稠性のある粘液が漏出することもある．これらの徴候は未経産豚でより明瞭である．離乳後の初回発情では，これらの徴候は離乳後3〜4日前後で認められることが多い．

　発情前期から発情期には，子宮頸はエストロジェンの作用により腫脹し，頸管粘液を分泌する．直腸検査では，平滑筋が収縮するため4〜5 cmの硬い管状の構造物として触知される．発情時の子宮は重量を増し，子宮角は硬くなるが，黄体期には2〜3 cmの柔らかい管状構造物として触知される．

4．犬

1）発情前期

　外陰部の明瞭な腫大，充血，子宮内膜からの出血による陰門からの血様粘液の漏出（発情出血）が認められる．発情出血の量は個体によって大きく幅があるが，多くの例では発情前期の初日から発情期終了日まで出血が認められる．発情出血はエストロジェンの作用により子宮内膜の血管系が著しく増殖，発達して血液の滲出が起こるが，子宮内膜の剥離，脱落は起こらない．この点において犬の発情出血は，ジェスタージェンの減少による出血である霊長類の月経とは生理的には異なるものである．

　腟スメア：前半は，赤血球および有核腟上皮細胞の中間層から表層の細胞が多数出現．角化上皮細胞

 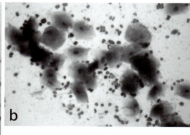 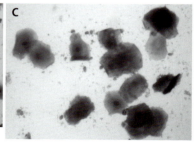

図4-5 腟スメアの鏡検像（口絵参照）
a：発情前期の初期，b：発情前期の後期，c：発情期

は中頃から徐々に増加．後半には有核腟上皮細胞，白血球の大部分が消失，赤血球は徐々に減少する（図4-5a，b）．

2）発情期

外陰部の腫大は，発情期に入ると最大となって軟らかくなり，発情期の4〜5日から徐々に退縮する．子宮角は長くなり，蛇行し，子宮頸が腫大，硬結する．

排卵は発情期の初期（雄許容開始後48〜72時間）に起こる．排卵時の卵子は一次卵母細胞であり，60時間後に卵管下部で一次極体を放出して二次卵母細胞となって受精能を獲得する．1発情期における排卵数は数個〜十数個である．

腟スメア：角化上皮細胞が多数出現し，ギムザ染色に濃染する（図4-5c）．

3）発情休止期

排卵後に黄体が形成され，黄体機能が持続する約2か月間にあたる．これは，生理的偽妊娠が発現する期間に相当する．子宮角は無発情期に比較すると太く，組織学的に子宮内膜は増殖し，子宮腺の発達も明瞭で，分泌も活発である．

腟スメア：有核腟上皮細胞，角化上皮細胞が常に少数出現する．半数例では発情終了直後に白血球が一過性に増加する．

4）無発情期

4〜8か月間の非繁殖期に相当する．卵巣には機能的な卵胞も黄体も存在しない．

腟スメア：有核腟上皮細胞，角化上皮細胞，白血球が常に少数出現している．

4-4　性行動

到達目標：雌の性行動の概要を説明できる．

キーワード：外部徴候，乗駕，乗駕許容（スタンディング），発情持続時間，発情回帰

1．雌の性行動

雌動物の性行動における**外部徴候**を知ることは効率的な繁殖管理をすすめていくうえで不可欠な事項である．

発情前期の雌牛は群れから離れて落ち着きを失い，歩数が増加する．外陰部から透明な発情粘液を漏出して，初期には他の雌や雄に**乗駕**することもあるが，その後，他の雌や雄の乗駕を許容するようになる．この**乗駕許容**を**スタンディング**という．人が発情牛の腰部を軽くたたくと，尾を上げる．また，尾を持ち上げると抵抗感が少ない．**発情持続時間**は通常15時間前後とされるが，品種，季節，雄の存在，栄養状態，泌乳量，産次，牛舎構造，管理方法などの影響を受け，個体によって2〜30時間と大きく異なる．

発情中の雌馬は雄馬の存在下で，後肢を広げて腰を低くする姿勢を取る（スクワッティング，squatting，図4-6），尾を上げて頻尿しながら陰唇を開いたり閉じたりして陰核を露出する（ライトニング，lightening，図4-7），といった行動を示す．

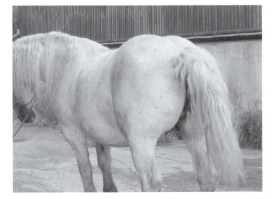

図4-6　雌馬のスクワッティングと排尿（口絵参照）
（提供：南保泰雄氏）

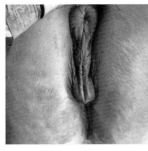
図4-7 雌馬の発情時における外陰部の徴候
数秒間隔で陰唇を開閉して陰核を露出する，ライトニングを示す．

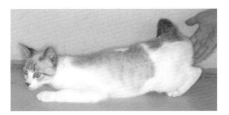
図4-8 雌猫のロードシス（口絵参照）
（提供：掘 達也氏）

雌豚は発情前期の外陰部の充血と腫大が3～4日続いた後，雄を許容するようになる．許容日数は1.5～3日である．

発情前期の雌犬は雄犬を誘引するが，雄が近づくと噛みついたり避けたりして交尾を許容することはない．しかし発情期に入ると雄の接近に対し立ち止り，尾を左右いずれかの方向にそらすか挙上して（尾振り行動，フラッギング，flagging）交尾を許容するようになる．

発情雌猫は胸部を下げて腰部を持ち上げ，後肢を交互に踏みかえる行動（ロードシス，lordosis，図4-8）を示すとともに，尾を側方へずらし，外陰部を露呈する．射精終了後に交尾咆哮とよばれる鋭い鳴き声を発する．また，雄に対して攻撃的になり，激しく転がりまわり，しきりに陰部を舐める．

2．分娩後の発情回帰

1）牛

乳牛では泌乳に伴うエネルギー不足（負のエネルギーバランス，negative energy balance），肉牛では子牛への授乳によりGnRH分泌が抑制されるため，分娩後の一定期間は無発情になる．乳牛における分娩後の正常な発情周期の回帰には，エネルギーやタンパクなどの栄養のバランスがとれた飼料を十分に摂食させることが必要である．

分娩の数日後には卵胞ウェーブが出現するが排卵には至らない．健康な個体の場合，初回排卵は乳牛で35日頃までに，授乳肉牛で40日頃までに起こる．通常，初回排卵時には発情徴候が伴わず，その後に形成される黄体の寿命はしばしば通常より短く，初回排卵から10～15日で次回の発情が発現する．分娩直後の子宮の妊角は非妊角と比較して著しく拡張しているが，分娩後30日頃までには左右の子宮角の直径はほぼ同じになる（子宮修復，uterine involution）．

2）馬

主な家畜の中で分娩後の子宮修復完了時期が最も早く，分娩後15～21日までには妊角および非妊角の直径がほぼ同じになる．悪露は分娩直後には赤色を示すが，分娩後7～9日頃までに透明となり，消失する．多くの馬は分娩後5～10日には分娩（foaling）後の初回発情（foal heat）を示す．通常，初回発情の持続時間は短く（2～4日間），分娩後8～12日に初回排卵がみられる．初回発情での交配により受胎可能であるが，2回目以降の発情で交配した場合と比較すると受胎率は10～20％低下する．

3）豚

授乳中はLH分泌が抑制されるため卵胞が直径5 mm以上に発育することはほとんどなく，卵巣静

止を示す．離乳によりLHのパルス状分泌が始まると卵胞が発育し，離乳後2〜3日には卵胞直径が5mm以上に達する．離乳後3〜10日で発情がみられる．

4-5　発情診断

到達目標：代表的な動物について発情を診断する方法を説明できる．
キーワード：発情診断，直腸検査，腟検査，発情発見補助器具，授精適期

1．発情診断

人工授精による交配に際して，空胎期間をいたずらに延長させないために正確に発情を発見することが重要である．

1）発情徴候，性行動に基づく発情診断

雌が乗駕許容状態にあるか否かを判断することが発情診断の基本である．しかし，動物種により発情持続時間および乗駕回数は様々であり，乗駕時間が短いことや雄個体が不在であることなどの理由により，雌個体が乗駕される行動を直接観察することが困難である場合が多い．したがって，他の雌個体に乗駕された痕跡の観察，背圧試験などによる乗駕許容行動の確認やその他の発情徴候の観察を行うことで発情診断を行う．また，蹄病などの運動器疾患や飼養環境内に乗駕行動を妨げる要因（密飼や滑りやすい床材など）が存在する場合には発情発見率は低下する．

発情期の雌牛は目つきが鋭く，落ち着きがなく活動量が増加し，独特の高い鳴き声で咆哮する．一般に，未経産牛は経産牛よりも発情徴候が明瞭である．外部生殖器（外陰部）は充血，腫脹し，粘液の流出がみられる．その他，種々の発情徴候（4-3，4-4参照）を観察して総合的に発情診断を実施することになるが，性行動のなかでも発情期の雌牛に最も特徴的な行動はスタンディングである．スタンディングを観察するために1日2〜3回，1回あたり30分以上の行動観察が推奨される．直腸検査により触診すると子宮は敏感に反応して収縮し，硬いコイル状の子宮角に触れる．その他の発情所見については前述の「卵巣の変化」，「副生殖器の変化」を参照のこと．

馬では，自然交配実施に先立って雄馬（あて馬）による試情（雌馬の発情の有無を試すこと）が行われる．発情でない雌馬は，雄が接近すると落ち着きなく尾を振り回し，しばしば雄馬に対して攻撃的になる．一方，発情雌馬は雄馬が匂いを嗅いだり，頸部を噛んだりしても比較的おとなしい．雄馬を利用できない場合には，腟検査による外子宮口の弛緩，直腸検査あるいは超音波画像診断装置を用いた卵胞サイズ（直径30 mm以上）と形態（洋梨状）および子宮の柔軟性や車軸状を呈する断面画像の観察により発情診断する．

豚においても乗駕の許容が最適な発情診断となる．雄の存在により発情徴候はより明確になり，咆哮，耳を立てるなどの徴候が発現する．人が雌豚の背にまたがる，または腰背部を手で押さえる背圧試験を行うと，発情中であればじっと静止する姿勢をとる．これを不動反応（immobility response）という．

犬においては，陰門からの出血により発情前期の開始を知ることができる．また，発情前期から発情期にかけて陰唇部の左右どちらかに触れるとフラッギング（図4-9）や同側の後肢を曲げる行動がみられ，発情診断の一助となる．

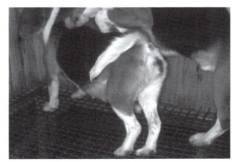

図4-9　雌犬のフラッギング（口絵参照）
（提供：堀　達也氏）

その他，腟スメア検査所見（前述）から発情期の診断が可能である．

2）発情発見補助器具

牛において，乗駕許容を直接観察する以外にも，他の雌個体に乗駕された証拠を1日2〜3回の確認で発見できれば，適期での交配も可能となる．そのための発情発見補助として，腰部へのインクチューブ（ヒートマウントディテクタなど）やシールの装着，あるいは専用ペンキ（テイルペイント）の塗布により，乗駕の有無を判定する方法が広く用いられている．また，発情時には活動量が増加することを応用して，牛用の歩数計を肢に装着して搾乳時あるいは随時活動量をパソコン等で記録・監視する発情発見システムが開発され，生産現場において導入されている．

2. 授精適期

1）牛

授精適期は，排卵時期と卵子の受精能保有時間（6〜10時間），精子の受精能獲得に要する時間（6〜8時間以上）および精子の受精能保有時間（約24時間）によって決定される（図4-10）．排卵後に授精が行われると，精子が受精能を獲得した時点で卵子の発生能は低下しており（卵子の老化），受精は起こっても胚死滅の頻度が増加し，受胎率は低下する．

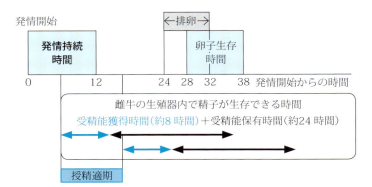

図 4-10　発情持続時間と排卵のタイミング，および精子・卵子の生存時間との関係（Nebel et al. 2000 を元に作成）
青矢印：受精能獲得時間，黒矢印：受精能保有時間

発情発見時刻を午前と午後に分けて授精実施時刻を決定する AM/PM 法が実用的な授精適期の指針として用いられている．すわなち，午前に発情を発見した場合はその日の午後に授精し，翌朝まで発情が持続している場合には再び授精を行う．また，午後から夕方にかけて発情を発見した場合には翌朝授精を実施する．乳牛における観察結果から，発情終了の前後数時間の授精により，良好な受胎率が得られることが知られている．

2）馬

排卵の30時間前から排卵後6時間までが交配適期とされている．馬の精子は雌の生殖道内で3〜5日間受精能力を保持することから，排卵3〜4日前に交配しても受胎可能であるが，受胎率は低下する．実際の現場では，発情開始後3日から交配（授精）を開始し，2日間隔で発情診断および排卵確認を行い，排卵していない場合には交配を繰り返す方法がとられることが多い．

3）豚

交配適期は排卵の数時間〜10数時間前，すなわち発情の最盛期から終わり頃である．外陰部所見では充血，腫脹が消失し，腟粘液が粘稠性を増す頃が交配適期である．実際には，発情行動発見後に飼育者が後ろから腰部を圧迫する際に尾を上げて雄を許容する姿勢（不動反応）を示してから半日後に交配（授精）する．その後，半日毎に発情徴候の有無を観察し，発情徴候が消失していない場合には交配を繰り返す．

4）犬

受胎可能な交尾期間は排卵前60〜48時間（交尾許容開始時）から排卵後108時間までの約7日間

である.

　犬の卵子は発情後 3 日に排卵され，60 時間後に卵管下部で減数分裂して成熟する．また，精子は雌の生殖道内でおよそ 7 時間で受精能を獲得すると考えられ，その受精能保有期間は 5 日以上と，他の動物に比較して長い．このため，犬の交配適期は排卵の 60 時間後からの 48 時間で，発情後 5 〜 6 日に相当する.

演習問題

問 1．季節繁殖動物の組合せとして正しいものはどれか.
　a．牛と犬
　b．馬と犬
　c．豚と犬
　d．牛と猫
　e．馬と猫

問 2．牛の発情周期中のホルモン変化に関する正しい記述はどれか.
　a．LH サージはピークに達するまで数日を要し，LH 濃度の上昇中に排卵する.
　b．血中プロジェステロン濃度は排卵日までに上昇を始める.
　c．交尾が行われると LH が直ちに放出され，2 〜 4 時間でピークに達する.
　d．血中エストロジェン濃度の低下は LH サージを引き起こす.
　e．排卵は LH サージから 24 〜 30 時間で起こる.

問 3．馬の交配適期に関する正しい記述はどれか.
　a．発情開始 30 時間前〜発情開始直前まで
　b．発情開始直後〜発情開始後 30 時間まで
　c．排卵 30 時間前〜排卵後 6 時間まで
　d．排卵後 6 時間〜排卵後 30 時間まで
　e．発情終了直後〜発情終了後 30 時間まで

問 4．豚の分娩後の初回発情に関して，最も一般的にみられる開始時期はどれか.
　a．子豚の授乳直後
　b．子豚の授乳開始後 3 〜 5 日
　c．子豚の離乳直後
　d．子豚の離乳数日〜 10 日後
　e．分娩後約 30 日

問 5．犬の発情期における腟スメア所見の特徴として正しい記述はどれか.
　a．白血球が多数を占める.
　b．有核腟上皮細胞が多数を占める.
　c．赤血球が多数を占める.
　d．角化上皮細胞が多数を占める.
　e．白血球と有核腟上皮細胞が多数を占める.

第5章　受精と着床

一般目標：受精，胚発生，妊娠認識および着床の過程およびその機序を理解し，代表的な動物における調節のしくみを説明できる．

　排卵された卵子と交配により雌の生殖道を通過してきた精子が卵管において1つの接合子となることを受精とよび，その直後から胚発生が進行する．子宮に下降した胚は母体の妊娠認識の過程を経て着床へと至る．本章では代表的な動物における，これら一連の過程とその機序について概説する．

5-1　受精の過程と調節の仕組み

到達目標：受精の過程とその調節のしくみを説明できる．
キーワード：受精能獲得，先体反応，多精拒否機構，精子侵入，前核，異常受精

　射出精子が雌性生殖道内に滞在中に生殖道内の分泌物にさらされ，生理的および機能的変化を遂げ，卵子に侵入できる能力を獲得することを**受精能獲得**（capacitation）という．

　受精能を獲得した精子が透明帯に達すると，透明帯を構成する糖タンパク質と特異的に結合する．この精子と卵子透明帯の結合が引き金になって，精子の細胞膜と先体外膜が部分的に融合して胞状化し，先体の中に含まれる酵素（ヒアルロニダーゼやアクロシンなど）が放出される（図5-1）．この現象を**先体反応**（acrosome reaction）とよぶ．

　精子は，先体反応により放出された酵素と振幅の大きな尾部運動によって透明帯に小孔を開けて囲卵腔に達する．次いで，精子細胞膜は卵細胞膜に接し，両者の膜融合によって精子頭部は卵細胞質内に取り込まれる．

　最初の精子が卵子と融合すると卵子の細胞膜と透明帯は変化して，複数の精子の融合あるいは透明帯への侵入を防ぐ．

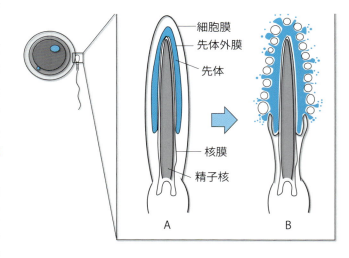

図 5-1　精子先体反応の模式図
　A：精子の細胞膜が最も外側に位置し，先体は細胞膜と精子核の間に位置する．
　B：精子が透明帯に達すると，精子の細胞膜と先体外膜が部分的に融合して胞状化し，先体の中に含まれる酵素が放出される．

これを**多精拒否**（block to polyspermy）という．多精拒否機構は透明帯と卵細胞膜に存在し，それぞれ透明帯反応（zona reaction）および卵黄遮断（vitelline block）という．

　精子侵入により卵子内では第二減数分裂が再開され，やがて二次極体が放出される．膨化した精子頭部は核膜が再構成されて雄性前核（male pronucleus）を形成する．一方，減数分裂によって卵細胞質

内に残った半数体の染色体からは，雌性前核（female pronucleus）が形成される．雄性前核と雌性前核は，第1卵割のためのDNAの複製を行いながら細胞の中心部に移動する．やがて両前核の核膜および核小体が見えなくなり，染色体が出現して第1卵割の前期に移行し，受精が完了する．

異常受精には多精子受精，雄性および雌性発生，そして単為発生がある．

多精子受精：複数の雄性前核の形成により多倍体の胚として発生することもあるが，発生途中で死滅する．多精子受精の発生率は1～2％であるが，老化した卵子では発生率が高い．豚では多精子受精の発生率が高く，胚死滅の主な原因ともいわれる．なお，卵子の減数分裂の異常により二次極体が放出されないと2個の雌性前核を有する卵子となり，侵入精子に由来する雄性前核と融合すると三倍体ができる．これを多卵核受精という．

雄性および雌性発生：胚が雌性前核形成不全で多精子受精して精子に由来する染色体のみで構成されると雄性発生，反対に雄性前核形成不全で卵子に由来する染色体のみで構成されると雌性発生というが，雄性発生および雌性発生に由来する異常胚は正常な胎子に発育しない．

単為発生：受精を経ることなく卵子のみから個体が発生することを単為発生という．

5-2 胚の初期発生の過程

到達目標：胚の初期発生の過程を説明できる．
キーワード：卵割，初期胚の発育ステージ，胚の伸長，胚葉の分化

1. 接合子から脱出胚盤胞に至る胚の発生過程

卵子と精子が融合することで生じる二倍体細胞を接合子（zygote）という．受精によって生まれた接合子はその後，胚（embryo）として細胞分裂を繰り返しながら細胞（割球）の数が増加する．この過程を**卵割**（cleavage）という．**初期胚の発育ステージ**は，2細胞期，4細胞期，8細胞期，16細胞期，桑実胚，胚盤胞などからなるが，初期の卵割の時期は必ずしも同調していないため，割球数が奇数になる時期もある．牛と犬において初期胚の発育に要する日数（牛：排卵後の日数，犬：LHピーク後の日数）は，2細胞期が1日（牛）と6～10日（犬），胚盤胞が6～7日（牛）と9～11日（犬）である．

一般に，胚は8～16細胞期になると卵管から子宮内に下降する（図5-2）．16細胞期において，胚は割球が押し合うように集まった桑実胚となる．その後，桑実胚は細胞数が増加し密着結合（tight junction）が発達した収縮桑実胚（compacted morula）のステージを経て，内部に液体を貯留する胞胚腔を有する胚盤胞（blastocyst）へと発育する．

桑実胚の時期に外側と内側に位置していた細胞群は，胚盤胞になるとそれぞれ外側の1層の細胞群である栄養膜（trophoblast）と内部の細胞群である内細胞塊（inner cell mass：ICM）に分かれる．桑実

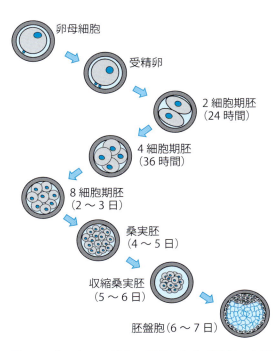

図5-2 牛における排卵，受精，および子宮への胚の移動と発育
（ ）内は排卵後の時間または日数．

胚における細胞は互いにギャップ結合（細隙結合，gap junction）を介して情報の伝達を行い，外側の細胞層は密着結合によって選択的障壁機能をもつようになる．

胚盤胞のステージまでは胚は透明帯（zona pellucida：ZP）を有する．透明帯は，卵割期における胚の立体的形状を保つとともに，胚を白血球の侵襲から防ぎ，胚の卵管内移送を容易にするほか，卵管内での胚の接着も防いでいる．胚が透明帯から脱出することを孵化（ハッチング，hatching）といい，孵化した胚は脱出胚盤胞とよばれる発育ステージに入る．

2．胚の伸長と胚葉の分化

1）胚盤胞以降の胚の伸長・発育

反芻動物や豚において，脱出胚盤胞は極めて急速に発育し，胚は急速に増加して細長く伸長する．

牛の胚は，受精後 13 日頃まで直径 3 mm 程度の球形をしているが，17 日になると長さ 25 cm 程度の細長いフィラメント状になり，22 日頃には反対側子宮角の先端まで伸長する．

馬の胚では，1 日 2～3 mm の割合で直径が増大するが，透明帯が消失した後でも透明帯の内側に形成されたカプセルに包まれているため，子宮内膜への接着が始まる妊娠 37 日頃までは球形を保っている（図 5-3）．

図 5-3 馬胚を包むカプセル
妊娠 13 日，直径 13 mm
（提供：南保泰雄氏）
（口絵参照）

2）胚葉の分化

胚の伸長・発育の時期に伴って内細胞塊からは内胚葉（endoderm）および中胚葉（mesoderm）が出現して，原腸胚とよばれるようになる．

牛の胚では受精後 8 日に内細胞塊から内胚葉が分化，10 日頃までにハッチングし，栄養膜の内側に胚外内胚葉が出現して卵黄嚢を形成する．胚外中胚葉は 14～16 日に出現，栄養膜（絨毛膜）と胚外内胚葉の間に分け入る形で発達し，栄養膜を裏打ちするとともに卵黄嚢を外張りする．一方，内細胞塊（胚結節）においては外側を覆う被蓋層（Rauber's layer）が 12 日以降に消失し，羊膜腔の形成が 14 日頃から始まり，20 日頃には羊膜腔が完成して尿膜腔も出現する．

胚盤胞の主な栄養源は，子宮腺や子宮内膜細胞から分泌される子宮乳（uterine milk）である．人と比較して着床時期が遅く母体との結合度が緩やかな胎盤構造を有する家畜の胚においては，着床開始後も発生に必要な栄養素を子宮乳から吸収している．子宮乳の固形成分はタンパク質やアミノ酸であるが，その量や組成は発情周期によって変化する．

5-3　母体の妊娠認識

到達目標：主な動物の妊娠認識のしくみを説明できる．

キーワード：エストロジェン，インターフェロン-タウ（IFN-τ），PGF$_{2\alpha}$，eCG，hCG，早期妊娠因子

着床前の胚は，ある種のタンパク質やエストロジェンを産生・分泌する．これは母体に対して胚の存在を知らせる一種の信号と考えられる．信号を受け取った母体は黄体を維持し，プロジェステロン分泌および子宮内膜の発育と分泌活動を盛んにして妊娠を維持・継続させる．このような機構を母体の妊娠認識（maternal recognition of pregnancy：MRP）とよぶ．もしも胚が適当な時期に母体に信号を送ることに失敗したり，逆に母体が信号を受け取ることができない場合には，黄体の退行・機能停止を招き，妊娠が中断して発情が回帰することになる．すなわち，母体の妊娠認識は，母体と胚との信号のや

りとりによって黄体退行を阻止する機構ともいえる．

牛や羊の胚の栄養膜からは，**インターフェロン - タウ（IFN-τ）**とよばれるタンパク質が生産・分泌されている．IFN-τは，子宮内膜におけるオキシトシン受容体の発現を抑制することで**$PGF_{2α}$**のパルス状分泌を抑制する（図5-4）．また，$PGF_{2α}$（黄体退行因子）/ PGE_2（黄体刺激因子）産生比と黄体の$PGF_{2α}$に対する感受性を低下させることによって黄体維持作用を示す．牛のIFN-τは排卵後16〜24日の妊娠牛の胚から最も高濃度で検出される．

豚の胚はエストロジェンを産生・分泌し，そのピークは妊娠11〜12日と16〜30日にみられる．発情周期中に子宮内膜上皮細胞で産生された$PGF_{2α}$は血管へ入り，子宮動脈と卵巣

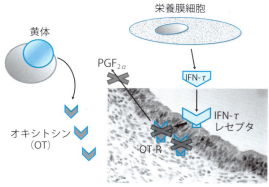

図 5-4 反芻動物の妊娠初期における黄体退行阻止機構
胚の栄養膜細胞から産生されたインターフェロン - タウ（IFN-τ）は子宮内膜細胞に作用し，オキシトシンレセプタ（OT-R）の発現を抑制することで，黄体から分泌されるオキシトシンのレセプタへの結合が阻止される．その結果，子宮内膜からのプロスタグランジン $F_{2α}$（$PGF_{2α}$）の産生が抑制され，黄体退行も阻止されることになる．
（口絵参照）

静脈の対向流交換によって卵巣へ至り黄体を退行させる．ところが，胚からエストロジェンが産生されると，$PGF_{2α}$は血管内ではなく，子宮内腔に分泌されるようになる．その結果，$PGF_{2α}$の黄体退行作用が現れなくなると考えられている．

馬の胚においてもエストロジェンや特異的なタンパク質の産生が認められ，直接あるいは間接的に$PGF_{2α}$による黄体の退行を阻止していると考えられている．その機序は不明であるが，排卵後12〜14日に胚が左右の子宮角を1日に12〜14回移動することが知られており，胚が何らかの黄体退行因子を放出して子宮内膜（母体）に作用しているものと考えられている．馬の胚が左右の子宮角間を移動することで母体の妊娠認識に関わっているという仮説は，胚が伸長しないという事実からも合理的な考えである．馬の胚は妊娠35日頃まで$PGF_{2α}$分泌抑制に関わっていると考えられるが，その後に形成される子宮内膜杯からLH様作用を有する馬絨毛性性腺刺激ホルモン（equine chorionic gonadotropin：**eCG**）が産生され，副黄体が形成されることでプロジェステロン分泌が持続する．eCGを他の動物種（牛や羊，豚など）に投与すると強いFSH作用を示す．

人においては，排卵後7日頃から胚の絨毛膜から人絨毛性性腺刺激ホルモン（human chorionic gonadotropin：**hCG**）が産生され，排卵後約30日でピークに達する．このホルモンは家畜においても強力なLH作用を示し，排卵誘起や黄体機能強化の目的で広く臨床応用されている．

犬の胚からは黄体退行を阻止するための特異的なシグナルは存在しないと考えられている．非妊娠犬の黄体寿命が妊娠黄体とほぼ同じであるという事実がその理由である．

妊娠に関連した物質として，交配後1〜2日で卵管内に胚が存在する牛，馬，羊などの血液中からは**早期妊娠因子**（early pregnancy factor：EPF）とよばれる物質が検出されている．妊娠個体から胚を除去すると血中のEPFが消失し，胚の培養上清からもEPFが検出されることから，初期胚から出される信号が卵巣に働きかけ，多量のEPFを血中へ分泌しているのではないかと考えられている．EPFの測定はリンパ球と赤血球が凝集してできるロゼットの形成の抑制率を調べる試験（ロゼット抑制試験）によって行われている．

5-4 着床過程の基本事項および特徴

到達目標：着床過程の基本事項および代表的な動物の着床過程における特徴を説明できる．

キーワード：スペーシング，子宮内移行，着床の形式，接着，二核細胞，多核細胞（合胞体），着床遅延

1. 胚の子宮内分布と移動

卵管から子宮内に下降して発育を続ける胚は，子宮筋の運動によって子宮内を浮遊しながら移動するが，やがて一定の部位に定着する．これを着床（implantation）という．

単胎動物の胚は，一般に排卵側子宮角中央部よりやや下方に定着する．一方，多胎動物では，子宮角の先端部分に群をなしていた胚が子宮頸方向に移動して等間隔に分散する．これを胚の**スペーシング**（spacing）という（図 5-5）．胚自身の産生する物質（エストロジェン，ヒスタミンあるいはプロスタグランジン）によって誘発された子宮収縮運動で胚は分散し，徐々に胚同士の間隔が平均化される．また，胚の急速な伸長・発育もスペーシングに関与している．

子宮内を移動する胚は，子宮体を経由して反対側子宮角に移行する場合もある．これを胚の**子宮内移行**（transuterine migration）という．豚では，子宮内へ下降した胚の約 40% が反対側へ移行して混合される．豚の胚の子宮内移行は交配後 8～9 日から始まり，胚が伸長する 12～15 日頃に終了する．牛の胚の子宮内移行は 1% 以下と極めて少ない．馬の胚は受精後 10～15 日では 1 日 10 回以上も左右の子宮角を移動し，通常は受精後 16 日頃に固定される．

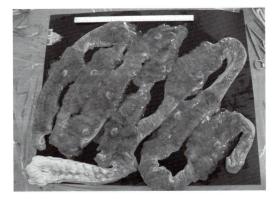

図 5-5 豚胚のスペーシング（口絵参照）
AI 後 27 日．

2. 着床の形式

透明帯を脱出した家畜の胚では通常拡張および伸長がみられ，栄養膜は子宮内膜の広範囲の部位に**接着**する．このような着床形式を中心着床（centric implantation）という．反芻動物，馬，豚，犬，猫は全て中心着床である．一方，マウス，ラット等の齧歯類の胚は小型で拡張がみられず，子宮内膜の中に着床用の室を形成したように入り込む．これを偏心着床（eccentric implantation）という．また，霊長類の胚は子宮内膜上皮を突き抜け，粘膜下組織に達して着床し，これを壁内着床（interstitial implantation）という．

胚は，子宮に対する位置や方向を常に一定にして着床する．中心着床の形式をとる動物の胚の内部細胞塊は，子宮間膜の付着する側とは反対側に位置するように着床する．着床にあたってみられる胚の位置決定を定位（positioning），内細胞塊の方向付けを配位（orientation）という．

3. 着床過程

家畜の胚は，齧歯類や霊長類にみられるような侵襲的な着床ではなく，表面的な非侵入性の着床である．

牛の伸長した胚の**接着**および着床は子宮小丘で起こる．接着に先立ち，栄養膜の指状突起（乳頭状突起）が子宮腺に侵入して胚は定位，不動化する．さらに，栄養膜の微絨毛によって子宮内膜と密接な相

互嵌入咬合（interdigitation）を示す．また，栄養膜の一部の細胞は核分裂後に細胞質分裂を伴わない細胞，すなわち二核細胞に分化して子宮内膜上皮に遊走し，上皮細胞と融合して多核細胞（合胞体，syncytium）を形成する．着床の開始は二核細胞が出現する受精後 17 日前後であり，母体側および胎子側組織が密に接着して胎子側への栄養供給が始まる 40 日前後に着床が完了する．

馬の着床は他の動物と比較して遅い．初期の胚接着では相互嵌入咬合を示すが，受精後 36 日頃になると球状の胚を帯状に巡る絨毛膜性の細胞は馬絨毛性性腺刺激ホルモン（eCG）を分泌するよ

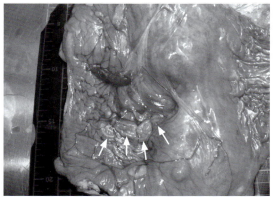

図 5-6 馬の子宮内膜杯（口絵参照）
（提供：南保泰雄氏）

うになり，子宮内膜に侵入して子宮内膜杯（endometrial cup）を形成する．子宮内膜杯は受精後 70 日頃から退行・脱落し，130 日頃には消失する．また，受精後 40 日頃になると未発達な起伏状の絨毛突起（microvilli）が子宮内膜の陰窩に入り込み，相互嵌入咬合による接着がみられるようになる．この絨毛突起は，やがて複雑な微小絨毛叢（microcotyledon）を形成し，150 日頃に複雑な接着が完成する．

豚の胚の子宮内膜への接着は受精後 13 日頃にはじまり，18 ～ 24 日には栄養膜の微絨毛が子宮腺以外の子宮内膜の全域で相互嵌入咬合を示す．

4．着床遅延

マウスやラットにおいてはホルモンの分泌状態，例えば泌乳中のエストロジェンの不足により 2 ～ 14 日間着床が遅れる．また，自然の状態で胚発生が緩慢に進行するシカ類，あるいは胚の発育が休止するクマ類やミンクなどでは 3 ～ 10 か月間の着床遅延（胚の発育停止）がみられる．野生動物では，栄養や気象などの環境要因による二次的な内分泌機能低下も着床遅延の原因と考えられているが，着床遅延の機序については不明である．

演習問題

問 1．受精から胚の初期発生に至る過程に関して正しい記述はどれか．
　a．精子の侵入により卵子内では第一減数分裂が開始し，やがて一次極体が放出される．
　b．一般に，胚は胚盤胞になると卵管から子宮内に下降する．
　c．桑実胚における細胞は互いにギャップ結合を介して情報の伝達を行う．
　d．牛や馬の胚は，受精後 13 日頃まで球形をしているが，17 日頃にフィラメント状になる．
　e．胚盤胞の主な栄養源は，栄養膜細胞から分泌される子宮乳である．

問 2．母体の妊娠認識に関して正しい記述はどれか．
　a．インターフェロン - タウは子宮内膜におけるオキシトシン受容体の発現を抑制する．
　b．インターフェロン - タウは子宮内膜におけるプロスタグランジン $F_{2\alpha}$ のパルス状分泌を促進する．
　c．豚の胚はプロジェステロンを分泌し，分泌のピークは妊娠 11 ～ 12 日と 16 ～ 30 日にみられる．
　d．豚の胚はエストロジェンを分泌し，分泌のピークは妊娠 4 ～ 10 日にみられる．
　e．馬の胚は排卵した側と同側の子宮角に留まることで母体にその存在を知らせている．

問 3．胚の子宮内分布に関して正しい記述はどれか．

48   第5章　受精と着床

 a. 多胎動物において胚が排卵側子宮角に等間隔に分散する現象をスペーシングという.

 b. 牛の胚の子宮内移行はまれである.

 c. 豚の胚の子宮内移行はまれである.

 d. 馬の胚の子宮内移行はまれである.

 e. 単胎動物の胚は，一般に排卵した側と対側の子宮角に定着する.

問4. 着床の形式と動物種の組合せで誤っているものはどれか.

 a. 中心着床　−　牛

 b. 中心着床　−　豚

 c. 中心着床　−　犬

 d. 偏心着床　−　ラット

 e. 偏心着床　−　人

第6章　妊娠と胎子発育

一般目標：妊娠および胎子発育の経過に関する基本的な事項を理解し，その経過と調節のしくみを説明できる．また，代表的な動物について特徴的な妊娠維持のしくみを説明できる．

　妊娠の成立と維持には母体と胎子の相互作用が重要である．妊娠期間も動物種により様々である．妊娠期間中の母体と胎子の相互作用には，黄体，胚の分化，胎子発育，胎膜と胎子付属物の発達，胎盤形成，子宮腺分泌の調節，胎子血液循環などが関与していて，各種ホルモンが重要な役割を果たしている．本章では代表的な動物における，これら一連の事象とその機序について概説する．

6-1　妊娠期間および胎子発育の経過

　到達目標：代表的な動物の妊娠期間および胎子発育の経過を説明できる．

　キーワード：器官形成，胎子循環

1. 妊娠期間

　妊娠の開始は胚が子宮内膜に着床した時点であるが，この時期を明確に判定することは困難なために，家畜では妊娠期間の算定や分娩予定日は授精日や交配日から起算している．妊娠の終了は胎子と胎子胎盤が体外に排出された時点である．

　妊娠期間は動物種や品種により異なっている（表6-1）．牛においては双胎の場合に妊娠期間が3～6日短くなることが知られている．

表 6-1　主な家畜の妊娠期間

種類	品種	平均日数（範囲）
牛	ホルスタイン	279（262～309）
	黒毛和種	285
馬	サラブレッド	338（301～349）
	ペルシュロン	322（321～345）
豚	バークシャー	115（107～124）
	ランドレース	114（111～119）
羊	メリノ	150（144～156）
	コリデール	150
山羊	ザーネン	154
犬		63（58～68）
猫		63（62～66）

（星　修三ら 1982）

2. 胎子発育の経過

1）胚の分化

　内細胞塊は，まず外胚葉が分化し，次いで内胚葉，そして外胚葉と内胚葉の中間に中胚葉が分化する．各胚葉からは，それぞれ下記に示す組織，器官が形成される．

　外胚葉：神経系，表皮系（表皮，毛，蹄），外陰部

　中胚葉：筋肉，結合組織（骨，軟骨，靱帯，腱），循環器系，性腺，卵管，子宮，腟

　内胚葉：肝臓，腺組織，消化器官，生殖細胞，腟前庭，前立腺，尿道

　胚（embryo）は**器官形成**後に胎子（fetus）とよぶ．牛では妊娠42～45日，犬では34～35日が胚と胎子の境界である．

2）胎子の発育

　流産胎子において交配時期が不明である場合に頭尾長（crown rump length：CRL）から妊娠月齢を推定する．牛，馬での各月齢の体長の推定には簡易に換算できる算式がある．牛では月数×（月数＋2）＝体長（cm）が妊娠月数第2～第8までの期間において応用でき，馬では月数×（月数＋1）＝体長（cm）が妊娠月数第2～第9までの期間において応用できる．胎子は妊娠期間の第3半期に特に

表 6-2 牛および犬の妊娠時期別の胎子外部形態

牛		犬	
月齢	外部形態	週齢	外部形態
1	頭と肢芽が分かる	3	C字型，肢芽形成中
2	指が分かる	4	手掌が形成され，指間に浅い溝ができる
3	陰嚢（雄）と乳房の隆起（雌）が明瞭	5	まぶたが部分的に目を覆い，耳介が耳道を覆い，外部生殖器が分化し，指が付け根まで分かれる
4	目のまわりに最初の毛が出現，角芽も出現	6	まぶたが融合し，毛包が出現する
5	口のまわりに毛が見え，精巣は陰嚢内に位置する		指が広がり爪が形成される
6	毛が尾端に出現	7	毛は完全に全身を覆い，毛色が現れる
7	毛が肢の近位部に出現		
8	全身に毛がみられるが短く，腹部ではまばら		
9	外見は完全で，毛に十分覆われる 切歯が生える		

(Dyce et al. 1987)

急激に成長する．牛と犬の胎子の妊娠月齢（週齢）別の外部形態を表に示す（表 6-2）．

3）胎子循環

胎子期においては，肺におけるガス交換や消化管からの栄養吸収などを胎盤で行っている．胎子の血液循環の模式図を図 6-1 に示す．胎子の臍部から胎子胎盤へ連なる管が臍帯であり，中に臍動脈と臍静脈，尿膜管が通る．臍動脈は各動物とも 2 本有し，胎子の体内を循環した静脈性血液を胎盤へ運ぶ．臍静脈は馬，豚では 1 本であるが，反芻動物および食肉動物は臍輪まで 2 本で，腹腔で 1 本になる．臍静脈は胎盤で母体血と酸素交換した新鮮な動脈性血液を運ぶ．

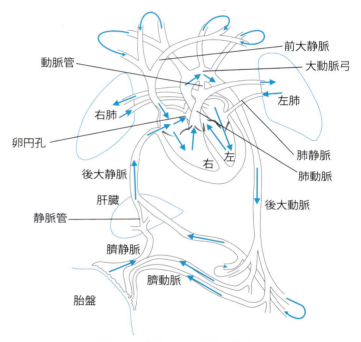

図 6-1 胎子の血液循環の模式図

胎盤からの酸素分圧の高い血液は臍静脈を経て心臓に達するが，その途中で肝臓を通り栄養を肝臓に貯える．静脈管（アランチウス管，Arantius's duct）は何本かの側肢を出し，門脈とも合流して後大静脈に入る．右心房には後大静脈血と前大静脈血が入り，これらは二手に分かれ，多くは心房中隔にある卵円孔を通り左心房へ，一部は右心室に入る．

左心房に入った血液は肺からの静脈血を加えて左心室へ入り，拍出される．右心室に入った血液は肺動脈に入り，肺に達するものもあるが，大部分は肺動脈の途中にある動脈管（ボタロー管）を通り，大動脈弓に出ていく．

生後，臍静脈および静脈管は閉鎖し，それぞれ肝円索および静脈管索として残る．卵円孔も閉鎖して卵円窩となり，動脈管は動脈管索となる．

6-2　胎盤の構造と機能

　到達目標：胎盤の基本的な構造と機能を理解し，代表的な動物の胎盤について特徴を説明できる．
　キーワード：羊膜，絨毛膜，卵黄嚢，尿膜，尿膜絨毛膜，散在性胎盤，多胎盤，帯状胎盤，盤状胎盤，上皮絨毛胎盤，結合織絨毛胎盤，内皮絨毛胎盤，血絨毛胎盤

1. 胎　膜

　胎子の周囲に形成され，胎子を包んで保護する膜を胎膜（fetal membrane）という．狭義の胎膜は羊膜（amnion）と絨毛膜（chorion）であるが，卵黄嚢（yolk sac）および尿膜（allantois）を含めて広義の胎膜とよぶ．

1）羊　膜

　羊膜は胎膜のうちで最も内側にある，胎子に最も近い胎膜で，羊膜細胞から分泌される羊水で満たされ，中に胎子を入れている．

2）絨毛膜

　絨毛膜は胎子を囲む胎膜のうちで最も外側に位置する．胚盤胞期では栄養膜または栄養膜外胚葉とよばれるが，絨毛が形成され絨毛膜となる．絨毛膜は胎子胎盤の主体となり，胎子側の物質交換の場である．

3）尿　膜

　尿膜は尿膜管により胎子の膀胱につながり，中に尿膜水を満たしている．尿膜の外側は絨毛膜の内側に密着して尿膜絨毛膜を形成する．

2. 胎　盤

　絨毛膜が母体の子宮内膜と密着または結合する部分を胎盤（placenta）という．胎盤は様々な生理作用をもち，内分泌器官であると同時に，成体の消化器，肺，腎臓などの機能を併せもつ．着床後，胎膜の一部と子宮内膜の密接な連結により胎盤が形成される．

1）絨毛膜絨毛の分布に基づく形態による分類

　胎盤は肉眼的に4型に分類される．

　散在性胎盤：絨毛が絨毛膜のほぼ全面に散在する．このうち，絨毛膜の全表面に絨毛が存在するものを完全散在性胎盤といい，馬の胎盤が相当する．絨毛は子宮内膜の小窩に入り込み胎盤微小葉（microcotyledon）を形成する．一方，突出した胎嚢の両端部分に絨毛を欠くものを不完全散在性胎盤といい，豚の胎盤が相当する．

　多胎盤：絨毛が子宮小丘に合致する部位において発達，絨毛叢（cotyledon）を形成する．子宮小丘に相対する部位に限局して多数の胎盤が形成されるために多胎盤とよばれる．反芻動物の胎盤が相当する．牛では子宮体から子宮角の基部にかけては4列，その先は2～3列の配列がみられる．牛の胎子胎盤は母胎盤への侵入が弱く，母胎盤の体積が大きい（子

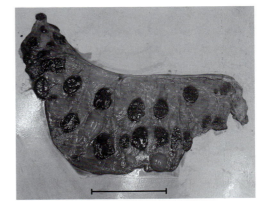

図6-2　多胎盤（口絵参照）
胎子娩出後に排出された牛の胎盤．(bar＝30cm)

宮小丘が凸状に隆起している）のに対して，羊の胎子胎盤は母胎盤への侵入が強く，胎子胎盤の体積が大きい（子宮小丘が凹状に窪んでいる）．

帯状胎盤：犬や猫の食肉類にみられ，絨毛が胎嚢の中央部を帯状に一周して発達し，その部位だけが子宮内膜に付着する（図6-3）．帯状胎盤の辺縁部では子宮血液が溢血して血腫ができるが，ヘモグロビンの分解の後，犬では暗緑色，猫では赤茶色になる．

盤状胎盤：霊長類，齧歯類にみられ，絨毛膜絨毛は胎嚢の一部のみに円盤状に発達し，その部位だけが子宮内膜に付着する．

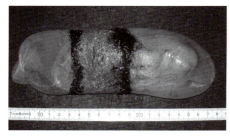

図6-3　犬の帯状胎盤（口絵参照）
（提供：堀 達也氏）

2）接触の様式による分類

前述の肉眼的な分類の他，絨毛膜と子宮内膜の接触様式（内部構造）による分類もある．馬や豚では，胎子胎盤と母胎盤はそれぞれ3層の組織から形成されている．すなわち，胎子血管内皮，胎子結合織，胎子絨毛上皮，母体子宮内膜上皮，母体結合織，母体血管内皮の計6層である．胎子側は全ての動物種で3層みられるが，母体側の層の数は胎盤組織型により異なる（図6-4 A〜D）．

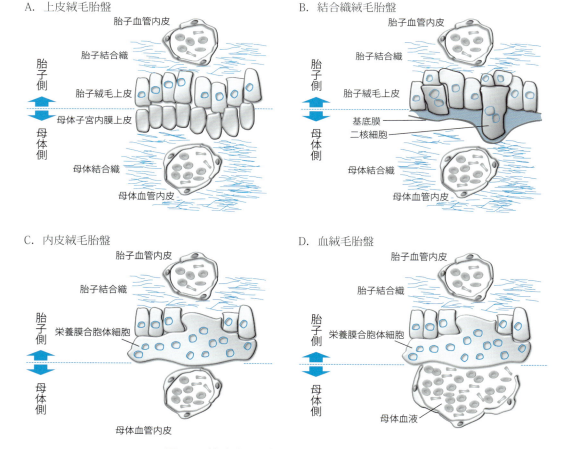

図6-4　絨毛膜と子宮内膜の接触様式による分類

上皮絨毛胎盤：子宮内膜の3層全てがある．これには馬，豚が含まれる．母子間の物質交換の効率は最も悪い型と考えられるが，接触面を増大させ，アレオラ（乳輪，areola）とよばれる組織栄養素を貯留し小腔が形成され，栄養吸収を補助している．

　結合織絨毛胎盤：子宮内膜上皮が子宮小丘の部分で一部欠損し，絨毛（栄養膜細胞層）が母体結合織に接する．これには反芻動物が含まれ，その胎子胎盤には二核細胞が妊娠期間を通して約20%含まれ，母胎盤の子宮上皮にも2%が侵入しており，胎盤性ラクトジェンや妊娠特異タンパク質Bを分泌する．

　内皮絨毛胎盤：母体の子宮内膜上皮と結合織が失われ，血管内皮のみが残る．すなわち，絨毛（栄養膜合胞体細胞）が直接，血管内皮に接する．これには食肉類が含まれる．

　血絨毛胎盤：子宮内膜組織の3層全てが失われ，栄養膜合胞体細胞が母体血に露出している．このうち，母体血液が合胞体性栄養膜の裂孔の複雑な迷路に流れ込んだものを血絨毛迷路性胎盤といい，齧歯類にみられる．また，合胞体性栄養膜の裂孔が大きく拡大し，その中に絨毛が生えたものを血絨毛絨毛性胎盤といい，高等霊長類にみられる．

6-3　妊娠維持に関わるホルモンとその作用

　到達目標：妊娠維持に関わるホルモンとその作用を説明できる．また，代表的な動物について妊娠維持のしくみを説明できる．

　キーワード：プロジェステロン，エストロジェン，LH，プロラクチン

　妊娠維持に重要な子宮の変化に関与しているホルモンとして**プロジェステロン**と**エストロジェン**があげられる．

　胚の着床前に子宮内膜は肥厚し，着床性増殖を起こすが，これはエストロジェンが作用した後のプロジェステロンの働きである．

　妊娠中，プロジェステロンは子宮筋のオキシトシンに対する感受性を低下させ，収縮を抑制する．

1. 牛

　受胎後の血中プロジェステロン濃度はほぼ黄体期の値である4〜8 ng/mlを維持するが，分娩が近づくと低下する．プロジェステロンの産生源は妊娠期間を通して黄体が主であるが，妊娠後半になると黄体からの分泌が減少し，その減少を胎盤，副腎が補充する．胎盤におけるプロジェステロンは主に胎子胎盤でつくられており，胎齢7〜9か月で産生量は数倍に増加する．

　血中エストロジェンは妊娠8か月齢以降分娩直前まで増加するが，エストロンがエストラジオール-17βより優位である．

2. 馬

　妊娠初期のプロジェステロンは妊娠黄体から分泌されるが，妊娠40日以降には複数の卵胞の排卵や閉鎖黄体化により形成された副黄体からの分泌が加わり，両者とも約210日まで持続する．子宮内膜杯から産生されるeCGは妊娠黄体の維持とともに，副黄体の形成に大きな役割を果たしている．妊娠60日頃よりプロジェステロン分泌源として胎子胎盤が加わり，70日以降に卵巣を除去しても流産しない．母体血中には胎盤由来プロジェステロンは出現せず，プロジェステロン代謝産物（5α-prognanes）のみが出現する．妊娠最後の1か月間には胎子副腎由来のプレグネノロンが加わるために血中プロジェステロン代謝産物濃度は一過性の増加を示した後，分娩直前に低下する．

　妊娠5〜10か月にかけてエストロンが主に増加するが，末期にかけて低下する．エストロンの産生源は胎子・胎盤ユニットであり，**エストロジェン**の前駆物質の産生源は胎子性腺である．また，エクイ

リン（equilin），エクイレニン（equilenin）という馬に特有の**エストロジェン**があり，これらは妊娠後半に増加する．

3. 犬

血中プロジェステロン濃度は排卵前から増加し始め，15〜30 日でピークに達した後に漸減し，分娩直前に基底値まで急減する．犬の妊娠黄体の維持に必要なホルモンは妊娠前半では **LH** が主体であるが，後半では**プロラクチン**が主体となる．黄体におけるプロジェステロン合成酵素（3β-hydroxysteroid dehydrogenase：3β-HSD）活性は 50 日以降に減少する．

妊娠中の血中エストロジェン濃度は受胎後から分娩直前まで漸増し続けて分娩後に急減するが，発情期のレベルと比較して低値を示す．犬の**エストロジェン**は胎盤では産生されず，ほとんどが黄体で産生される．妊娠 50 日以降に黄体のエストロジェン合成酵素（アロマターゼ）活性は増加することから，3β-HSD 酵素の推移とは逆相関を示す．

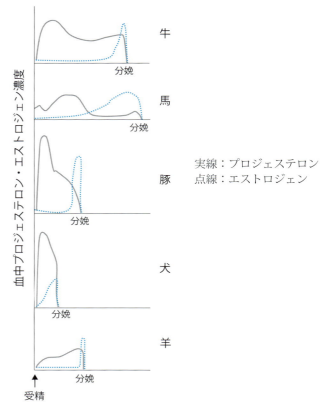

図 6-5　主な動物の妊娠期間中における血中プロジェステロンおよびエストロジェン濃度推移の模式図

各種動物の妊娠期間中の主なホルモン濃度の推移を図 6-5 に示す．

6-4　妊娠の経過に伴う母体の変化

到達目標：妊娠の経過に伴う母体の変化について説明できる．

キーワード：循環動態，血液検査所見，栄養要求量，腹部腫大，乳腺の発達，乳生産

1. 循環動態の変化

循環血流量の増大は，妊娠した母体に生じる最も大きな変化の 1 つである．胎子の水分や酸素要求を満たすために血管系が拡大するとともに赤血球を中心として血液内容物も増大する．ナトリウム，カリウム，カルシウムなどの電解質が尿細管で再吸収されると，血液浸透圧を維持するために水分量が増加する結果，血液量が増加する．血液量の増加が母体に浮腫を引き起こすこともある．妊娠個体は心拍数が増加し，1 回あたりの拍出量も増加する．皮膚への血流量も増加する．

血液検査所見：妊娠個体の血液凝固能は亢進している．

2. 栄養要求量の変化

妊娠中は母体自らの維持に必要な栄養素供給のみならず胎子や胎盤などの発育に必要な栄養素を供給するため，エネルギーおよび**栄養要求量**が増加する．それに伴い食物摂取量も増加する．さらに，消化管における食物通過が緩やかになることで栄養素の消化吸収を促進させている．

第 6 章　妊娠と胎子発育　　55

3. 母体腹部および乳房の変化

　一般に，妊娠期後半に入ると腹部腫大が認められる．牛では左側に大きな第一胃があるため，妊娠子宮は右側に押され，右側の腹壁は妊娠 5 か月頃から膨隆して左右の対称を欠くようになる．また，乳腺への血流量の増加は乳腺の発達を促進し，乳房が肥大する．初産個体では妊娠中期から，経産個体では妊娠末期から乳房の肥大が認められ，分娩後の乳生産に備える．

演習問題

問 1.　牛胎子の妊娠月齢と頭尾長，外部形態との関係に関して正しい記述はどれか．

　a. 1 か月齢において，頭が判別できるようになる．

　b. 3 か月齢において，口のまわりに毛が生える．

　c. 5 か月齢において，毛が肢の近位部に出現する．

　d. 7 か月齢において，雌では乳頭の隆起が明瞭になる．

　e. 9 か月齢において，毛が尾端に出現する

問 2.　動物種と胎盤の接触様式による分類の組合せで誤っているものはどれか．

　a. 反芻動物　－　結合織絨毛胎盤

　b. 豚　－　結合織絨毛胎盤

　c. 馬　－　上皮絨毛胎盤

　d. 犬　－　内皮絨毛胎盤

　e. 齧歯類　－　血絨毛胎盤

問 3.　牛の妊娠に関わるホルモンに関する正しい記述はどれか．

　a. 胚の着床前に子宮内膜は着床性増殖を起こすが，これはプロジェステロンが作用した後のエストロジェンの働きである．

　b. 妊娠中，プロジェステロンは子宮筋のオキシトシンに対する感受性を増加させる．

　c. プロジェステロンの産生源は妊娠期間を通して黄体のみである．

　d. 妊娠末期における血中エストロジェンはエストラジオール -17β がエストロンより優位である．

　e. 受胎後の血中プロジェステロン濃度はほぼ黄体期の値を維持する

問 4.　犬の妊娠に関わるホルモンに関して誤っている記述はどれか．

　a. 血中プロジェステロン濃度は排卵前から増加し始める．

　b. 血中プロジェステロン濃度は分娩後に減少し始める．

　c. 犬の妊娠黄体の維持に必要なホルモンは妊娠前半では LH が主体である．

　d. 妊娠中の血中エストロジェン濃度のピーク値は発情期のレベルよりも低い．

　e. エストロジェンは胎盤では産生されない．

第7章　妊娠診断

一般目標：妊娠時の母胎の変化および胎子の存在の確認により妊娠を診断する方法を理解し，それぞれの診断法の長所と短所および実施方法について概要を説明できる.

　妊娠の有無を正しく，かつ早期に診断することは，産業動物では妊娠していない動物に対して次の交配を準備することで生産性の低下を最小限にとどめる役割を果たし，犬や猫では計画的な妊娠および分娩管理を容易にする．一方，いわゆる早期妊娠診断は妊娠が安定して維持される以前に妊娠の有無を診断することであるが，診断後の胚死滅による妊娠喪失が見逃されると，長期にわたって空胎が続き大きく生産性を損なうことになる．早期妊娠診断は，その後の確定診断と合わせて用いる技術であることを理解しなければならない．妊娠診断には，妊娠に伴う母胎の変化や胎子や胎盤由来物質の検出など様々な妊娠徴候が利用される．

7-1　妊娠診断に有用な母体の変化

　到達目標：代表的な動物について母胎の行動および外部徴候などによる妊娠診断法を説明できる.
　キーワード：ノンリターン法

　母体は妊娠後期には腹囲膨大，乳腺の腫大，外陰部の腫大などの変化が著明となる．これらの変化は妊娠診断（pregnancy diagnosis）の必要な時期以降に明らかとなるため妊娠を診断する指標としての価値は低いが，妊娠診断後に妊娠が中断した動物では，これらの徴候が現れないことで，飼養者が妊娠の喪失に気づくことになる．また，犬では妊娠していない場合にも偽妊娠の状態となり類似の変化がみられ，妊娠を診断する指標にはならない．

1. ノンリターン法

　発情を回帰しないことにより妊娠と判断することで，牛，馬，豚などの妊娠診断に用いられる（表7-1）．しかし，妊娠中に発情徴候を示す場合や，不妊であっても発情徴候を示さない場合もあり，確実な妊娠診断を実施するまでの妊否の目安と考えるべきである．また，犬は単発情動物であるため，発情回帰の有無により妊娠を推測することはできない．

2. 頸管粘液の検査

　妊娠期の牛の子宮頸管粘液は，妊娠60日頃までには硬いゼラチン状を示し，時に外子宮口を覆うようになる．

表 7-1　牛の妊娠診断の方法と実施時期

妊娠診断法	実施時期
ノンリターン法と黄体の存在	21 日
乳汁中または血中プロジェステロン測定	21 ～ 24 日
超音波検査	26 日
乳汁中の妊娠関連糖タンパク質測定	28 日
羊膜嚢の触診	30 日
胎膜スリップ	35 日
子宮角の非対称，妊角の膨満，薄い壁，波動感	35 日
頸管粘液の検査	35 日
羊膜弛緩時の胎子触診	45 ～ 60 日
胎盤葉の触診	80 日
子宮動脈の肥大と震動	85 日
血中または乳汁中のエストロンサルフェート測定	105 日
胎子の触診	120 日

津曲茂久，獣医繁殖学第4版，表6-10，文永堂出版，2012を一部改変.

子宮頸管粘液を採取して指先でもみ，転がしてモチ状になる場合や2枚のスライドグラスで数回擦り合わせて細かい縮毛状になれば妊娠と判断する．

7-2 触診および画像診断

　到達目標：代表的な動物について触診または画像診断法により妊娠を診断する方法について，実施方法と診断可能な時期を説明できる．

　キーワード：胎膜スリップ，超音波断層法

1. 直腸検査

　牛では特別な機材を必要としない実用的な方法であるため，最も広く用いられている．羊膜嚢，胎子，胎膜スリップ，妊角の膨大および子宮動脈の肥大と震動を触診で確認し妊娠判定する（表7-1）．子宮角を親指と中指で挟んで掴み上げて尿膜絨毛膜が子宮壁の間から滑り落ちる感触により判断する胎膜スリップ法（図7-1および図7-2）が一般的な方法となっており，妊娠35日以降に実施可能である．また，羊膜嚢を直接触知する方法も用いられており，妊娠30日以降に実施可能である．しかし，この方法は羊膜破裂や胎子損傷を生じる危険があり，実施する場合には細心の注意が必要である．

　馬では妊娠30日頃に鶏卵大よりやや大きい胎嚢を触診で確認することで妊娠を判定できる．豚では，直腸内への手の挿入が可能な経産豚において，妊娠30日以降に触診で子宮動脈の震動を確認することで妊娠を判定できる．

2. 腹部の触診

　犬および猫では，妊娠20〜30日頃に腹壁ごしに胎嚢を触診することにより，簡便に妊娠を診断することができる（図7-3）．犬や猫の胎嚢は，20日頃にはそれぞれが分離した1cm程度の緊張した球状物として触診されるが，徐々に大きさを増して35日を過ぎると大きさは3cmを超えて互いに連続し，かつ緊張を失うため，診断が困難となる．妊娠55日を過ぎると再び胎子を触れることにより妊娠を確認できるようになる．猫では腹壁が薄いため，犬よりも診断が容易である．

3. 超音波検査

　ほとんどの動物において最も早期に妊娠を診断できる方法であり，心拍を確認することにより胎子の

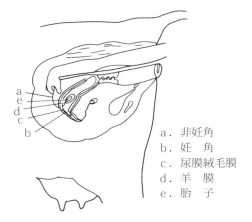

図7-1　牛の胎膜触診法（河田啓一郎ら 1991）

a．非妊角
b．妊　角
c．尿膜絨毛膜
d．羊　膜
e．胎　子

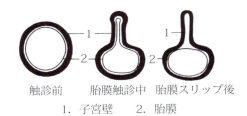

触診前　　胎膜触診中　胎膜スリップ後
1．子宮壁　　2．胎膜

図7-2　胎膜スリップ法（星 修三ら 1982）

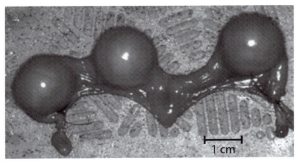

図7-3　猫の妊娠子宮（口絵参照）
　　　　交配後20日目．

生死を判定できる．また，牛や馬では双子診断および胎子の性別診断が可能であり，その後の飼養管理において有用な情報が得られる．一方，この方法では極めて早期に妊娠診断が可能であり，診断後に胚死滅により妊娠が失われる場合も多いことから，特に牛や馬など単胎動物では胚死滅の頻度が低下する時期以降に再度妊娠の確認を行う必要がある．また，超音波検査では犬や猫などの正確な胎子数の計測は困難な場合が多い．

多くの動物では**超音波断層法**（Bモード：brightness mode，エコーの振幅を輝度として表示する方法）が汎用されている．直腸プローブを用いた診断により，牛では妊娠26日頃に

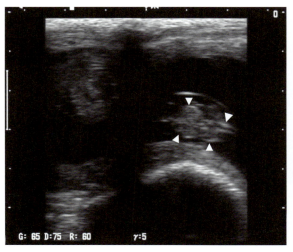

図 7-4 超音波検査による妊娠 35 日頃の牛胎子像
羊膜に包まれた約 1.5cm の胎子（矢印）．

胎嚢がエコージェニック像として，また伸長した胎膜中の胎水がエコーフリー像として，それぞれ描出されるが（図 7-4），馬では胚を包んだカプセルが球形のエコーフリー像として妊娠 9 日以降に描出される．豚ではドップラ法（胎子の心臓の拍動をドップラ信号としてスピーカーやヘッドホンで聴取する方法）や A モード（amplitude mode：エコーの振幅の変化を信号音や点灯として表示する方法）による診断も実施されてきたが，現在では直腸あるいは体表プローブによる B モードでの診断が普及していて，妊娠 21 日以降に診断可能となる．犬および猫では，B モードでの診断により妊娠 20 日前後までには胎嚢のエコーフリー像が確認できるようになる．

4．X 線検査

X 線検査による妊娠診断は，骨化が起こる時期以降で可能となり，犬および猫ではそれぞれ 42～45 日および 40 日以降に実施できる（図 7-5）．X 線検査は，早期妊娠診断法としての利用価値は低いが胎子数の確認には有効で，難産時などの残存胎子数確認の目的でも実施され，さらに，胎子の大きさ，

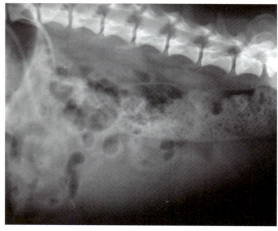 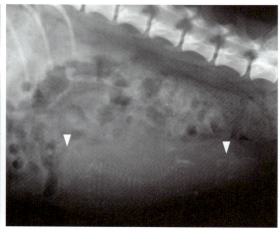

図 7-5 交配後 40 日目および 47 日目の犬の X 線像
交配後 47 日目（右）の X 線像では胎子の骨格（矢印）が確認できる．

生死と位置の確認，および母体の骨盤の大きさを推定することができる．

7-3　生理活性物質の測定

到達目標：代表的な動物についてホルモンなどの生理活性物質を検出・測定することにより妊娠を診断する方法について，実施方法と実施可能な時期を説明できる．

キーワード：プロジェステロン，PAG

1．プロジェステロン濃度測定

多発情動物において，交配後に非妊娠であれば発情が回帰する時期に**プロジェステロン**濃度を測定することによって妊娠を判定できる．牛および馬では，それぞれ発情後21〜24日および16〜22日の乳汁あるいは血液を材料にして検査を実施する．牛では，発情前後の4，5日間は血中および脱脂乳中のプロジェステロン濃度は1 ng/ml以下の濃度を示すことから，1 ng/ml以上の濃度を示した場合を妊娠，それ未満を非妊娠とする．材料に全乳を用いる場合には，10 ng/ml以上を妊娠，5 ng/ml未満を非妊娠とする（図7-6）．この方法では，黄体のない非妊娠例を正確に摘発できるが，黄体遺残などの例では妊娠と誤診する可能性がある．犬は単発情であり，かつプロジェステロン濃度は妊娠の有無によらず同様の変化（妊娠あるいは偽妊娠）を示すため，プロジェステロン濃度測定により妊娠の有無を診断することはできない．

2．その他の妊娠関連物質の検出

妊娠動物に特異的に出現あるいは妊娠と関連してその濃度が増加するホルモンなどを検出することにより妊娠を診断する方法も使用されている．

1）妊娠関連糖タンパク質の検出

妊娠関連糖タンパク質（pregnancy-associated glycoproteins：**PAG**）は牛を含む反芻動物の胎盤で産

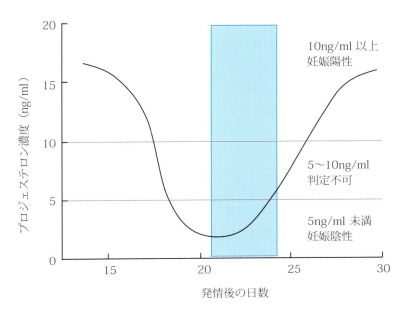

図7-6　牛における発情前後の乳中プロジェステロン濃度の変化
牛では授精後21〜24日目にプロジェステロン濃度を測定する．

生され血中および乳中に出現する糖タンパク質であり，牛では妊娠30日前後から妊娠診断に利用できる．海外では検査キットが生産現場において数年前より利用されているが，最近になって，わが国でも乳汁を検査センターに送付することで妊娠28日目から妊娠の有無を判定するサービスが普及しつつある．なお，PAGは胎盤由来の糖タンパク質であり，分娩後も血中に残存することから，分娩後早期（60日以内）では誤判定を生じることがある．

2）馬絨毛性性腺刺激ホルモン（eCG）の検出

馬の子宮内膜杯（endometrial cup）から分泌されるeCGの血中濃度は，妊娠60～65日頃にピークとなることから，妊娠50～90日頃に検査を行うことで妊娠の有無を判定する．

3）エストロジェンの測定

（1）馬

妊娠100日頃から血中のエストロンサルフェート濃度が増加する．また，妊娠150～300日にかけて，胎子性腺由来のエストロジェンにより妊娠馬の尿中および血中エストロジェン濃度が増加する．これらの妊娠時に特異的なエストロジェン濃度の上昇を検出することにより，妊娠を判定する．

（2）豚

妊娠25～30日頃に血中のエストロン濃度が増加することから，この増加の検出が妊娠診断に応用される．また，エストロンサルフェート濃度は産子数に関連しており，その濃度から3頭単位程度で産子数を予測できる．

4）リラキシンの検出

犬では胎盤形成に伴いリラキシンが分泌される．海外では，妊娠28日以降に血中のリラキシン濃度の増加を検出することにより妊娠診断を行う方法が用いられている．

演習問題

問1．主な動物の妊娠診断に関する記述について正しい組合せを選びなさい．
  a．牛では授精後30日までに発情回帰がみられない場合，妊娠と診断する．
  b．超音波検査は多くの動物で最も早期に妊娠を診断できる検査法である．
  c．X線検査による犬の妊娠診断法は最も早期に妊娠を診断できる検査法の1つである．
  d．胎膜スリップ法による牛の妊娠診断は，慎重に行えば妊娠の継続に影響を及ぼさない．
  e．早期妊娠診断は妊娠が安定して維持される時期以前に実施されるため，その後に確定診断を実施する．
  ① a，b，c　　② a，c，e　　③ b，d，e　　④ c，d，e　　⑤ a～e全て

問2．主な動物の妊娠診断に関する記述について正しい組合せを選びなさい．
  a．牛では直腸検査による診断が最も早期に，かつ高い精度で実施可能な妊娠診断法である．
  b．馬では妊娠30日頃に鶏卵大よりやや大きい胎嚢を触診することにより妊娠を診断できる．
  c．犬および猫では妊娠35日以降に腹壁ごしに胎嚢を触診することにより妊娠を診断できる．
  d．犬や猫ではX線検査は胎子数の確認および胎子の相対的過大の診断に有用である．
  e．発情を回帰しないことにより妊娠を診断するノンリターン法は確定診断までの妊否の目安と考えるべきである．
  ① a，b，c　　② a，c，e　　③ b，d，e　　④ c，d，e　　⑤ a～e全て

問3．血液および乳汁の検査による妊娠診断に関する記述について正しい組合せを選びなさい．

a. 牛では授精後 21 日頃にプロジェステロン濃度の低下を検出することにより非妊娠牛を早期に摘発することができる.

b. 牛では妊娠 30 日前後に妊娠関連糖タンパク質（PAG）の検査を実施することにより妊娠の有無を確定できる.

c. 馬では血中の絨毛性性腺刺激ホルモン（eCG）が妊娠診断に利用できる.

d. 犬では妊娠の有無によらずプロジェステロン濃度は同様の変化を示すが，その濃度の差異から妊娠の有無を診断できる.

e. 犬では胎盤形成に伴いリラキシンが分泌されるため，妊娠 28 日以降に血中のリラキシン濃度の増加を検出することで妊娠の有無を診断できる.

①a，b，c　　②a，c，e　　③b，d，e　　④c，d，e　　⑤a～e 全て

第8章　分娩と産褥

> 一般目標：正常分娩および産褥の過程を理解し，分娩の過程と調節のしくみを説明できる．また，新生子の生理的特徴について説明できる．
>
> 　正常な分娩経過を理解することは，獣医師が自らその異常を判断するとともに，飼養者に対して分娩の監視および助産の指導を行うためにも重要である．適切なタイミングで必要な分娩介助を行うことにより，新生子の生存性を高めるとともに，難産に伴う母体の損耗を低減することができる．本章では，分娩の機序が詳細に調べられている羊を中心に分娩の機序を解説する．また，妊娠末期から分娩後（産褥期）までの母体の変化および母体と新生子の管理の要点について概説する．

8-1　分娩開始の機序と分娩の徴候としての母胎の変化

到達目標：分娩の徴候および開始前の生理的変化を理解し，分娩開始を予知する方法を説明できる．
キーワード：ファーガソン反射

1. 分娩開始の機序

1）羊

　羊は分娩機序を研究するモデルとして広く使用されていることから詳細な機序が知られている．羊では，胎盤由来のプロスタグランジン E_2 の作用により分娩の数日前から胎子の視床下部−下垂体−副腎系が活性化し，胎子の副腎皮質からのコルチゾール分泌が増加する（図8-1）．コルチゾールは，胎盤に作用してプロジェステロンをエストロジェンに変換するために必要な酵素を発現させる．その結果，子宮収縮を抑制していたプロジェステロンの分泌は低下し，エストロジェン分泌が増加する．エストロジェ

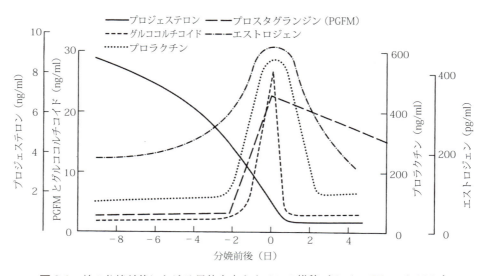

図8-1　羊の分娩前後における母体血中ホルモンの推移（Noakes DE et al. 2001）

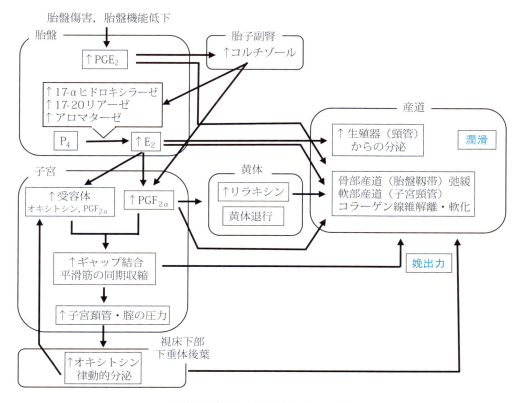

図 8-2 羊における分娩開始の機序

ンは母体側に移行し，子宮でのプロスタグランジン $F_{2\alpha}$ 産生を活性化し，同時に子宮収縮を促進するオキシトシンおよびプロスタグランジンの受容体数を増加させる（図 8-2）．プロスタグランジン $F_{2\alpha}$ 産生が増加すると，子宮平滑筋細胞間にギャップ結合が形成されて子宮全体が同期して収縮するようになり，胎子を頸管に向けて押し出す強い力が加わる．頸管および腟への物理的な刺激は，知覚神経により脊髄を介して視床下部に伝えられてオキシトシンのパルス状分泌を増加させ（ファーガソン反射），律動的な子宮収縮を引き起こす．また，プロスタグランジン $F_{2\alpha}$ はリラキシン分泌を介して骨盤の靱帯を緩め，エストロジェンは生殖器，特に頸管からの粘液分泌を増加させて産道を潤滑することにより胎子の娩出を容易にする．

2）その他の動物

羊以外の動物においても，基本的には羊と類似の機序により分娩が誘起されると考えられるが，豚，馬，犬，猫では不明な点が多い．羊では，プロジェステロン産生を含む妊娠維持の役割が妊娠の途中で卵巣から胎盤に移行するのに対し，牛では妊娠中期以降には黄体と胎盤の両方が，豚や山羊では妊娠期間を通して黄体がプロジェステロン分泌の役割を担う．羊ではエストロジェン分泌は分娩直前に増加するのに対し，他の動物では胎盤からのエストロジェン分泌は分娩前から漸増する（「第 6 章 妊娠と胎子発育」の図 6-5 参照）．したがって，妊娠末期まで黄体がプロジェステロン産生を担う動物では，胎盤で産生されたエストロジェンの作用により子宮でのプロスタグランジン $F_{2\alpha}$ 産生が誘起され，黄体が退行することによりプロジェステロンの分泌が停止すると考えられる．

リラキシンの主な産生母地は黄体および胎盤であり，豚では黄体が，馬，犬，猫では胎盤がリラキシンを産生する．反芻動物では黄体がリラキシン様ホルモンを分泌すると考えられている．

8-2　分娩の経過

到達目標：分娩の基本過程を理解し，代表的な動物について分娩経過を説明できる．

キーワード：開口期，産出期，後産期，第 1 破水，足胞，第 2 破水

1.　分娩経過の区分

一般に分娩の経過は，開口期（第1期），産出期（第2期）および後産期（第3期）の3期に区分される（図 8-3）．多胎動物では，胎子と胎膜が同時に産出されることもあり，産出期と後産期とを区別することは困難である．正常分娩における各期の所要時間（表8-1）は，動物種，胎子数および個体によって大きく異なる．所要時間の上限を超えた場合には難産とよばれる．難産に際して適切な

表 8-1　主な動物における分娩ステージ毎の所要時間

動物	開口期（第 1 期） 子宮平滑筋収縮 頸管の弛緩・拡張	産出期（第 2 期） 胎子の産出	後産期（第 3 期） 胎膜（胎盤）の排出
牛	2〜6 時間	30〜60 分	6〜12 時間
馬	1〜4 時間	12〜30 分	1 時間
羊	2〜6 時間	30〜120 分	5〜8 時間
豚	2〜12 時間	150〜180 分	1〜4 時間
犬	6〜12 時間 4〜42 時間	6 時間（〜24 時間）	胎子と同時に排出 （あるいは 15 分以内）
猫		30〜60 分 / 頭 （4 頭 /1 腹）	胎子と同時に排出
人	8 ＋時間	2 時間	＜ 1 時間

Senger 2005 より抜粋

処置が行われなければ，胎子および母胎の生存に危険が及ぶ．牛では胎子の相対的過大，胎勢の異常および多胎が，難産の主な原因である．

1）開口期（第 1 期）

規則的な子宮収縮を伴う開口期陣痛が始まり，子宮頸管が完全に開口するまでの期間を開口期（opening period）という．子宮収縮は，はじめ 10〜15 分間隔であるが，次第に強さを増しながら 3〜5 分間隔になる．エストロジェン，リラキシン，プロスタグランジンなどの作用によりコラーゲン線維の解離が進み，子宮頸管は軟化する．開口期陣痛により，胎胞が頸管内に侵入を繰り返すことにより頸管の拡張が進行する．また，この過程で胎子の前肢および頭部が子宮頸管に向かう胎勢の変換が起こるため，子宮収縮微弱や頸管拡張不全などにより胎勢の異常が起こり，難産の原因となる．

2）産出期（第 2 期）

子宮頸管が完全に開き，胎子が産出されるまでの期間を産出期（expulsion period）という．この時期には腹壁の収縮ないし努責が明瞭となり，子宮が 1 回収縮する間に数回〜 10 回程度の努責が起こる．

牛では尿膜絨毛膜が胎盤（子宮小丘）に付着しており，多くは胎子の産道への進入に伴い産道の中で破裂するが，陰門外に露出してから破裂する場合もある．尿膜の破裂を第 1 破水とよぶ．胎子を入れる羊膜は，可動性が高く，第 1 破水後の陣痛に伴い陰門の外に露出する．陰門外に露出した羊膜は，内部に胎子の一部，通常は前肢の蹄尖部が観察されるため足胞（foot sac）とよばれる（図 8-3）．羊膜の破裂を第 2 破水とよび，多くは足胞が観察された後に起こる．陣痛と努責は，胎子の後頭部が陰門に露出する時期に最も強くなり，胸部が陰門を通過すると産出は速やかに終了する．

新生子の臍帯は，一般的には産出と同時に自然に切断されるが，犬のように母親が臍帯を噛み切る場合もある．牛では横臥位で分娩を終えた場合には，母牛が起立するまで切れないこともある．

第8章　分娩と産褥　　65

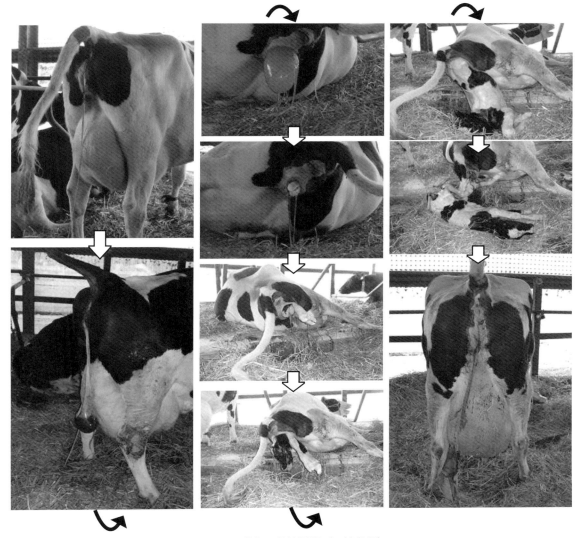

図8-3　乳牛の分娩経過（口絵参照）
左列上：開口期（第1期）　尾の挙上，子宮頸管粘液の漏出，乳房の腫大，尾根部の陥没などがみられる．
左列下：産出期（第2期）　第一破水後　破裂し，陰門から下垂した尿膜嚢．
中央列上から順に：足胞の露出，第二次破水後に陰門から蹄が露出している，前肢および頭部通過中，頸部通過中．
右列上から順に：後肢通過中，産出直後．
右列下：後産期（第3期）　下垂した胎盤と腫大した乳房がみられる．

3）後産期（第3期）

　胎子が産出されてから胎盤（後産）が排出されるまでの時期を後産期（after birth period）という．この時期には腹壁の収縮および努責はみられなくなるが，子宮収縮は持続する．子宮収縮の強度は低下するが回数は増加し，胎膜の剥離および排出を促す．

2. 各動物の分娩経過

1）牛

牛では分娩の徴候は，広仙結節靭帯の弛緩，外陰部の腫大，外陰部からの粘液の漏出，乳房および乳頭の腫大と乳頭への乳汁の貯留および乳汁性状の変化である．乳汁は，やや透明な蜂蜜状の分泌物から不透明な初乳に変化する．また，分娩は広仙結節靭帯の弛緩が最大となり，体温が前日の同時刻と比較して0.5℃以上低下してから12時間以内に開始することが多い．

開口期は経産牛で2〜6時間，未経産牛では12時間ほどかかる．明瞭な腹壁の収縮はみられず，腹部を振り返り，しばしば後肢で腹部を蹴るような行動がみられる．産出期には陣痛と怒責が強くなり，はじめは起立した状態で経過する．通常，産出期が始まって2時間以上を経過しても胎子の産出が起こらない場合には，陣痛が弱くなるため助産を必要とする．

2）馬

馬は分娩の経過が比較的早い動物である．分娩前には乳房および乳頭は腫大し，乳頭への蝋様物（ヤニ）の付着および乳汁の漏出がみられる．開口期陣痛の開始に伴い肘の後方および膁部に発汗がみられるようになり，発汗は分娩の進行に伴い次第に増加する．母馬は落ち着きなく動き回る．尿膜の破裂（第1破水）後，産出期の強い陣痛が始まり，強力な怒責および足胞の露出がみられる．多くは横臥し，そのままで産出する．馬の産出期は短く，平均は約20分間である．馬では，産出期の強い陣痛により胎盤剥離が起こりやすいため，産出期が延長すると低酸素血症により胎子が死亡する．胎子の産出後，胎盤は速やかに排出される．

3）豚

豚では分娩の4日前から外陰部は徐々に腫脹し，充血がみられるようになる．分娩1〜2日前には乳房の腫脹，発赤がみられ，1日以内には乳汁が確認される．開口期に続き，8〜45分（平均16分）間隔で産出を繰り返し，全ての産子を産出するのには1〜4時間（平均約2時間30分）かかる．胎位は，頭位および尾位がまちまちである．胎盤は最終胎子の産出後4時間頃までにまとめて排出される傾向にあるが，しばしば産出の間にも胎盤の排出がみられる．胎盤の重量は子豚1頭について約200 gであるため産子数に対する胎盤の重量が後産の排出終了の目安となる．

4）犬

分娩が近づくと営巣行動がみられ，経産犬では2〜3日前には泌乳がみられるようになる．初産犬では分娩が始まると同時に泌乳を開始する．開口期に入ると落ち着きがなく，食欲もなくなる．犬では，直腸温の計測（1日2回）は分娩の予知に有用である．直腸温は，分娩開始の約24時間前から低下しはじめ，約12時間前には約1℃低下して最低となり，分娩が始まると再び上昇する．産出期には強い怒責がみられ，しばしば陰門を舐めるため，陰門に露出した胎胞は自然に破れる．胎子を産出後，母犬は臍帯を咬みきり，しきりに子犬を舐めながら，まもなく哺乳を開始する．胎盤は産子と同時に排出されるか，産出後15分以内に排出される．産出期の所要時間は平均約6時間とされるが，産子数の多い場合には12〜24時間を要することもある．分娩前に緑色の悪露がみられた場合には，胎盤の剥離が示唆されるため，帝王切開などの緊急の処置を必要とする．

8-3 産　褥

到達目標：代表的な動物の産褥について理解し，動物による違いおよびこの時期の動物の管理法を説明できる.

キーワード：悪露，foal heat

　分娩が終了してから生殖器（卵巣および子宮）が妊娠可能な状態に回復するまでの期間を産褥あるいは産褥期という．その所要期間は動物種，品種および生理的な状態により大きく異なる（表8-2）．卵巣機能の回復は排卵および黄体形成を指標とする．子宮機能の回復には，悪露（lochia）の排出，子宮容積の縮小（子宮修復，uterine involution），子宮内膜の修復・再生および子宮の細菌感染の排除が必要である．牛や豚などの周年繁殖性を示す多発情動物では，分娩後の産褥期をできるだけ短縮することが，家畜としての経済性を高めることにつながる.

　新生子への頻回の哺乳は，オキシトシン分泌による子宮収縮を引き起こし，悪露の排出や子宮の体積減少を促進する．しかし，乳牛では産子は分娩後速やかに母牛から離され，搾乳回数も2または3回に制限されるため，オキシトシンの分泌頻度が減少して，子宮修復の遅れにつながる．また，泌乳開始時の乳牛では，乳生産に必要なエネルギー量が飼料として摂取できるエネルギー量を上回ることから，エネルギー不足の状態に陥り，無発情となる．この状態が長期にわたると，卵巣機能の回復が遅れ，次の妊娠までの期間が延長する．このように，乳牛では他の動物とは産褥期の生理的状態が大きく異なっているため，他の動物以上に産褥の過程を理解することは重要である.

1. 牛

　乳牛では分娩後最初の黄体形成は分娩後11～15日目にはじまり，16～20日目にピークがみられ，分娩後40日までに90%の牛で排卵がみられる（図8-4）．黒毛和種牛では初回排卵の時期は分娩後30～35日頃である.

　乳牛では分娩後の数日間はプロスタグランジン$F_{2\alpha}$およびオキシトシンの作用により子宮収縮が持続し，この間に急速に子宮の修復が進む．プロスタグランジン$F_{2\alpha}$は，分娩後3日目に最高値に達した後，15日頃には基底値に戻る．子宮の大きさは分娩後5日で半減し，15～20日頃までには妊娠前に近い大きさにもどる（図8-5）．組織学的に修復が終了するのは25日以降とされるが（図8-6），乳牛では修復の過程が遅れる傾向にあり，修復の完了時期は30日以降になる．分娩後子宮からは胎盤組織の残渣や血液を交えた液状の排出物である悪露がみられる．悪露は，はじめは赤褐色あるいはチョコレート

表8-2　主な動物における子宮修復および卵巣活動回復に要する期間

動物	子宮修復	卵巣活動	備考
肉牛	30日	50～60日	授乳による卵巣活動の抑制
乳牛	45～50日	18～25日	エネルギー不足では大幅に延長
馬	21～28日	5～12日	5～12日（分娩後発情）
羊	30日	180日	季節繁殖動物
豚	28～30日	離乳後7日	21日あるいは28日での離乳
犬	90日	150日	1または2回／年の発情
猫	30日	30日	季節繁殖動物
人	40～45日	6～24か月	授乳による卵巣活動の抑制

Senger 2005 を基に作成

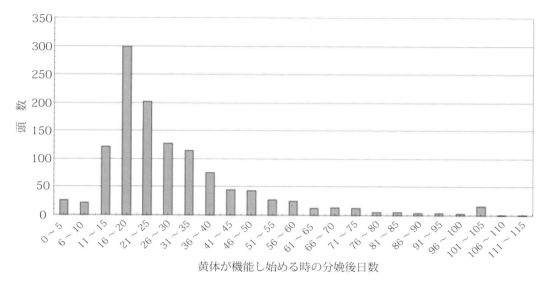

図 8-4 乳牛における分娩後の黄体機能活動開始時期の分布（n = 1,212）（Royal MD et al., 2002）

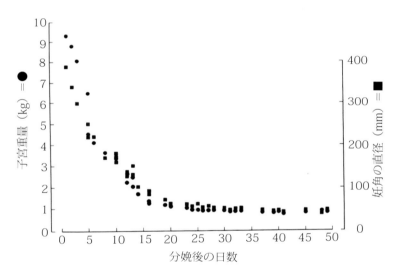

図 8-5 産褥期における牛子宮の重量と大きさの変化（Arthur GH et al. 1982）

色を示すが，徐々に退色し，胎盤子宮部の組織が脱落し，分娩後 10 〜 15 日頃には灰白色の膿様粘液となり（図 8-7），通常，分娩後 14 〜 18 日には消失する．

　分娩後の牛の子宮は細菌により汚染されており，悪露を含む子宮は細菌増殖に適した環境となっているが，必ずしも病的な状態にはなく，細菌は自然に排出される．しかし，子宮からの細菌の排出が遅れると，子宮の修復が遅れて産褥期は延長し，次の妊娠の時期が遅延する．子宮からの細菌の排出には，Toll 様受容体を介した自然免疫系の活性化および分娩後数日間持続するエストロジェン作用による白血球の貪食能の増強などが関わっている．

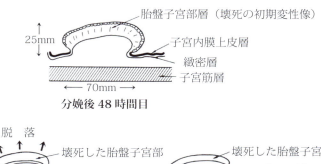
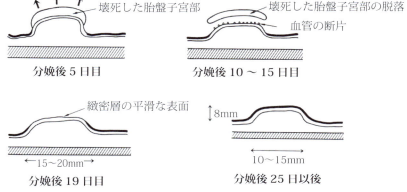

図 8-6 牛の産褥期における胎盤子宮部の変化（Arthur GH et al., 1982）
上皮細胞の再生は分娩後 4 週（25 日以降）には完了するが，子宮内膜からの炎症性細胞の消失および組織学的な修復には 6 〜 8 週を要する．

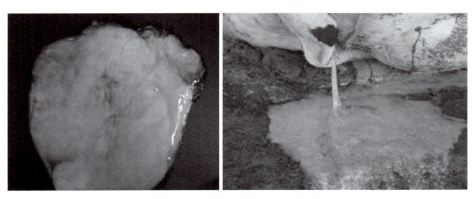

図 8-7 分娩後の悪露（口絵参照）
正常な経過における分娩後 10 日頃の悪露（膿様粘液：左）および同時期の胎盤停滞牛の悪露（膿汁：右）．

2. 馬

　馬では産褥期は短く，悪露の排出は分娩後 1 〜 2 日で消失し，約 90％ の雌馬では分娩後 5 〜 12 日に発情が回帰する（馬の分娩後初回発情，foal heat）．分娩後の卵巣機能の回復時期には分娩月の影響がみられ，分娩後 10 日以内に排卵が起こる馬の割合は 1 月〜 2 月（33％）以降 5 月（83％）まで次第に増加する．馬では分娩後発情での交配により妊娠が可能であるが，子宮の修復が完了する 21 〜 28 日以降の発情に比べ受胎率は低い．

70　　第 8 章　分娩と産褥

3．豚

　豚では子宮修復は分娩後 28 〜 30 日に完了するが，子宮内膜の再生はそれ以前の 21 日頃までに終了している．哺乳子豚数が少ない場合を除いて，卵巣機能は授乳により抑制されている．通常，分娩後 21 日（早期離乳）あるいは分娩後 28 日の離乳から 5 〜 9 日で発情が回帰する．

4．犬

　犬では分娩直後の悪露は緑色を示し，通常，12 時間以内には血液を混じた粘液に変わる．子宮修復は数週間で完了するが，子宮内膜の修復には 3 か月間を要する．犬は妊娠の有無によらず年に 1 または 2 回の発情を示すことから，分娩後は生理的な無発情期に入り，次の発情および排卵は 3 〜 8 か月後に起こる．

8-4　新生子の生理と管理

　到達目標：代表的な動物について新生子の生理的特徴と管理上の要点を説明できる．

　キーワード：アシドーシス，初乳，移行抗体

　コルチゾール分泌に代表される分娩開始に関わる内分泌の変化は，出生後の環境に適応するための胎子の成熟を促す．しかし，難産（dystocia）を含めた出生直後の新生子損耗は多くみられ，牛では分娩後最初の 96 時間に新生子死の 64% が集中し，難産を経験した子牛では出生後 45 日以内に感染症に罹患する割合は 2.4 倍に増加する．犬では最初の 2 〜 3 週間に 20 〜 30% の新生子が失われる．こうした新生子の損耗の多くは，適切な助産と新生子および母体の管理により予防可能であるため，新生子の生理および管理法について理解し，分娩および新生子管理に関わる飼養管理者に対する指導を行う能力を身につけなければならない．

1．自発呼吸

　新生子の生存は，分娩後速やかな呼吸の開始に依存している．一般に，分娩の過程で胎盤の剥離および臍帯の閉塞が起こり，血中の酸素分圧（pO_2）および pH が低下し，二酸化炭素分圧（pCO_2）が上昇する．その結果，頸動脈洞の化学受容体が刺激され，横隔膜反射により呼吸を開始する．このため，分娩の経過が遅延すると，完全に産出される以前に呼吸を開始することもある．また，皮膚刺激や温度刺激も呼吸の開始に関与しており，産出後に母親が新生子を舐める行動や鼻を押しつける行動も呼吸を刺激する．

　最初の呼吸は，深く，強い力を必要とするが，その後の呼吸はより容易になる．呼吸により肺胞が拡張するためには，界面活性物質（肺胞サーファクタント）の働きにより肺胞内の表面張力が低下している必要がある．界面活性物質の主成分はレシチンであり，妊娠末期のコルチゾール分泌による胎子成熟に伴い II 型肺胞細胞により産生される．胎盤剥離に伴うプロスタグランジン E_2 の供給遮断および肺への血流増加による血行動態の変化により動脈管および卵円孔は閉鎖し，出生の数時間後には静脈管も閉鎖する．出生後に呼吸・循環不全が起こると血管からプロスタグランジン E_2 が分泌されて動脈管の閉鎖が遅れる．その結果，消化管を含む体循環への血流量が減少するため，胃内の羊水吸収が遅れ，初乳摂取量の低下につながる．

　正常な分娩経過で出生した新生子は，出生後 60 秒以内，多くは 30 秒以内に呼吸を開始する．自発呼吸が始まらない場合には蘇生術を施す．粘液や胎膜が鼻腔や上部気道を塞いでいる場合には，吸引処置あるいは用手除去を行う．また，タオルで胸部を強く摩擦する（皮膚刺激），あるいは頭部に水をかける（温度刺激）ことも呼吸開始の刺激となることがある．犬や猫では上部気道の確保，皮膚刺激と合わせて，呼吸促進剤が用いられる．一般に，蘇生開始後 2 〜 3 分以上を経過しても自発呼吸を開始し

ない場合には，心拍が確認されていても，生存性は急速に低下する．

　難産により蘇生が必要な場合，通常，新生子は代謝性（血中炭酸水素イオン濃度低下）および呼吸性（pCO₂ 上昇）アシドーシスの状態にある．呼吸性アシドーシスは換気の改善により解消する．しかし，新生子への薬物投与による過度な呼吸刺激や高温環境による呼吸数増加は，代謝性アシドーシスを増悪する原因となる．一方，代謝性アシドーシスに対しては炭酸水素ナトリウムの投与を行うが，呼吸による喚起が良好でない場合には，処置により増加する CO_2 を排泄できず，呼吸性アシドーシスを増悪するため注意を要する．

2．体温調節

　出生後は子宮内に比べて環境温度が低くなるため，新生子の体温は一時的に低下する．体温低下の幅および回復までの期間は動物種および環境温度により異なる．子牛や子馬の体温低下は一過性で，子羊では2〜3時間以内に回復する．豚では体温の回復には通常24時間を要し，低温環境下ではさらに遅延する．室温（18〜22℃）で出生した新生子犬では，直腸温が約5℃低下し，7〜9日間かけて出生時の体温にもどる．

　新生子の代謝は胎子期の約3倍に亢進しているが，グリコーゲンの予備量や皮下脂肪の貯蔵量が少ないため，代謝の程度はエネルギー源の供給に依存する．このため，乳あるいは飼料の摂取量不足は直ちに低体温症につながる．熱損失は主に体表から奪われる蒸発熱によるため，分娩後直ちに被毛を乾燥させて体温低下を抑える．犬や猫など小型で体重に対する体表面積の大きい動物では，エネルギー貯蔵量は少なく，熱損失は増加するため，適切な温度環境下で分娩させ，保育することが重要である．子犬では最初の24時間は30〜33℃，3日までは26〜30℃におく．低体温の持続はイレウス（34.0℃以下），免疫系の低下および母犬の育子放棄による新生子死につながる（図8-8）．一方，35℃（高湿度下では32℃）を超える高温環境では，呼吸性アシドーシスや脱水により新生子の損耗率が増加する．

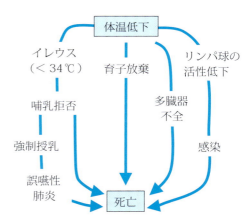

図8-8　体温低下が新生子犬の死亡につながる経路

3．初乳の摂取

　分娩後の2〜3日に分泌される初乳（colostrum）は，その後の乳汁（常乳）とは成分が異なる．初乳には常乳に比べて固形分，タンパク質，脂肪，灰分，カロテン，ビタミンA，B，D，Eが多く，乳糖は少ない．タンパク質では，乳汁固有のカゼインは少なく，免疫グロブリンや増殖因子が多く含まれている．また，初乳では乳中の細胞数に占めるリンパ球の割合が高い．抗体が胎盤を通過できない動物（牛，羊，山羊，馬，豚など）あるいは胎盤を介した免疫グロブリンの移行が限定的な動物（犬，猫など）では，出生後，初乳中の免疫グロブリン（移行抗体）により新生子に免疫が付与される．一般に，生後24〜48時間で血中IgG濃度として10 mg/mlあるいは総タンパク量として5 g/dl（IgGとして約9 mg/ml）以上であることが目安とされ，これを下回る場合には生後6か月までの損耗率が2.4〜6倍に増加する．子牛では，消化管での免疫グロブリンの吸収は出生後24時間以降急速に低下する．豚では出生後3〜4時間目までに初乳を摂取すれば血中の免疫グロブリン濃度は十分な濃度に達するが，12時間目以降から初乳を摂取した場合には十分な血中濃度が得られない．以上のように，分娩後早期に十分量の初乳

72   第8章　分娩と産褥

を飲ませることは，最も重要な新生子管理の1つである．

演習問題

問1.　主な動物の分娩について正しい記述の組合せを選びなさい．

　a.　牛では分娩開始24時間前に体温が0.5℃程度上昇する．

　b.　胎子の副腎皮質からのコルチゾール分泌増加は分娩開始のシグナルとなる．

　c.　牛では開口期の所要時間は経産牛と未経産牛の違いによらず12時間程度とされる．

　d.　分娩は開口期，産出期および後産期に分けられる．

　e.　馬は分娩の経過が早い動物であり，産出期の所要時間は約20分である．

　　①a，b，c　　②a，c，e　　③b，d，e　　④c，d，e　　⑤a〜e全て

問2.　産褥期の子宮回復について正しい記述の組合せを選びなさい．

　a.　牛では左右子宮角の直径がほぼ同じサイズに戻る時期は，分娩後60日頃である．

　b.　牛では分娩後1週目の大部分の個体において子宮から細菌が分離される．

　c.　犬では分娩後30日以内に子宮のサイズは分娩前の大きさに回復し，受胎可能な状態になる．

　d.　馬の産褥期は短く，分娩後1〜2日程度で子宮からの悪露の排泄が終了し，同5〜12日には発情が回帰する．

　e.　豚では子宮内膜の再生は子宮の大きさの回復以前に起こるとされている．

　　①a，b，c　　②a，c，e　　③b，d，e　　④c，d，e　　⑤a〜e全て

問3.　新生子の管理について正しい記述の組合せを選びなさい．

　a.　難産を経験した子牛では出生後に感染症に罹患する割合が増加する．

　b.　初乳は常乳に比べ免疫グロブリン，増殖因子，乳糖，ガゼインが多く含まれる．

　c.　新生子犬はグリコーゲンの予備量および皮下脂肪の貯蔵量が少ないため，乳の摂取量不足は直ちに低体温症につながる．

　d.　子牛では消化管での免疫グロブリンの吸収は生後48時間以降急速に低下する．

　e.　新生子への呼吸促進剤投与に際しては，過度な呼吸刺激による代謝性アシドーシスの増悪に注意が必要である．

　　①a，b，c　　②a，c，e　　③b，d，e　　④c，d，e　　⑤a〜e全て

第9章　発情周期および妊娠の人為的調節

一般目標：動物の発情および排卵時期の人為的調節，分娩誘起，人工妊娠中絶および避妊技術の概要について，その背景となる生殖生理学とともに説明できる.

　家畜の繁殖を管理するうえで発情周期の把握は最も重要である. しかし，飼養規模の拡大により1頭1頭を管理することは困難となっている. そこで，様々なホルモン投与による発情周期の調整方法が開発された. また，ホルモン投与による分娩時期の調節は分娩事故を予防するために重要な技術である. さらに，発情に関連するホルモンによって行動学的な問題を起こしたり，疾病に罹患したりする恐れのある場合には生殖巣の機能を停止させることも必要である. また，望まない妊娠の可能性のある動物に対して，外科的手技のみならず，ホルモン投与によって妊娠を予防あるいは流産させることは当該動物の負担軽減にも役立つと考えられる.

9-1　発情と排卵の同期化

到達目標：卵胞発育，発情および排卵時期を調節する技術を説明できる.

キーワード：プロスタグランジン（PG）$F_{2\alpha}$，卵胞ウェーブ，定時人工授精，Ovsynch（オブシンク）

1. 発情および排卵同期化の利点

　発情が数日内に集中すると発情発見の労力を軽減できるとともに発情発見率が向上する. また，人工授精・胚移植などの業務を短期間で済ませることが可能となる. さらに，発情発現時期を調整することで計画的な産子作出が可能となる.

　排卵時期を予測可能とする排卵同期化処置では発情発見を行うことなく定時に人工授精を実施すること（定時人工授精）が可能となる. 複数頭の動物に排卵同期化処置を行った場合は，これらの動物に対して同時に人工授精を実施できる. また，発情発見を行わずに定められた日に胚移植を行うことも可能となる.

2. 発情同期化法

1）黄体退行法

（1）プロスタグランジン（PG）$F_{2\alpha}$を用いた黄体退行法

　$PGF_{2\alpha}$は多くの動物において機能的な（開花期）黄体を退行させ，発情を誘起する. 牛，馬，羊および山羊では，排卵後約4日間は$PGF_{2\alpha}$を投与しても黄体の反応性は低く，退行しにくいが，それ以降に投与した場合，黄体は退行する（図9-1）. 牛においては機能性黄体が存在する黄体開花期に$PGF_{2\alpha}$を単回投与すると2～6日後に発情が誘起される. $PGF_{2\alpha}$投与時の卵胞ウェーブのステージは，発情が誘起されるまでの日数に影響を与える（図9-2）. 豚においては通常の発情周期中の黄体は$PGF_{2\alpha}$に対する感受性が低いが，妊娠黄体など長期間存続する黄体では感受性が高くなる. しかし，黄体退行を誘起するには複数回の$PGF_{2\alpha}$投与が必要であること，および感受性のある期間が短いことから$PGF_{2\alpha}$による発情同期化は実用的ではない. 馬においては発情誘起のために$PGF_{2\alpha}$が一般的に使用されている. しかし，発汗，胃腸の蠕動運動の亢進，水様性下痢，脈拍・呼吸数の増加および軽度の疝痛等の副作用

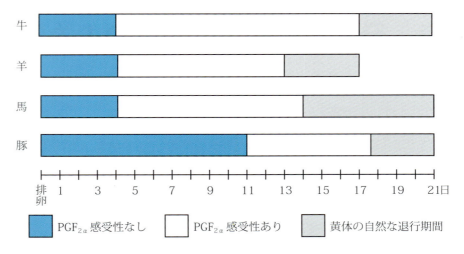

図 9-1 各家畜の発情周期中における $PGF_{2\alpha}$ 感受性の変化（Noakes et al., 2001）を改変

がみられることがあるので，$PGF_{2\alpha}$ 投与後は注意深く観察する必要がある．

天然型の $PGF_{2\alpha}$ 製剤としてジノプロスト（dinoprost）が，また類似体としてクロプロステノール（cloprostenol）などが国内で認可されている．類似体は天然型に比較して半減期が長く黄体退行に必要な量は少ない．$PGF_{2\alpha}$ 製剤の投与法としては筋肉内または皮下投与が一般的である．

(2) 子宮内膜刺激法

牛の子宮内にヨード剤などの刺激性溶液を注入することで黄体退行が誘起されることが知られている．刺激によって子宮内膜から $PGF_{2\alpha}$ が放出されることで注入後 6～11 日目に集中して発情が誘起される．

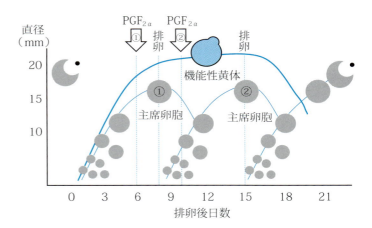

図 9-2 $PGF_{2\alpha}$ 投与時期と排卵までの日数の関係

$PGF_{2\alpha}$ を①で投与した場合，発育途上にあった主席卵胞①が 2～3 日後に排卵する．一方，②で投与した場合，主席卵胞①は閉鎖過程にあり排卵できず，主席卵胞②が発育し排卵するまでは 5～6 日を要する． （図 4-4 参照）

2）ジェスタージェン投与による卵胞成熟と排卵の抑制

(1) プロジェステロン放出腟内留置製剤の投与

天然型ジェスタージェンであるプロジェステロンを含有したシリコン製ゴムを一定期間腟内に留置した後抜去することで，発情を同期化する方法が国内外で実施されている．留置剤には様々な形状のものがあり留置剤に含まれるプロジェステロン量にも違いがある（図 9-3）．これらを腟内に 12 日間留置すると，外因性のプ

図 9-3 現在，国内で市販されているプロジェステロン放出腟内留置製剤 2 種

ロジェステロンによる継続的な刺激によって LH のパルス状分泌頻度が上昇しないため，卵胞が成熟せず，黄体機能も消失する．その後，留置製剤を抜去すると，急激に体内のプロジェステロン濃度が低下し，2～3日後に発情が誘起される．留置剤を7日間程度留置し，抜去時あるいはその前日に $PGF_{2\alpha}$ を投与することで黄体退行を誘起する方法もあるが，これらの方法による発情発現時期は留置剤抜去時の卵胞ウェーブのステージに依存する．

（2）合成ジェスタージェンの経口および皮下埋没による投与

国内では認可されていないが，海外では牛に酢酸メレンジェストロール（melengestrol acetate）の経口投与（飼料に混合）およびノルジェストメット（norgestomet）の皮下移植による発情の同期化が報告されている．

3．排卵同期化法

牛では，処置開始時に存在する主席卵胞の除去による卵胞ウェーブの誘起と新たな主席卵胞の選抜および一定の短い期間内にこれを排卵させるという一連の処置が行われる．排卵時期がほぼ確定されることにより，定時人工授精や定時胚移植が可能となる．

1）Ovsynch（オブシンク）法

最初に開発された排卵同期化法で，まず，GnRH 類似体（酢酸フェルチレリン fertireline acetate 等）を投与し，その7日後に $PGF_{2\alpha}$ を投与して黄体退行を誘起する．さらにその2日後に再度 GnRH を投与して排卵を誘起し，人工授精を実施する方法である（図9-4）．最初の GnRH 投与によって誘起された LH サージに反応できる主席卵胞が存在した場合，これが排卵し，新しい卵胞ウェーブが GnRH 投与の約2日後に開始する．このウェーブによって発育した主席卵胞が2回目の GnRH 投与によって排卵することとなる．しかし，この方法が成功するには，最初の GnRH 投与に反応できる主席卵胞が存在している必要があり，発情周期が把握できていない牛に対しての Ovsynch に

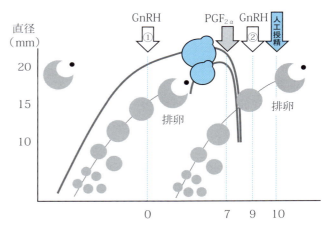

図9-4 Ovsynch 法の原理

発情周期7日目（0日）において GnRH を投与することで，その時点で存在する主席卵胞が排卵する．GnRH 投与後約2日目から新しい卵胞ウェーブが始まり，$PGF_{2\alpha}$ 投与により黄体を退行させることで主席卵胞の成熟を促し，再度 GnRH を投与することで排卵を誘起する．排卵は2回目の GnRH 投与後24～32時間後に生じるので，人工授精は GnRH 投与後16～20時間目に実施する．

よる排卵同期化率は70%程度と報告されている．よって，同期化されていない牛においては2回目の GnRH 投与前に排卵する個体も存在する．海外では薬剤コストが低いため Ovsynch による同期化率を向上させるために Presynch とよばれる前処置法が普及している．この方法では $PGF_{2\alpha}$ 投与後14日目に再度 $PGF_{2\alpha}$ を投与し，その12～14日後に Ovsynch を開始する．これによって排卵同期化が90%程度まで上昇すると報告されている．

2）ジェスタージェンと他剤の併用法

Ovsynch 法の2回目の GnRH 投与前の排卵を防ぐ有効な方法として，主席卵胞を高濃度のプロジェステロン存在下に曝露することが考えられる．そこで，プロジェステロン放出腟内留置製剤に GnRH

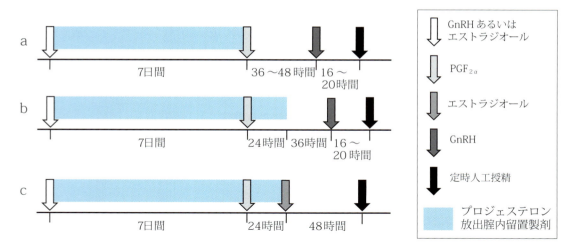

図9-5 プロジェステロン放出腟内留置製剤を用いた排卵同期化・定時人工授精法の例
bとcのプロジェステロン放出腟内留置製剤の留置期間は7日間+24時間の合計8日間となる．

またはエストラジオールおよびPGF$_{2\alpha}$を併用する方法が考案されている．その1つとしてプロジェステロン放出腟内留置製剤と国内では安価な安息香酸エストラジオールの投与を組み合わせた方法を紹介する．高濃度のプロジェステロンとエストラジオールが同時に存在すると負のフィードバック作用により，FSH分泌は抑制され，LHのパルス状分泌頻度も抑制される．そのため，これらの同時投与により，発育中の卵胞は発育を止め，新しい卵胞ウェーブが数日後に開始する．新しい卵胞ウェーブの発現時期は投与したエストラジオールの量および投与された牛の代謝能力に依存する．すなわち投与量が多い，あるいは代謝能力が低い牛の場合は卵胞ウェーブの発現が通常より遅れることがある．主席卵胞が十分に発育したところで，PGF$_{2\alpha}$投与とプロジェステロン放出腟内留置製剤の抜去を行い，GnRH投与による直接的なLHサージの誘起あるいはエストラジオール投与による低プロジェステロン存在下での正のフィードバックによるLHサージの誘起を行って定時人工授精を実施する（図9-5）．

9-2 季節外繁殖

到達目標：季節繁殖動物において季節外繁殖を行う技術を説明できる．
キーワード：日照時間，発情誘起，ジェスタージェン，雄の効果

1．季節外繁殖の意義

季節繁殖動物は繁殖季節が限られるため産子の得られる時期も限られることになる．これは畜産物の生産時期が限られることを意味し，通年で生産が可能な繁殖方法の開発が求められている．例えば国内で飼育されている肉用羊のサフォーク種は，通常1年1産である．しかし，通常の春分娩の後，2か月で子羊を離乳させて季節外繁殖を取り入れることで秋にも分娩可能である．秋分娩後は通常の繁殖季節中であるため，分娩後2か月で早期離乳させると母羊は再び発情を

表9-1 年2回交配および2年3産の季節外繁殖方法

交配時期	妊娠期間	分娩時期	授乳期間および交配の準備期間
4月〜5月*	5か月	9〜10月	3か月
12月〜1月	5か月	5〜6月	3か月
8月〜9月	5か月	1〜2月	3か月
4月〜5月*	5か月	9〜10月	3か月
以降繰り返し			

*季節外繁殖

第9章　発情周期および妊娠の人為的調整　　77

示し，交配できるようになる．最も効率的な季節外繁殖を行った場合，羊では2年3産が可能となる．すなわち，雌羊の妊娠期間5か月，泌乳期間2か月および母羊の栄養改善および交配準備1か月の8か月サイクルの繁殖計画である（表9-1）．季節外繁殖は通常の繁殖季節に妊娠しなかった動物を1年間放置せずに妊娠させることも可能とし，生涯産次数の増加にもつながる．馬の生産に関しては，日本国内で生産される馬の大部分は競走馬であることから，年明けの早い時期に誕生した子馬の取引価格が高額になる傾向であることも影響し，自然繁殖よりも数か月早期に産子を得られるような処置が広く行われている．

2.　日照時間調整による季節外繁殖

北半球において馬は4月～7月が繁殖季節となる長日繁殖動物であるが，卵巣が休止状態にある冬期間（12月～2月）に夜間の照明時間を調節する（長日処理）ことで卵巣活動を再開させることが可能となる．冬至のころから100ルクスの照明を用い，明期を14.5時間とすることで効率的に2月に初回排卵を誘起できる．また，繁殖季節が終わる7月～8月にこの処置を行うことで発情季節を延長することも可能である．羊および山羊は9月～11月が繁殖季節の短日繁殖動物であるが，春から夏にかけて暗室に入れて日照時間を短縮させる処置（短日処理）を行うと，5月～6月に発情が発現するようになる．

3.　ホルモン処理による方法

羊において，春の妊娠を可能とする発情誘起法として最も効率的な方法は，ジェスタージェンと性腺刺激ホルモンの混合投与である．多くの季節外繁殖プログラムではジェスタージェン腟内放出留置製剤を8～14日間投与する．また，最も使用される性腺刺激ホルモンは馬絨毛性性腺刺激ホルモン（eCG）である．半減期が長いeCGは長期間FSH様の作用を示し，卵胞発育を促進する．ジェスタージェン腟内放出留置製剤を抜去時あるいはその2日前にeCGを投与するのが一般的である．これらの処置を行った雌羊の群れに雄を同居させることで「雄の効果（male effect）」により排卵率は増加する．雄の効果を高めるためには使用する雄羊を雌の群れから2～3か月隔離しておくとよい．

9-3　分娩の誘起

到達目標：分娩誘起の適応および技術を説明できる．

キーワード：長期在胎，副腎皮質ホルモン，胎盤停滞

1.　分娩誘起の利点と意義

分娩時期を人為的に調節し，昼間に分娩を誘起できれば，分娩管理の労力が軽減できるとともに分娩事故の防止につながる．また，分娩予定日を経過しても分娩徴候がみられない場合は，長期在胎や過大胎子などの問題が起こる可能性があるため，分娩を誘起する技術が必要となる．しかし，分娩誘起を予定日より早すぎる時期に実施すると産子の生存率が低下することが知られており，牛では予定日の2週間以上前に実施すべきではない．

2.　牛

牛の分娩発来には胎子の副腎皮質から分泌されるコルチゾールが重要であることが知られている．そのため，分娩誘起には副腎皮質ホルモン（コルチゾール，デキサメサゾンやフルメサゾン）が用いられることが多く，これにPGF$_{2a}$，エストラジオールやオキシトシンを組み合わせて使用される．副腎皮質ホルモンのみの投与では投与後24～72時間（平均34時間前後）で胎子が娩出される．デキサメサゾン，PGF$_{2a}$，エストラジオールの3剤同時投与では投与後18～39時間（平均32時間）で分娩すると報告

されている．また，デキサメサゾンと$PGF_{2\alpha}$の2剤同時投与の24時間後にオキシトシンを投与することにより，オキシトシン投与後26～30時間（平均27時間）で胎子が娩出されるとの報告もある．しかし，分娩誘起時には胎盤停滞の発生率が高くなることが知られており，注意が必要である．

3．馬

牛と同様に副腎皮質ホルモン，$PGF_{2\alpha}$やオキシトシンが使用されるが，副腎皮質ホルモンの効果は限られており，数日間にわたる複数回の投与が必要となるため実際的な方法ではない．また天然型の$PGF_{2\alpha}$は分娩誘起に効果的ではなく，類似体であるクロプロステノールが効果的である．オキシトシンは馬の分娩誘起に最も広く使用されている薬剤であり，投与後15～90分以内に胎子の娩出が起こる．オキシトシンの投与法（単回あるいは複数回投与および静脈内，筋肉内あるいは皮下投与）や投与量は様々であるが，どの方法を用いても最初の投与から分娩までの時間や生まれた子馬の活力には差はないことが知られている．しかし，娩出までに時間を要した場合，子馬の活力は低くなる傾向にある．

4．羊および山羊

牛と同様の方法で分娩誘起が可能である．分娩予定日の5日前以内に副腎皮質ホルモンを投与すると2～3日後に分娩が誘起される．また，妊娠140～142日目の雌羊にデキサメサゾンを投与すると43～54時間後に分娩すると報告されている．

5．豚

デキサメサゾンは投与から分娩開始までの時間にバラツキがあるため，$PGF_{2\alpha}$製剤が用いられている．しかし，分娩予定日より3日以上前に処置すると，新生子の生存率が低くなるため，通常は予定日の2日前以降にジノプロストまたはクロプロステノールを投与する．この場合，投与後36時間以内，多くは24時間前後に分娩が開始する．しかし，多産のため分娩に要する時間は個体により異なる．分娩誘起した子豚の活力は通常分娩時とほとんど差がない．

6．犬および猫

薬剤による分娩誘起について報告は多くなく，帝王切開が一般的に行われていると考えられる．近年，犬においてプロジェステロン拮抗薬であるアグレプリストン（aglepristone）を用いた分娩誘起が報告された．すなわち，排卵後58～60日目にアグレプリストンを皮下投与すると投与後26～44時間目に最初の産子が娩出された．また，全ての胎子を娩出するのに要する時間は5～10時間であった．

9-4　避妊および人工妊娠中絶

到達目標：動物の避妊および人工妊娠中絶技術を説明できる．

キーワード：肉質改善，免疫避妊法，誤交配，流産，プロジェステロン拮抗薬

1．避妊の利点と意義

人為的に妊娠の成立を妨げることを避妊という．産業動物では繁殖制限のための避妊（contraception）が必要とされることは少ないが，犬や猫では繁殖を希望しない場合に避妊が日常的に行われる．避妊には雄性避妊と雌性避妊がある．避妊法の1つである性腺の摘出により，肉用家畜の肉質改善，問題行動の抑制，および動物の飼育管理をしやすくするなどの効果が期待できる．性ステロイドホルモンが関係する疾患の予防あるいは治療目的で避妊手術が行われる場合もある．

1）雄性避妊

各種動物において精巣を摘出する去勢（castration）が行われている．牛や豚においては肉質向上，脂肪沈着の促進，性質を温順にして飼養者に取り扱いやすくするという利点がある．犬や猫においては

第 9 章　発情周期および妊娠の人為的調整　　79

避妊の目的のみならず，乗駕行動，放浪癖，雄同士の闘争，尿の散布（マーキング行動）などの問題行動の解消や軽減のために去勢が行われる．国内では無去勢豚用に GnRH 類似体を抗原としたワクチンが販売されている．これを 11 週齢以降の雄豚に投与し，4 週間後にもう一度投与することで去勢した場合と同等の肉質改善効果が得られる．

　雄の避妊に用いられるホルモン剤としてジェスタージェンおよび GnRH アゴニストがある．ジェスタージェンは精巣上体に直接作用する可能性が示唆されているが，大量投与が必要なため糖尿病や乳腺に小結節を誘起する副作用がある．GnRH 類似体の徐放剤である酢酸リュウプロレリン（leuprorelin acetate）を皮下投与すると，血中 LH およびテストステロン濃度は一時的に増加し，その後約 5 週間にわたって著しく低下するため，精子形成が可逆的に抑制される．

　外科的に精巣上体切除術および精管結紮術を実施すると，交尾と射精があっても精液中に精子は射出されない．犬では術後 2 〜 21 日で精子がみられなくなる．精巣におけるステロイド合成に変化はないので性行動は変化しない．主に家畜の雌の発情発見用の雄に適用される方法として，羊では陰茎をエプロンで覆う方法がある．牛では陰茎切断術や陰茎がまっすぐ前方に伸びないようにする陰茎側方変位術などがある．

2）雌性避妊

発情発現を抑制し，交尾を行わせない方法と，受精，胚移送，着床を阻止する方法がある．一般的に犬および猫では，開腹して卵巣と子宮の両方を摘出する卵巣子宮摘出術（ovariohysterectomy）が行われている．しかし，卵巣のみの摘出（ovariectomy）であっても卵巣子宮摘出の場合と同等の避妊効果および各種疾病の予防効果が得られることが分かっている．近年では，内視鏡を用いた外科的侵襲の少ない卵巣摘出術が行われるようになってきた．卵巣を摘出することにより，エストロジェンによる腟壁の過形成（犬の腟脱）や子宮蓄膿症が予防できる．しかし，犬では卵巣摘出の副作用として尿失禁がみられることがある．猫においては肥満以外の副作用はほとんどみられない．牛では腟壁を切開して直腸検査を行いながら卵巣摘出器具を腹腔内に挿入し，卵巣を切除する方法がある．

　犬および猫では，ジェスタージェンやアンドロジェンを経口投与，注射または皮下移植することによって性腺刺激ホルモンの分泌を抑え，発情発現を抑制する方法がある．酢酸クロルマジノン（chlormadinone acetate）は長期作用型のジェスタージェンで，経口投与や皮下移植などによって犬や猫の発情発現を抑制できる．しかし，乳腺腫瘍，子宮内膜過形成，子宮粘液症などの副作用がみられることがある．

　卵管切除や卵管結紮は，卵子の受精や胚の移送を抑制する方法であるが，発情行動や発情徴候の抑制はできない．免疫避妊法として GnRH 類似体や卵子の透明帯を抗原としたワクチン開発が行われている．

2. 人工妊娠中絶技術

誤った交配によって雌動物に望まれない妊娠が確認された場合，副作用が少なく確実な人工妊娠中絶処置が必要となる．また，若すぎる雌動物が妊娠した場合に母体の発育遅延や分娩後の母体および新生子の健康が損なわれないように実施することもある．

1）牛

誤交配が確認されたとしても，黄体は排卵後 4 日間は $PGF_{2\alpha}$ に反応しないので，排卵確認後 4 〜 5 日目以降に $PGF_{2\alpha}$ を投与する．妊娠 5 か月までは $PGF_{2\alpha}$ 単独投与によって黄体が退行し，血中プロジェステロン濃度が低下して流産が誘起される．しかし，妊娠 5 か月から分娩の 1 か月前まではプロジェステロンは胎盤でも産生されるため，$PGF_{2\alpha}$ のみの投与では流産は誘起されない．副腎皮質ホルモンは

胎盤でのプロジェステロン合成を阻害するのでこの時期には$PGF_{2\alpha}$と副腎皮質ホルモンの併用が，最も信頼性の高い流産誘起法である．

誤交配後 1 〜 2 日の間にエストロジェンを投与すると着床が阻止されることが知られている．これは，胚の卵管通過が遅延するか，胚が生殖器から排出されることによると考えられている．また，妊娠 5 か月まではエストロジェンの大量投与による流産誘起が可能であるが，発情徴候，乳房や外陰部の腫大，陰門からの粘液性膿汁の排出などの副作用を伴う．

胚は受精後 4 〜 5 日にかけて卵管から子宮に移動するため，交配後 4 〜 8 日目にヨード液あるいはテトラサイクリン溶液を子宮内に注入すると妊娠の成立が阻止される．さらに，発情後 2 〜 7 日まで，毎日オキシトシンを投与すると黄体の発育が阻害され，8 〜 10 日で発情が回帰することが報告されている．

2）馬

妊娠 5 〜 40 日目までは$PGF_{2\alpha}$投与によって黄体が退行し，人工妊娠中絶を期待できる．しかし，これ以降は副黄体が形成されるとともに，胎盤からプロジェステロンが産生されるため$PGF_{2\alpha}$投与効果が低下し，100 〜 245 日では多量の$PGF_{2\alpha}$を長期間投与する必要がある．また，妊娠 7 〜 20 日に，ルゴール液，塩素溶液，酢酸または過マンガン酸カリウムの希薄溶液を用いて子宮洗浄を行うと胚が死滅する．

馬において双胎は流産の発生率を高めるため，妊娠診断により 2 つの胚が確認された場合は 1 つの胚に対して人工妊娠中絶処置が行われることが多い．

3）羊および山羊

羊では妊娠 60 日くらいまでは$PGF_{2\alpha}$の投与で，約 80% の母羊において 7 日以内に人工流産が誘起される．反応がみられない場合は，最初の投与から 7 日後に再度$PGF_{2\alpha}$を投与する．妊娠 60 日以降では，副腎皮質ホルモンの投与で流産を誘起できる．山羊においては，妊娠 4 日目から分娩までのどの時点であっても$PGF_{2\alpha}$の投与で人工流産を誘起できる．

4）豚

妊娠 12 〜 90 日に$PGF_{2\alpha}$を投与することによって流産を誘起できるが，数日間の複数回投与が必要である．

5）犬および猫

犬では交配後 1 〜 45 日において，プロジェステロン拮抗薬であるアグレプリストンの 24 時間間隔 2 回投与が効果的である．交配後 22 日目までであればその効果は 100% であり，それ以降では 95% 程度と報告されている．猫においては，アグレプリストンの代謝が犬より早いため，その効果は低く 85% 程度と報告されている．また，エストロジェンも交配後早期の避妊に有効である．エストロジェンは胚の卵管から子宮への移行を阻害するとともに，卵管環境を変化させることで胚死滅を誘起する．犬においては交配後 3，5 および 7 日目に安息香酸エストラジオールを投与すると 95% の犬で妊娠が成立しない．しかし，犬ではエストロジェンの副作用で骨髄抑制が生じる場合があるため，使用には注意が必要である．

犬においては，$PGF_{2\alpha}$の投与は，妊娠 25 〜 30 日以降がそれ以前に比べて有効である．ジノプロストを使用する場合は，副作用を軽減するため 1 日 2 回，2 日毎に投与量を増やしながら流産が誘起されるまで投与する．また，クロプロステノールを 48 時間間隔で 3 回投与することで約 90% の犬に人工流産が誘起できたという報告もある．さらに，ドーパミン作動薬であるカベルゴリン（cabergoline）

による人工流産の誘起も報告されている. カベルゴリンはドーパミンの D_2 受容体への親和性が高く, プロラクチンの分泌を抑制する. 妊娠 30 日以降では黄体機能の維持にプロラクチンが必須であるためカベルゴリンをおよそ 10 日間経口投与することで流産が誘起される. カベルゴリンは他のドーパミン作動薬に比較して副作用の少ないことが知られている.

演習問題

問 1. Ovsynch 法において最初の GnRH 投与後に卵胞ウェーブが始まるのはいつか.

   a. 当日

   b. 2 日後

   c. 4 日後

   d. 7 日後

   e. 9 日後

問 2. 牛において発情の同期化に使用されないホルモンはどれか.

   a. FSH

   b. プロジェステロン徐放剤

   c. エストラジオール 17 β

   d. GnRH

   e. プロスタグランジン $F_{2\alpha}$

問 3. 羊の季節外繁殖に一般的に使用されるホルモン剤はどれか.

   a. エストラジオール 17 β

   b. hCG

   c. eCG

   d. GnRH

   e. プロスタグランジン $F_{2\alpha}$

問 4. 妊娠の 4 日目以降ならば, どの時期にあっても $PGF_{2\alpha}$ のみの投与で効果的に人工流産を誘起できる動物はどれか.

   a. 牛

   b. 馬

   c. 山羊

   d. 羊

   e. 豚

問 5. 日本国内において免疫避妊のための薬剤が認可されている動物はどれか.

   a. 牛

   b. 馬

   c. 豚

   d. 犬

   e. 猫

第10章　雄の生殖生理

一般目標：雄の性成熟，精子，精液および射精に関する機能とその調整について概要を説明できる．

　動物種によって性成熟時期（精子造成時期）や繁殖季節は異なる．また，性成熟に達した動物の繁殖を制御するにはその生理的な機構を知る必要がある．本章では，雄動物における一般的な性成熟の機構とともに，精子・精液の特徴とその検査法について概説する．

10-1　性成熟と繁殖供用

　到達目標：代表的な動物について雄の性成熟過程および時期を説明できる．

　キーワード：春機発動，性成熟，精巣下降時期

1. 性成熟

　雄動物の性成熟過程は，開始を**春機発動**，完了を**性成熟**として区分する．春機発動は精巣の急激な発育と精細管腔内の精子の出現を指し，性成熟とは，精巣および副生殖腺が十分に発達して精液の生産および射精が可能となり，雌動物を妊娠させることができる状態に達することである．性成熟は日齢と体重が主に関係するが，遺伝的要因や環境要因（栄養，管理環境，気候など）に影響される．

　雄の生殖生理は下垂体前葉から放出される黄体形成ホルモン（LH）と卵胞刺激ホルモン（FSH）に支配されている．これらのホルモンは性腺刺激ホルモン放出ホルモン（GnRH）の刺激により合成・分泌される．LHはパルス状に分泌され，精巣内のライディッヒ細胞に作用してテストステロンを合成する．テストステロンは精子産生や精巣上体内での精子成熟に必要であるとともに，副生殖腺の機能や第二次性徴の発現に重要な役割を担っている．FSHはセルトリ細胞に作用し，精子形成に関与している．齧歯類では春機発動前にFSHがセルトリ細胞数を増加させ，春機発動後の精子形成能に影響を与えると考えられている．これらのホルモンの影響を受け，精巣は性成熟に向けて急激に大きくなるとともに，精子形成が開始される．

　牛の精巣は胎齢3～4か月で陰嚢に下降する（表10-1）．精巣内の精母細胞は精細管内に生後2～3か月齢で認められ，6か月齢では完成した精子が認められる．精細管内に多数の遊離精子が認められるのは8～10か月齢になってから
で，精液採取が可能となる．11か月齢のホルスタイン種における1射精当たりの精液量は3～4 ml，総精子数は25～29億で，精子数は成牛の約半数である．その後わずかずつ増加するが，17か月齢以降には明らかな増加が認められる．犬では精巣の陰嚢内への下降は他の動物に比べて最も遅く，生後約30日程度である．雄犬の繁殖供用開始は10～12か月

表10-1　動物種毎の精巣下降時期と性成熟期および繁殖供用時期

動物種	精巣下降時期	性成熟期	繁殖供用時期
牛	胎齢3～4か月	8～12か月	15～20か月
馬	出生前30日～出生後10日	27か月前後	3～4歳
豚	胎生末期～出生直後	7～8か月	10か月
羊	妊娠中期（胎齢3か月）	6～7か月	18～24か月*
犬	出生後30日**	10～12か月	10～12か月
猫	胎生末期～出生後20日	8か月	9か月***

*性成熟に達した翌年の繁殖期（秋）．
**個体によっては数か月かかることもある．
***体重約3.5 kg．

第 10 章　雄の生殖生理　　83

齢で，その時の体重は品種により様々である．

2．精子の形成と成熟

第 3 章「3-3　精子の形成と成熟」参照．

10-2　精子と精液

到達目標：精液の品質を判定するために必要な精子および精液検査を説明できる．

キーワード：ヒアルロニダーゼ，アクロシン，先体，アクロソーム，ハイパーアクチベーション，フルクトース，精漿

1．精子の形態と構造

精子の形態は頭部と尾部に大別され，尾部はさらに頸部，中片部，主部および終部に区別される（図 3-6）．

頭部：家畜では扁平な卵円形であるが，ラット，マウスでは鎌形，鶏では弯曲した棒状である．核質は濃縮されたクロマチンの均質な構造からなる．頭部の 2/3 は内膜と外膜からなる先体帽，後ろ 1/3 は後核帽で覆われている．先体帽内には卵子への侵入に必要なヒアルロニダーゼ，アクロシンなどの酵素が含まれている．

頸部：頭部に続く部分で，最も切断しやすい．中心体が存在し，ここから尾部の末端まで軸糸が伸びている．

中片部：頸部に続くやや太い部分で，屈折しやすい．中心に軸線維束が通り，その外側はらせん状に取り巻くミトコンドリア鞘と細胞膜とによって覆われている．その末端は終輪に終わる．中片部はリン脂質に富み，また，種々な酸化酵素が含まれていて，精子のエネルギー供給の中枢部分である．

尾部：中片部から走行する軸線維束は中心に 2 本の中心微小管，その外側をとりまく 9 対の周辺微小管，最外側をとりまく 9 本の粗大線維からなり，旋回しやすい．主部は原形質の尾鞘で包まれているが，しだいに細くなり，終部では尾鞘と粗大線維はなく，軸糸が露出している．

2．精子の機能

射出された精子は尾を激しく動かし前進運動を行っているが，雌の生殖道内での上行は，主として生殖道の蠕動運動に依存する．卵管峡部に到達した精子は，卵管上皮細胞の線毛に付着し，排卵まで運動が停止する．排卵前後に精子は卵管上皮から遊離し，受精の場である卵管膨大部−峡部付着部に遊走する．

精子が卵子に侵入するためには，雌の生殖道内を上行する過程で受精能獲得とよばれる機能的変化をとげなければならない．これには精子頭の先体（アクロソーム），核，細胞膜などが正常に機能することが必要で，一般には受精能力という用語で表わされる．

1）精子の運動

射出直後の活発な牛精子の集団運動は渦巻状にみえる．個々の精子の運動様式をみると，頭部をらせん状に回転させながら，尾部を激しく波状に動かして前進する．射出直後の精子のほとんどは激しい前進運動をしているが，時間の経過とともに動きは緩慢となり，やがて旋回運動から振り子運動へと移行し，ついには全く動かなくなる．受精能獲得後の精子はむち打ち様に尾を激しく動かす（ハイパーアクチベーション）．また，精子は流れに逆らって進む向流性，気泡や異物の表面に集まって頭部を付着させる向触性などの性質をもっている．

84 第10章 雄の生殖生理

2）精子の運動能力と受精能力

運動能力の強弱と受精能力の良否は一致しないが，一般に精子の運動が活発で生存率の高い精液は受精能力も高い．牛の精子は射出後常温で放置すると，精漿中の**フルクトース**（果糖）の分解と乳酸の蓄積に伴う pH の低下によって徐々に受精能力が低下する．また，鶏の精子は射出後そのまま 1 時間も放置すると活発な運動をしているにもかかわらず，受精能力が低下しはじめる．

3）精子の代謝

精子の行う代表的な代謝は解糖系と呼吸系である．精子は，この代謝系によって ATP を産生し，運動エネルギーとして利用する．精子が盛んな解糖や呼吸を行っている場合にはその精子内の ATP 含有量が多く，活発な運動が認められる．

（1）解糖系

家畜の精子はフルクトース，ブドウ糖およびマンノースをよく利用するが，嫌気的条件下ではフルクトースよりもブドウ糖，マンノースを優先的に利用してエネルギーを獲得する．解糖系に必要な酵素は尾部に分布している．精子 10 億個が 37℃下で，1 時間に分解するフルクトースの mg 数をフルクトース（果糖）分解指数といい，精液の質の評価に利用される．

（2）呼　吸

精子は好気的条件下では主として呼吸系からエネルギーを獲得する．呼吸はミトコンドリアに局在する酵素群で行われる．内因性基質は精子中のリン脂質であり，外因性基質としては糖類，グリセロリン酸コリン，数種のアミノ酸や脂肪酸などである．呼吸量は 37℃下で精子 1 億個が 1 時間に消費する酸素量（mm^3）を ZO$_2$ で表す．

3. 精　液

精液は精子と**精漿**からなり，精漿は精巣上体，精管および副生殖腺である精嚢腺，前立腺と尿道球腺（カウパー腺）からの分泌液で構成される．

1）理化学的性状

色，臭気：色調は乳白色ないし灰白色で，時には黄色または黄緑色を示す．ほとんど無臭であるが，わずかに動物種特有の臭気を帯びることがある．精子濃度に比例して粘性および白色味を増し，色調の均一性や透明性を減じる．精液の黄色や黄緑色はカロチンに由来し，山羊に多い．

水素イオン濃度（pH）：牛，羊，山羊などの新鮮精液の pH は 6.5 ～ 6.8 の弱酸性であるのに比べ，豚の精液は 7.0 ～ 7.7，馬の精液は 6.9 ～ 7.7 と弱アルカリ性である．pH は副生殖腺分泌液によって影響されるので，pH の極端な異常値は副生殖腺の障害または尿などの異物の混入を疑うべきである．極端に精子濃度の低い精液では pH が高い傾向にある．

浸透圧：精液の浸透圧は各家畜とも 280 ～ 300 mOsm/kg で，血液とほぼ同じである．これより低張では尾部奇形精子が増加する．

粘稠度：精液の粘稠度は精子の濃度および精漿の組成によって異なり，精子濃度が高い羊および山羊で最も高く，精子濃度が低い馬で最も低い．牛はこれらの中間で，豚は馬よりやや高い．

精液量および精子数：1 射精当たりの精液量および精子数は，動物種，品種，個体，年齢などにより著しく異なる．また同一個体でも，精液採取法，採取頻度，季節などによって影響されやすい．馬および豚の精液は他の家畜と異なり，膠様物を多量に含んでいる．馬精液の膠様物は乳白色半透明で精嚢腺に由来し，温めれば液化する．繁殖季節には多く含まれているが，非繁殖季節にはほとんど含まれない．豚精液中に占める膠様物の割合は約 30% に及び，粘着性の乳白色半透明の寒天状である．尿道球腺に

由来し，著しい吸水性により膨化する．膠様物は外子宮口で腟栓を形成して精液の逆流を防ぎ，受精を成立しやすくする役割をもつと考えられていた．しかし，膠様物を除去しても受胎成績に影響はないことが明らかにされている．

2）化学的組成

（1）精　子

頭部には DNA とこれに結合する塩基性タンパク質としてプロタミンやヒストンが主として含まれる．先体帽内には卵子を取り巻く顆粒層（卵丘）細胞の脱落と卵子への侵入に際して必要なヒアルロニダーゼ，アクロシンなどのタンパク分解酵素，中片部および尾部にはエネルギー源となるリン脂質（脂質糖タンパク質複合体）や代謝に必要な酵素系が含まれる．

（2）精　漿

精漿中には副生殖腺由来のフルクトースを主成分とする還元糖をはじめ，ソルビトール，イノシトールなどのポリオール，アスコルビン酸，乳酸などの有機酸，リン脂質，コレステロール，プロスタグランジンなどの脂質，アルギニン，セリン，グルタミン酸などのアミノ酸，グリセロリン酸コリン，エルゴチオネイン，各種酵素および無機物が含まれている．

3）精液の性状に影響する要因

（1）年　齢

一般に壮齢雄動物の精液量，精子数は若齢に比べて多く，安定している．牛では若齢時にはたとえ精液の採取が可能であっても精液性状は良好でないことがある．その後，3〜6歳前後の間で非常に安定的に良好な精液を生産する．それ以上の年齢になると，個体によっては生存精子率の低下，奇形精子率の上昇，耐凍能の低下などが起こる．

（2）栄　養

栄養条件は精液の性状に大きく影響する．低栄養では，内分泌機能の低下によって性成熟が遅延し，成熟動物では性欲減退，造精機能の低下，奇形精子の増加などの現象が起こる．高栄養（高エネルギー）は性成熟期を早めるが，過肥による性欲減退，奇形精子の増加などを誘起することがある．高タンパク質の給与は精液量および生存精子の増加などに効果がある．ビタミン A やカロチンの欠乏は造精機能を悪化させるが，良質の粗飼料を給与していればそのような可能性は低い．亜鉛，銅，コバルト，セレニウムなどの微量要素も重要であるが，わが国の飼養条件下では問題はないとされている．

（3）季節，気温

繁殖季節のある馬，羊，山羊では，非繁殖季節には精液量，精子数の減少，精子活力の低下などの現象がみられるが，交尾や射精は可能である．一方，クマやシカ，タヌキ，キツネなどの野生動物では非繁殖季節になると精巣の造精機能が消失する．周年繁殖の牛，豚では夏から秋口に精液性状が悪化して，受胎成績が低下する場合があり，この現象は夏季不妊症とよばれる．豚では極端な場合には無精子症となる．これは暑さが造精機能に影響するためで，できるだけ涼しい環境下で飼養管理することが重要である．

（4）運動，日光浴

適度な運動と日光浴は新陳代謝を活発にし，体全体の血行を良くするので，造精機能も活発になる．また，過肥の防止となり，健康維持に役立つ．

（5）射精頻度

射精頻度は精液量，精子数，精子活力，奇形精子率などに影響する．頻回の射精はこれらの性状を悪

化させる．その影響は1回の射精液量の多い馬や豚に起こりやすい．牛では1週間連日採取してもそれほど影響はなかったという報告がある．しかし，雄動物を繁殖成績を低下させることなく，長期間にわたり効率的に利用するためには，動物種ごとに以下のような射精間隔をとることが望ましいと考えられている．射精の1日の回数と間隔は，牛では2回/日，2～4日間隔，豚で1回/日，3～4日間隔，羊および山羊で数回/日，週1～2日の休息，馬で1～2回/日，週1～2回の休息（ただし，交配が繁殖季節中に限られるので，連日供用もやむを得ないことがある）である．

4）精液性状と受胎性との関連

精液性状と受胎性との間には密接な関係があり，精子数や精子生存性および精子の形態，特に奇形精子率や正常先体精子率などが関与している．また，精子の解糖能や呼吸能も密接に受胎性と関係するとされている．さらに凍結保存の場合には，添加する耐凍剤の最終濃度が精子生存性や活力に影響を及ぼすばかりでなく，正常先体精子率にも影響し，これが受胎性に関係するとされている．

10-3 陰茎の勃起と射精

到達目標：代表的な動物について交尾に必要な陰茎の勃起および射精の過程と調節の仕組みを説明できる．

キーワード：血管筋肉型，弾性線維型，陰茎S状曲，射精中枢

雄動物では性的興奮によって陰茎の勃起が起こり，雌動物に乗駕して勃起した陰茎を腟内に挿入すると陰茎に加わる刺激によって射精が起こる．

馬や犬の勃起は陰茎の海綿体を膨張させることによって起こる．これによって，これを包んでいる線維性の白膜やその上層の陰茎筋膜などが緊張して，陰茎は硬くなる．また，勃起と同時に，球海綿体筋および坐骨海綿体筋が反射的に収縮して静脈を圧迫するため流入した血液はうっ血を起こし，勃起が持続する．このように，馬，犬の陰茎は血管筋肉型で，海綿体が発達しているので膨張が著しい（図10-1）．牛，羊，山羊および豚の陰茎は弾性線維型で，海綿体の発達が悪く白膜が非常に厚いので，勃起による膨張はなく，陰茎S状曲が伸長して硬くなった陰茎が包皮外に突出する（図10-2）．

射精は陰茎先端部への知覚刺激が腰仙部にある射精中枢に伝わり，反射的に副生殖器と周辺の筋肉に律動的な収縮が起こる結果である．牛，羊，山羊などでは直腸から電極を挿入して腰仙部を電気刺激することによって射精させることができる．射精時の律動的な収縮は精巣輸出管にはじまり精巣上体，精管，副生殖腺，尿道へと及ぶ．この一連の収縮は牛，羊，山羊など射

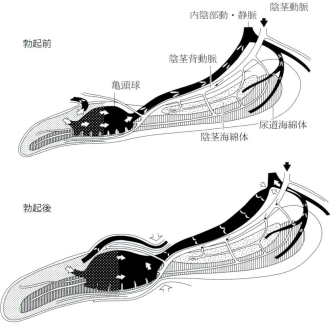

図10-1 犬の陰茎の勃起の機構（三宅陽一，獣医繁殖学第4版，文永堂出版，2012より転載）

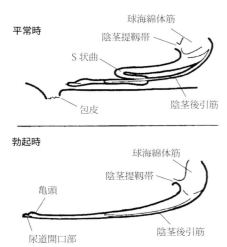

図 10-2　牛の陰茎の勃起機構（三宅陽一，獣医繁殖学 第 4 版，文永堂出版，2012 より転載）

精が一瞬に終わるものでは 1 回，馬では数十秒の間に数回，豚では 5〜15 分の間に多数回起こる．射精時間の長い馬，豚および犬では，精液を無精子分画，精子の濃厚な分画および精子の希薄な分画に分けて採取することができる．

　射精反射をもたらす陰茎への刺激の性質は動物種によって異なる．牛では温覚が圧覚より重要であるが，馬は陰茎に加わる圧覚や摩擦が温覚より重要である．したがって，人工腟を用いて精液を採取する際には，牛では人工腟筒内に注入する温水の温度が，馬では温水の量がより重要である．豚は陰茎先端のらせん部を強く握るだけで射精する．犬は亀頭球を包皮から露出させた後，陰茎を手指で圧迫・マッサージすることにより射精する．

演習問題

問 1．動物種と精巣下降時期の組合せとして正しいものはどれか．
　a．牛 － 胎齢 6 か月
　b．馬 － 胎齢 6 か月
　c．豚 － 胎生末期〜出生直後
　d．犬 － 出生後 1 週間
　e．猫 － 胎齢 1 か月

問 2　精子の運動性のエネルギー供給源となっている箇所はどこか．
　a．頭部
　b．頸部
　c．中片部
　d．主部
　e．終部

問 3．精子に関する説明で正しい記述はどれか．
　a．精子頭部の 2/3 は先体帽で覆われ，先体帽内にはヒアルロニダーゼ，アクロシンなどの酵素が含まれている．
　b．頸部は非常に強固で頭部と尾部が容易に分離しないようになっている．

c. 中片部にはミトコンドリア鞘のみが存在し，尾部から軸線維束が始まる．

d. 精子は生殖道内では運動せず，生殖道の蠕動運動のみによって受精部位まで運ばれる．

e. 精子はミトコンドリアによる呼吸系に代謝のほとんどを依存しており，解糖系は重要な経路ではない．

問4．陰茎の勃起および射精に関して正しい記述はどれか．

a. 牛や馬の勃起は陰茎の海綿体を膨張させることによって起こる．

b. 羊，豚および犬の陰茎は，海綿体の発達が悪いが白膜は非常に厚く，陰茎S状曲が伸長して硬くなった陰茎が包皮外に突出する．

c. 射精反射をもたらす陰茎への刺激は主に温覚で，動物種差はない．

d. 勃起時に球海綿体筋および坐骨海綿体筋が収縮して静脈を圧迫するため流入した血液はうっ血を起こし，勃起が持続する．

e. 射精は陰茎への刺激が排尿中枢に伝わり，副生殖器と周辺の筋肉に律動的な収縮が起こる結果である．

問5．家畜の精液性状について正しい記述はどれか．

a. 馬精液の膠様物は尿道球腺に由来し，豚精液の膠様物は精囊腺に由来する．

b. 豚精液から膠様物を除去すると受胎成績が著しく低下する。

c. 一般に若齢な動物ほど精液量，精子数は多く，加齢とともに低下する．

d. 牛，豚では夏から秋口に精液性状が悪化して，受胎成績が低下する場合があり，夏季不妊症とよばれている．

e. 頻回の射精は精液量，精子数，精子活力を向上させ，奇形精子率を低下させる．

第11章　人工授精

一般目標：家畜の改良増殖および生殖器疾患の蔓延防止における人工授精の意義を理解し，その目的を達するために必要な技術について説明できる．また，代表的な動物について実際の人工授精の実施方法の概要を説明できる．

　人工授精（artificial insemination：AI）とは，雄動物から採取した精液を，受胎可能な時期の雌の生殖器内に人工的に注入することにより妊娠を成立させ，子孫を得る技術である．本章では代表的な家畜における人工授精技術について概説する．

11-1　人工授精のための精液採取と検査

　到達目標：精液の採取，検査，凍結保存，注入技術および衛生管理を説明できる．
　キーワード：性選別精液，不良遺伝形質，人工腟法，電気刺激法，手圧法，擬牝台，精子活力検査盤，生存指数，細胞質滴，卵ク液

　自然交配では1回の射精で1頭の雌を受胎させるだけであるが，人工授精では1回の射出精液を希釈・分配して多数の雌に授精することが可能となる．そのため，優秀な種雄を選抜してその精液を使用することにより，雄側からの家畜改良が促進される．特定の種畜の産子を多数生産することができるため，産乳能力や産肉能力の後代検定に要する時間が短縮され，遺伝能力が判明した種雄の精液を選択的に使用することが可能となる．実際，わが国の乳牛1頭当たりの年間平均乳量は，1940年頃は3,000 kgに達していなかったが現在では9,000 kg以上になっている．また，人工授精を使用することにより，交尾によって雌雄間で伝播する牛のトリコモナス病，ブルセラ病，カンピロバクター病，顆粒性腟炎，馬パラチフスおよび馬伝染性子宮炎などの伝染性生殖器疾患の蔓延を防ぐことができる．さらに，交配のために動物を移動させる必要がなく，これに要する労力，時間，経費を節減できる．近年では，牛においてXおよびY精子を選別した性選別精液が販売されており，人工授精によって必要とする性の産子を計画的に得ることも可能となった．

　一方，人工授精に供する種雄が不良遺伝形質をもっていた場合には，この遺伝子を広範に拡散する危険性がある．牛の遺伝性疾患にはホルスタイン種における牛白血球粘着不全症，牛複合脊椎形成不全症，黒毛和種牛における牛バンド3欠損症，牛第13因子欠損症，牛クローディン16欠損症などがよく知られており，これらの遺伝疾患の有無について各人工授精所で種雄牛の検査を行い，情報が公開されている．また，精液中に伝染病の病原体が含まれていた場合には，自然交配に比べて被害の範囲が拡大する可能性がある．人工授精器具の洗浄および消毒が不十分なために，人為的な生殖器感染症の誘発原因となることもある．

1. 精液の採取法

　人工授精技術は，精液の採取，検査，処理（希釈，凍結など），保存，輸送および注入からなり，精液採取は最初の段階である．精液採取には，牛，羊，山羊は人工腟法および電気刺激法，豚や犬には手圧法（用手法），馬には人工腟法が用いられている．

図 11-1　人工腟（上段：馬用，中，下段：牛用）（提供：居在家義昭氏）（獣医繁殖学第 4 版，文永堂出版，2012 より転載）

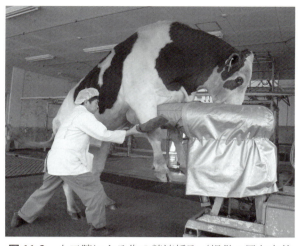

図 11-2　人工腟による牛の精液採取（提供：居在家義昭氏）（獣医繁殖学第 4 版，文永堂出版，2012 より転載）

1）人工腟法

<u>擬牝台</u>または台畜に種雄を乗駕させ，人工腟を用いて射精させる方法である（図 11-1，図 11-2）．技術者は種雄が擬牝台または台畜に乗駕した時，陰茎を手で把握して先端を人工腟に誘導し，挿入させる．人工腟は，金属またはプラスチック製の硬い外筒とゴム製の柔軟な内筒からなり，外筒と内筒の間に 40～45℃の湯を注入することにより圧迫感と温感をもたせる．内筒の先端には精液管を装着し，陰茎挿入部には粘滑剤を塗布する．

2）電気刺激法

腰仙部の射精中枢を電気的に刺激することにより強制的に射精させる方法である．四肢などの傷害のために交尾不能な種雄や交尾欲の乏しい種雄，人工腟法や手圧法（用手法）による精液採取が困難な野生動物などに適用される．陰茎は勃起または勃起しない状態で射精が生じる．牛は枠場保定，羊・山羊は横臥保定により，野生動物では全身麻酔下で実施する．

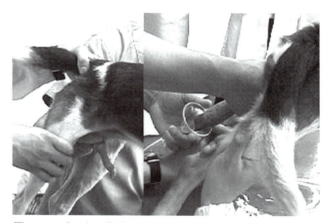

図 11-3　手圧（用手）法による雄犬からの精液採取（口絵参照）
　左：包皮から陰茎を完全に露出させ，陰茎の基部を握る．
　右：完全に勃起した陰茎を背側に牽引し，亀頭球を圧迫して射精を促す．

3）手圧法（用手法）

豚や犬においては，手圧法（用手法）が一般的である．種雄豚を擬牝台に乗駕させた後，陰茎のらせん部を握り強い圧迫を加えることにより精液を採取する．犬では，陰茎基部をマッサージし陰茎を包皮から完全に露出させてから完全に勃起させて精液を採取する（図 11-3）．犬の精液は 3 つの分画に分かれて射出され，第二分画に精子が含まれるので，この分画を採取する．

2．精液，精子の検査

1）肉眼検査

（1）精液量

動物種によりほぼ一定の範囲内にあるが（表 11-1），個体，採取法および採取頻度などにより差がある．

表 11-1 動物種毎の 1 回の射精で回収される精液量および精子数

	牛	馬	羊	山羊	豚	犬	猫*
射出精液量 （ml）	5 （2～10）	130 （20～450）	1 （0.2～2）	1 （0.5～2）	230 （65～680）	10 （5～40）	0.04 （0.02～0.06）
精子数 （億/ml）	10 （3～20）	1.2 （0.5～3）	25 （15～30）	20 （15～30）	2.5 （0.4～7.3）	3** （1～7）	10 （4～20）
総精子数 （億）	50 （30～70）	120 （80～180）	30 （20～50）	20 （10～35）	440 （51～1400）	4 （2～12）	0.5 （0.2～1.4）

*数値は人工腟を用いて採取した場合.
**第二分画の精子濃度：犬においては射出される 3 分画を別々に採取する.
上段の数値は平均値，下段の（　）内は範囲.

（2）色

一般に乳白色～灰白色で黄色を帯びることもある. 精子濃度の高い精液は白色不透明の程度が強く，希薄水様のものは精子濃度が低い. 異物の混入により着色し，琥珀色は尿，赤褐色は血液，組織片，細胞など，緑色は膿汁などの混入を示す.

（3）臭　気

一般に無臭であるが，山羊や豚などでは特有の臭気を示すことがある. 尿の混入により尿臭を示し，長期間保存したものでは細菌分解産物による腐敗臭がある.

（4）雲霧様物

反芻動物の精液で精子濃度が高く，運動性の良い精子が多い場合に，濃淡の雲霧様に移動している状態が観察される.

（5）pH

馬，豚および鶏の精液は弱アルカリ性を示し，他の家畜では弱酸性または弱アルカリ性である. pHが著しく高い時は，尿の混入または副生殖腺の異常が疑われる.

2）顕微鏡検査

（1）精子活力

精子活力検査盤（図 11-4）を用いて精子を観察し，運動性を次のように区分する.

　　　＋＋＋：極めて活発な前進運動を行う

　　　＋＋：活発な前進運動を行う

　　　＋：緩慢な前進運動を行う

　　　±：旋回または振り子運動を行う

　　　－：静止している

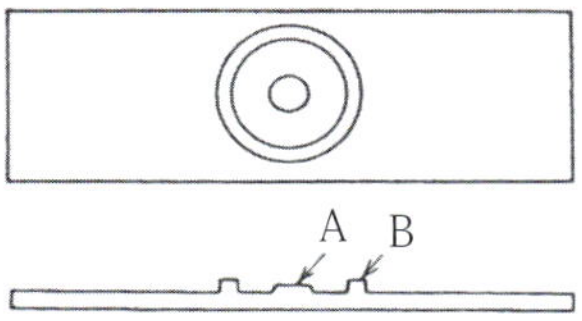

図 11-4　精子活力検査盤
A 面は B 面より 50μm 低い.
（獣医繁殖学教育協議会 編，獣医繁殖学マニュアル第 2 版，文永堂出版，2007より転載）

また，精子運動能自動解析装置によって精子の泳動パターンや速度が測定でき，運動精子率，前進精子率等を客観的に測定することができる（図 11-5）.

（2）精子生存指数

精子の活力を総合的に評価するために生存指数が用いられる. 生存指数は，精子運動性の各段階を＋＋＋：100，＋＋：75，＋：50，±：25 として，各段階に区分された精子の割合にこの数値を乗じ，それらの総和を 100 で割る.

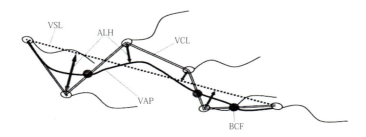

図11-5 精子運動能自動解析装置を用いたラット精子の運動能の解析（佐藤昌子 2001）
VSL：直線速度（μm/sec），ALH：頭部振幅（μm），VCL：曲線速度（μm/sec），VAP：平均通路速度（μm/sec），BCF：頭部振動数（Hz）

例えば（60 +++，20 ++，10 +）の精子の生存指数は次のように計算する．

$$\frac{60 \times 100 + 20 \times 75 + 10 \times 50}{100} = 80$$

（3）精子数
動物種によりほぼ一定の範囲内にあるが（表11-1），個体や採取頻度などにより差がある．精子数が著しく少ない場合には造精機能障害が疑われる．

（4）精子形態の検査
塗抹染色標本について奇形精子および精子以外の異常細胞（赤血球，白血球，メデュサ細胞，精母細胞，扁平上皮細胞など）の有無を鏡検し，奇形精子の割合を算出する（図11-6）．奇形精子率は牛では通常10%以下で，20〜30%を超える場合には受胎率が低下する．しかし，野生ネコ科動物の一部では50%以上が奇形精子の種もある．中片部に細胞質滴をもつ未熟精子の増加は精液採取回数が多い場合に一般的にみられる．

3）精液の希釈
採取されたままの原精液中では精子の生存性と受精能力を長期間保持させることは困難である．したがって，上記の検査終了後，精液は適切な希釈液で適正な倍率に希釈する．

（1）希釈の目的
希釈の目的は次のとおりである．
①増量して多数の雌家畜に授精する．②精子に栄養を供給する．③pHの変動を防ぐ緩衝能を与える．④浸透圧と電解質のバランスを保持する．⑤精子を低温ショックから保護し，耐凍能を与える．

（2）希釈液
希釈液には卵黄または牛乳に，リン酸塩やクエン酸塩などの緩衝液を配し，細菌の増殖を抑制するために抗生物質やサルファ剤を加えたものが広く用いられている．牛用希釈液として卵黄リン酸緩衝液や卵黄クエン酸ソーダ液（卵ク液）などがある．豚用としては卵黄クエン酸ソーダ糖液（卵ク糖液）や脱脂粉乳重炭酸ソーダ糖液などが用いられていたが，卵黄や脱脂粉乳を用いない保存液であるモデナ液が開発された．モデナ液の主な成分はグルコース，クエン酸ナトリウム，トリスヒドロキシアミノメタンであり，現在ではモデナ液やそれを改変した希釈液が広く用いられている．犬用としては卵黄，トリスヒドロキシアミノメタン，クエン酸にフルクトースあるいはグルコースを添加した希釈液が用いられることが多い．

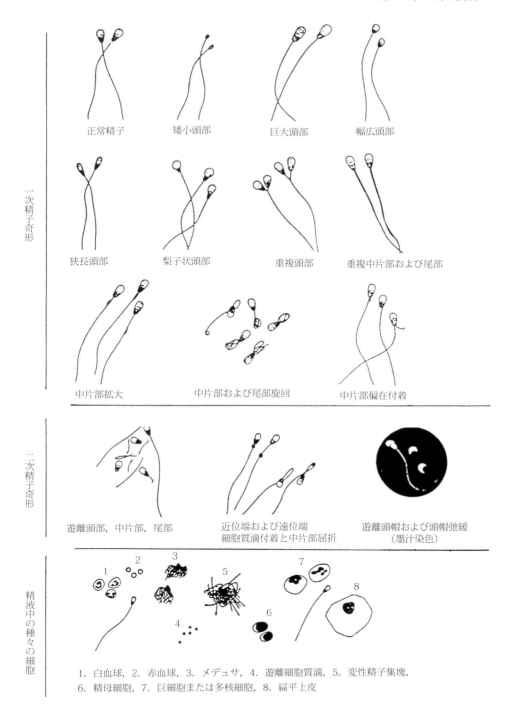

図 11-6 牛の奇形精子〔獣医繁殖学教育協議会 編,獣医繁殖学マニュアル第 2 版,文永堂出版,2007 より転載(岩手大学資料)〕

(3) 精液の保存

　精液を長時間保存するために,精子の運動を抑制してエネルギーの消耗を防ぎ,精液中の細菌の増殖を阻止する必要がある.そのために精液は低温下で保存される場合が多い.牛の精液は希釈した後,液

状のまま4〜5℃の冷蔵庫の中に保存する方法（液状精液）が国内では1960年代まで一般的であったが，この方法では良好な受胎率が得られるのは5日以内に限られていた．今日では牛の人工授精はほとんど全てが液体窒素中（−196℃）に保存された凍結精液によって行われている．豚の液状精液は通常15℃に保存され，5〜14日間使用可能である．犬では液状精液は4〜5℃で4日間程度保存できる．豚や犬精液の凍結保存については牛ほど実用化されておらず，現在研究が進んでいる．

（4）精液の注入

精液の注入は人工授精技術の最終段階である．良好な受胎率を得るためには精液の取扱い，注入器具の整備と消毒，授精適期の判定，正しい注入部位と衛生的な注入操作などに留意する必要がある．

11-2　各動物種における人工授精技術

到達目標：代表的な動物の人工授精技術を説明できる．

キーワード：鉗子法，直腸腟法，深部注入カテーテル

1. 牛の人工授精

精液の注入には金属製の内筒とポリエチレン製の外筒（シース管）からなる精液注入器を使用する（図11-7）．外筒は滅菌済みのものを1回ごとに使い捨てにする．そのため極めて衛生的であり，これが主流となっている．

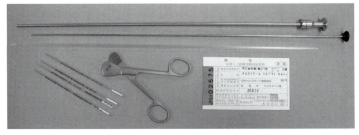

図11-7　牛用人工授精器（提供：居在家義昭氏）（獣医繁殖学第4版，文永堂出版，2012より転載）

1）凍結精液の融解

凍結精液は注入直前に融解する必要がある．融解方法は凍結した0.5 mlストローを35〜38℃の温水に約40秒間浸漬する方法と15秒間浸漬する方法がある．0.5 mlストローを40秒以上温水に浸漬すると，精液の温度は温水の温度と同等まで上昇するが，15秒間浸漬した場合はおよそ4℃となり，周囲の気温が低温の場合も寒冷ショックを受けにくいと考えられている．精液にはそれを製造した人工授精所によって推奨する融解方法があるため，人工授精に用いる場合にはそれに従うべきである．

2）注入量

注入する精液量は0.5 mlで生存精子数は1,000〜4,000万個を標準とするものが国内では主流である．しかし，0.25 mlのストローも一部で使用されている．近年ではX精子とY精子を選別した性選別精子が一般的に使用されるようになり，200万〜300万個の精子が1本のストローに封入されている．

3）注入時間

牛の発情持続時間は10〜20数時間であり，排卵は発情終了後10〜15時間前後に生じる．近年，飼養管理の変化や産乳能力の向上などから短時間で発情が終了したり，発情徴候が不明瞭な雌牛が多くなってきており，高い受胎率を得るためには交配適期診断法の重要性が増している．

4）注入法

鉗子法または直腸腟法があるが，現在では鉗子法はあまり行われていない．

鉗子法は腟鏡で開腟し，頸管鉗子で外子宮口を固定後，注入器を頸管の深部に挿入する．直腸腟法は，指で陰唇を少し開き，注入器を腟内に挿入し保持する．つづいて他方の手を直腸内に入れて子宮頸管を保持し，注入器の先端を外子宮口に導き，さらに頸管深部または子宮体まで進め，精液を注入する．

人工授精用諸器具の消毒は煮沸が望ましく，消毒薬は精子に有害であるから使用してはならない．ただし，70％アルコールは比較的害が少ないので注入器などの消毒に用いられる．

2．豚の精液注入器および注入法

先端を雄豚の陰茎に似せたスパイラル型のものや，先端に膨らみをもたせたプラスチック製のものがある（図11-8）．腟鏡を用いずに手指で開腟し，はじめに外尿道口を避けるために注入器を上向きに約10 cm挿入する．ついで水平にして約25〜30 cm進めると，注入器の先端は子宮頸管に誘導される．ここで注入器

図11-8　豚人工授精器（プラスチック製）
（提供：居在家義昭氏）（獣医繁殖学第4版，文永堂出版，2012より転載）

を静かに回転させながら進め，先端が頸管の第二皺襞より奥まで到達したところで手元の注入器を押して精液を徐々に注入する．近年では深部注入カテーテルが開発され，精液を子宮体に注入する方法が普及しつつある．注入する精液量は50〜70 ml，精子数は20〜70億個であり，あらかじめ35℃程度に加温する必要がある．

3．犬の精液注入器および注入法

腟内への精液注入には長さ30 cm程度のカテーテル（プラスチックまたはシリコンゴム製）を用いる．外陰部を消毒後，腟鏡を用いずに手指で開腟した後，始めは注入器を背側に挿入し，ついで水平にして腟深部まで挿入する．精液注入終了後，雌犬の後肢を持ち上げて精液の逆流を防ぎ，15分間以上保持する（腟内授精法）．通常，新鮮精液および冷蔵精液を用いた人工授精に用いられる．

凍結精液を用いた人工授精の場合，腟内へ注入すると受胎率は極めて低い．そのため，開腹手術により子宮内へ精液を注入する方法や子宮頸管を通過して子宮内にカテーテルを挿入する方法が行われている．犬の外子宮口は斜め下方を向いているため，子宮内にカテーテルを挿入するために内視鏡を用いるなど特殊な器具を必要とする．

11-3　人工授精関連法規

到達目標：人工授精に関わる関連法規を説明できる．

キーワード：家畜改良増殖法，家畜改良センター，授精証明書，受精卵移植証明書

1．家畜改良増殖法

1）本法の目的

畜産の振興により，国民に畜産物を安定的に供給し，食生活の向上に資するため，わが国の家畜の改良増殖を計画的に推進することを目的としている．

2）種畜の定義と検査

一般に種畜とは繁殖に供される家畜を総称する場合が多いが，「家畜改良増殖法」でいう種畜は牛，馬および人工授精に供される豚の雄で種畜検査に合格して種畜証明書の交付を受けているものに限られる．種畜の認定を行うため，独立行政法人家畜改良センターが毎年定期的に種畜検査を実施している．種畜検査には定期検査，家畜改良センターの行う臨時種畜検査（外国からの輸入家畜および適用外地域からの移入家畜）および都道府県の行う地方の臨時種畜検査（疾病その他やむを得ない事由により定期種畜検査を受検できなかった家畜）の3種類がある．

家畜の改良増殖を効率的に行うために，種畜は，血統，能力，体格資質等に優れていて，かつこれらを子孫に遺伝する能力を備えていなければならない．また，種畜から採取した精液は広範囲に使用され

96   第 11 章　人工授精

るので，病原体および不良遺伝形質をもっていてはならない．そのため，伝染性疾患，遺伝性疾患および繁殖機能の障害について検査を行うとともに，血統，能力，体型を調査して等級の格付けを行う．

3）家畜人工授精の定義と制限

「家畜人工授精」とは牛，馬，羊，山羊および豚から精液を採取，処理し，雌に注入することをいう．獣医師または家畜人工授精師でない者は，家畜人工授精用精液を採取，処理し，またはこれを雌家畜に注入してはならない．種畜検査の対象から羊と山羊は外れているが，これらも人工授精の対象家畜であるため，獣医師または家畜人工授精師以外のものは，これらの家畜の雄から精液を採取，処理し，雌畜に注入してはならないことになる．また，種畜が疾患にかかっていることを知りながら，これを種付けまたは家畜人工授精用精液の採取に供してはならない．

人工授精用の精液は原則として，家畜人工授精所，家畜保健衛生所および家畜人工授精を行うため国または都道府県の開設する施設以外で採取，処理してはならないことになっている．

4）獣医師と家畜人工授精師の義務

獣医師または家畜人工授精師は精液を採取した時は速やかに精液の検査を行い，異常を発見した際には種畜検査員または地方種畜検査員に届け出なければならない．また，採取した精液について証明書を作成する必要がある．雌畜に対して人工授精を行った場合には家畜人工授精簿に所要事項を記載し，5年間保存しなければならない．また，精液の注入を受けた雌畜の飼養者の要求に応じて，授精証明書の交付を行う必要がある．

5）受精卵移植関連の規定

牛その他政令で定める家畜の雌は伝染性疾患および遺伝性疾患を有しないことが確認されたものでなければ体内受精卵の採取，体外受精のための卵子および卵巣の採取を行ってはならない．また，獣医師でないものは雌家畜から体内受精卵および卵巣を採取してはならず，と体からの卵巣採取およびこれらを用いた体外受精は獣医師または家畜人工授精師でないものは実施できない．受精卵移植についても獣医師または家畜人工授精師でないものは実施できないことになっている．雌畜に対して受精卵移植を行った場合には家畜人工授精簿に所要事項を記載し，5年間保存しなければならない．また，受精卵の移植を受けた雌畜の飼養者の要求に応じて，受精卵移植証明書の交付を行う必要がある．

2. 家畜伝染病予防法

家畜の伝染病の発生を予防し，蔓延を防止して畜産の振興を図ることを目的として昭和26年に制定された．人工授精技術によってこれらの疾病が蔓延しないよう，獣医師および人工授精師は常に注意する必要がある．

3. 獣医師法

獣医師は，飼育動物に関する診療および保健衛生の指導その他の獣医事をつかさどることによって，動物に関する保健衛生の向上および畜産業の発達をはかり，あわせて公衆衛生の向上に寄与するものと定められている．人工授精および受精卵移植に関しては，昭和58年の「家畜改良増殖法」の改正により，獣医師の資格でこれらを実施できるようになった．

演習問題

問 1. 牛の精子採取および検査について正しい記述はどれか．
  a. 陰茎の先端を強く握って射精を促し，精液を採取するのが一般的である．
  b. 射出精液量は平均 130 ml で膠様物を含む．

c. 正常な精液は黄白色で尿臭がする.

d. 運動性の高い精子が多く含まれる場合，濃淡の雲霧様に移動している状態が観察される.

e. 頻回の精液採取により未熟精子の割合は低下する.

問2. 犬の人工授精に関して正しい記述はどれか.

a. 精液採取には擬牝台を用いた人工腟法が一般的である.

b. 精液は3つの分画に分かれて射出され，精子は第2分画に最も多く含まれる.

c. 犬の精液には多くの膠様物が含まれる.

d. 精液は0.5 ml ストローに入れ，人工授精器を用いた直腸腟法により子宮内に注入する.

e. 繁殖は99%以上が人工授精によって行われている.

問3.「家畜改良増殖法」で定められている事項について正しい記述はどれか.

a. 本法により定められる種畜とは牛，馬，豚および山羊，羊である.

b. 法定伝染病に罹患している雄畜から人工授精用の精液を採取してよい.

c. 人工授精および受精卵移植を実施できるのは家畜人工授精師のみである.

d. 雌家畜から体内受精卵を採取することができるのは獣医師のみである.

e. 家畜のと体から卵巣を採取できるのは獣医師のみである.

問4. 現在の日本国内における牛の人工授精に関して誤っている記述はどれか.

a. 99%以上が人工授精によって産子を作出している.

b. 使用される精液はほぼ全て凍結精液である.

c. 1本の凍結精液のストローには200万〜300万個の精子が入っており，X精子とY精子を選別した性選別精子では1,000〜4,000万個の精子が封入されている.

d. 人工授精を行った場合，速やかに家畜人工授精簿に記録する.

e. 直腸腟法による人工授精が一般的に行われている.

第12章　胚移植および関連する生殖工学技術

> **一般目標**：胚移植および関連する生殖工学技術の意義と内容について説明できる．また，生殖機能の人為的調節が動物の健康および畜産製品の安全性に及ぼす影響について説明できる．

　胚移植（embryo transfer：ET）とは，雌動物の生殖器内から採取した胚あるいは体外で発育した胚を，受胎可能な時期の雌の生殖器内に人工的に注入することにより妊娠を成立させ，子孫を得る技術である．胚移植を行うことで，精液を提供する雄および卵子を提供する雌の両方の遺伝特性を考慮した効率的家畜改良が可能となる．本章では代表的な家畜における受精卵移植と関連する技術について概説する．

12-1　胚移植技術

　到達目標：胚移植の意義と技術について説明できる．
　キーワード：ET，ドナー，レシピエント，過剰排卵，バルーンカテーテル，凍害防止剤
　胚移植（embryo transfer：ET）は，供胚雌（ドナー）の体内あるいは体外で受精・発生した胚を，受胚雌（レシピエント）の卵管や子宮に移すことを意味する．しかし，一般的な"胚移植"は，ドナーの体内で受精・発生した胚を取り出して，レシピエントの卵管や子宮に移植して妊娠，分娩させる技術の総称であり，ドナーの過剰排卵（superovulation）の誘起，胚の採取，胚の処理（検査，保存），レシピエントへの移植といった複数の技術によって構成されている．優れた遺伝形質，血統，系統あるいは貴重な品種など，特定のドナーに由来する胚を採取して，レシピエントに移植すれば，ドナーが自ら妊娠・分娩しなくとも多数の産子が得られる．さらに，胚を凍結保存することによって，世界中へ移送することが可能となるため，国際的な家畜の増殖と改良を推進することができる．牛では広く実用化されているが，羊，山羊，豚では胚の採取および移植に手術的な手技を必要とすること，馬では過剰排卵の誘起が困難で産駒の血統登録が認められていないことから，胚移植の利用は限られている．

1. 手技の要点

1）ドナーの準備と胚の採取

　胚を採取しようとするドナーは，繁殖機能に問題がなく，伝染性および遺伝性疾患をもっていないことを確認する．胚移植を有効に活用するためには，ドナーに対して性腺刺激ホルモンを投与して過剰排卵を誘起し，発情発現時に希望する雄の凍結精液を用いた人工授精または自然交配を行う．体内で受精・発生した胚は，卵管または子宮を灌流して体外に取り出す．牛や馬では，胚が子宮へ下降した時期に子宮洗浄の要領で非手術的に胚を採取できる．しかし，他の家畜では，開腹手術によって，卵管または子宮を灌流する．

2）胚の処理

　卵管や子宮を灌流した回収液の沈渣から，実体顕微鏡を用いて胚の検索を行う．回収した胚は，微生物などの混入・汚染を防ぐため，無菌的な保存液を用いて確実に洗浄する．胚を含む液が100倍以上に希釈されるように，新たな保存液へ胚を移動する操作を10回以上繰り返す方法が，標準的な胚の洗

浄方法である．透明帯はウイルスなどの微生物の侵入から胚を守る障壁であるが，微生物は透明帯に付着するため，トリプシン溶液を用いた胚の洗浄・処理が推奨されている．また，透明帯に亀裂のある胚や脱出胚盤胞は病原微生物に汚染されている危険性があるため，移植は避けるべきである．

牛の胚は，8時間程度の室温保存であれば発生能が損なわれず，1～2日間の室温保存あるいは冷蔵保存も可能と報告されている．しかし，豚の胚のように15℃以下で保存すると寒冷障害をうけるものもある．したがって，採取当日に移植できない胚は，速やかに低温・凍結保存（cryopreservation）する．

3）胚の移植

レシピエントは，健康で発情周期や受胎性に問題のないものを選ぶ．異品種の胚を移植する場合は，難産にならないように体格も考慮する．レシピエントとドナーの発情発現あるいは排卵時期の違いが，それぞれの家畜に特有な許容範囲を超えると受胎率は低下する．また，移植を行う前に黄体の形成・発育状態を検査し，異常があれば移植は中止する．

牛や馬の胚の移植には，人工授精と同じように直腸腟法で頸管を経由して子宮内に胚を注入する非手術的な方法が確立されている．また，豚においても近年非手術的な移植法が開発された．しかし，羊や山羊では開腹手術によって卵管または子宮内に胚を移植するのが一般的である．

2．牛の胚移植

1）過剰排卵の誘起

通常，発情周期の9～14日目からFSHの投与を始め，その42～72時間後にPGF$_{2\alpha}$を投与して黄体退行を促す．さらにPGF$_{2\alpha}$投与の40～56時間後に発情が誘起されるので，発情時に12～18時間間隔で2回人工授精を行う（表12-1）．FSHは半減期が短いため，毎日朝夕2回，3～4日間続けて合計30～40 AU（アーマー単位*）を漸減投与する．eCGは半減期が長く，発情後も卵胞の発育が継続し，胚の発育・移送障害を招くため，現在ではあまり使用されていない．卵巣の反応（発育卵胞および排卵数）は，FSHの投与開始時期によって影響を受ける．主席卵胞の吸引除去あるいはホルモン処置により新たな卵胞ウェーブを誘起してから，FSH投与を始めると卵巣反応は良好である．また，過剰排卵の誘起は6～8週間の間隔で繰り返し実施できる．

表12-1 FSHとPGF$_{2\alpha}$を用いた牛の過剰排卵処置の例

発情周期		処　置	
（日）		朝	夕
9	−4	FSH	FSH
10	−3	FSH	FSH
11	−2	FSHとPGF$_{2\alpha}$	FSHとPGF$_{2\alpha}$
12	−1		
13	0	発情	人工授精
14	1	人工授精	
・	・		
20	7	胚の採取	

発情発現後9日目から処置を始めた例
（髙橋芳幸，獣医繁殖学第4版，文永堂出版，2012より転載）

2）胚の採取と処理

牛の胚は，発情後4～5日目には子宮に下降するが，日齢の若い胚は凍結保存後の生存率が低く，日齢の進んだ脱出胚盤胞は微生物に感染する危険性が高いため，通常は発情後7日目（6～8日目）に子宮灌流を行う．子宮灌流にはバルーンカテーテルを用い，片角ずつ行うのが一般的である．発情周期の6～8日目の胚は，直径が150～200 μmで透明帯に囲まれた桑実胚～拡張胚盤胞である（図12-1）．胚の品質は，発育段階（ステージ）と細胞の形態から，通常4段階で評価する（表12-2および図12-2）．

---

*豚FSH ARMOUR標準品1 mgの有するFSH活性が1アーマー単位．

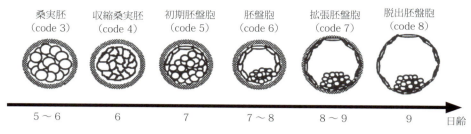

図12-1　正常な胚発育ステージ

発情日および授精日を0日齢とする．（　）内は国際胚移植学会マニュアル（Manual of the International Embryo Transfer Society, 1998）に従った発育ステージのcode番号．
（獣医繁殖学教育協議会 編，獣医繁殖学マニュアル第2版，文永堂出版，2007より転載）

表12-2　胚の品質評価の基準

品質code		胚の形態
1	excellent あるいは good	受精後の経過日数に見合った正常発育ステージで，割球の大きさや色調が均一．少なくとも85%の割球は正常．透明帯が滑らかで凹凸がない．
2	fair	割球の均一性を若干欠く．少なくとも50%の割球は正常．
3	poor	個々の割球が均一性を欠いている．少なくとも25%の割球は正常．
4	retarded, degenerating あるいは dead	発育停止あるいは変性した胚．未受精卵子あるいは1細胞期胚．

国際胚移植学会マニュアル（Manual of the International Embryo Transfer Society, 1998）に準拠．
（獣医繁殖学教育協議会 編，獣医繁殖学マニュアル第2版，文永堂出版，2007より転載）

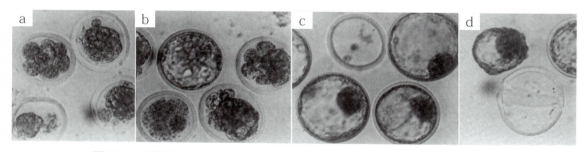

図12-2　発情後7日（a, b）および8日（c, d）に回収された胚の品質判定例
a：8細胞期胚（品質code 4, retarded, 左上），収縮桑実胚（品質code 3, poor, 左下）および収縮桑実胚（品質code 1, good, 右上下）．
b：拡張胚盤胞（品質code 1, excellent, 左上），死滅胚（品質code 4, dead, 左下），収縮桑実胚（品質code 3, poor, 右上）および初期胚盤胞（品質code 2, fair, 右下）．
c：拡張胚盤胞（品質code 1, excellent, 3個），および透明帯だけの死滅胚（品質code 4, dead, 左上）．
d：脱出（孵化）胚盤胞（品質code 1, good, 左上）．
＊品質codeは，表12-2を参照．
（獣医繁殖学教育協議会 編，獣医繁殖学マニュアル第2版，文永堂出版，2007より転載）

3）胚の移植

レシピエントの発情発現時期がドナーと前後1日以内の違いであれば受胎率に差異はないが，それ以上ずれると受胎率は低下する．胚は黄体存在側の子宮角に移植する．黄体存在側の反対側に移植した

場合の受胎率は極めて低い．胚移植では，人工授精器に類似した移植器を使用し，直腸腟法により移植器を子宮頸管から子宮内に誘導して子宮角の中央部に胚を注入する頸管経由法が一般的である．頸管経由法では，微生物やその他の汚染物を子宮内に持ち込まないように，移植器に滅菌外筒（外鞘）を装着した状態で外子宮口または子宮頸管内まで誘導する．その後，外鞘から移植器のみを突き出して，移植器を子宮角に挿入する．受精卵は子宮角の先端に移植した方が受胎率は高いが，移植器を無理に深部へ挿入すると子宮内膜の損傷を招き，受胎率が低下する．近年，移植器の先端から柔らかいチューブが伸び，子宮内膜を傷つけることなく子宮角のより深部に移植できる移植器が販売されている．

3．胚の凍結保存と融解

1）緩慢冷却による凍結保存

牛，羊および山羊の胚では，日齢の若いものは凍結・融解後の生存性が低く，収縮桑実胚〜胚盤胞期になると生存性が高くなる．馬の胚は，桑実胚〜初期胚盤胞であれば凍結保存ができるが，拡張胚盤胞ではカプセルが形成されるため，凍害防止剤の浸透性が低下して凍結保存は困難である．また，豚の胚は15℃以下で寒冷障害を受けやすく，細胞質内の脂肪滴が少なくなる拡張胚盤胞で凍結保存の成功例が報告されているものの，生存率は低い．

胚は凍害防止剤（凍害保護物質，耐凍剤）を添加した保存液の中で平衡させてから，0.25 ml容量のプラスチックストロー内に収納する．牛や羊の胚の凍結保存には，凍害防止剤としてグリセリン（1.4 M）またはエチレングリコール（1.5 M）が最も広く使用されている．これらは，細胞内に浸透し凍結過程における凝固点を下げて氷晶形成量を減少させ，浸透圧の上昇・塩類濃度の濃縮を抑制するとともに，タンパク質の構造・機能の変化を防ぐことによって細胞を保護する効果がある．ストローの緩慢冷却にはプログラムフリーザーを用いる．まず，ストローを凝固点よりも少し低い−7〜−5℃まで冷却し，そこで細胞外の氷晶形成を誘起（植氷）する．植氷は液体窒素などで冷却した鉗子やピンセットを用いて，ストローの胚の収納されていない部分を挟むことによって行う．植氷操作を加えないと過冷却状態で偶発的に氷晶が形成され，細胞内にも氷晶が形成されて細胞内凍結という致死的な傷害を招く．植氷後，0.3〜0.6℃/分で緩慢に冷却することによって細胞外での氷晶形成が進み，液体部分の浸透圧が上昇して細胞は徐々に脱水される．適度な速度で−30〜−35℃まで冷却したストローは，液体窒素ガス中に投入して凍結し，液体窒素中に移して保存する．適度に脱水された細胞と濃縮された細胞周囲の保存液は液体窒素中に移動しても氷晶が形成されずにガラスのように固化（ガラス化）されるため，細胞に障害がない（図12-3）．

凍結胚の融解には，ストローを液体窒素中から取り出し，空気中で約10秒間保持したのち，30℃前後の温水に投入する．風はストロー内温度を急激に上昇させるため，無風下でストローを取り扱うよう注意する．また，ストローを直接温水に浸すと，−110℃以下の温度域を急激に通過して氷晶内に亀裂

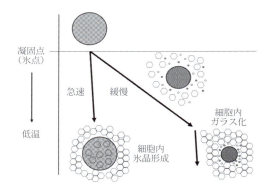

図12-3 急速および緩慢冷却過程において細胞内外でみられる事象

冷却速度が早過ぎると脱水が不十分で細胞内に氷晶が形成される．適度な速度で緩慢に冷却すれば，細胞は徐々に脱水され，適度に脱水された細胞は液体窒素中に移しても氷晶が形成されずに固化（ガラス化）される．
（髙橋芳幸，獣医繁殖学第4版，文永堂出版，2012より転載）

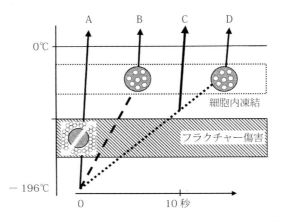

図 12-4 融解胚にみられるフラクチャー傷害と細胞内凍結
　液体窒素から取り出したストローを直接温水に浸けると，胚はフラクチャー傷害を受ける（A）．ストローを空気中に約 10 秒間保持してから温水に浸けると，胚はフラクチャー傷害を受けず，細部内凍結も起きない（C）．ストローの空気中保持時間が長くなったり（D），風のある場所で融解すると（B），細胞内凍結を招く．

（髙橋芳幸，獣医繁殖学第 4 版，文永堂出版，2012 より転載）

が発生し，胚を傷害することがある（フラクチャー傷害）ため，10 秒ほどの空気中保持が必要である．一方，空気中でのストローの保持時間が長くなりすぎると，ガラス化されていた細胞および細胞周辺の保存液に氷晶が形成（脱ガラス化）され，細胞は重大な傷害を受ける（図 12-4）．

　凍害防止剤としてエチレングリコールを用いた場合，エチレングリコールは細胞膜を速やかに通過するため，融解後に直接等張液に移しても過度な細胞膨張がみられず，子宮内に直接移植することができる．また，1.4 M グリセリンと 0.25 M スクロースを添加した保存液を用いて凍結保存した胚でも直接移植が可能である．グリセリン（1.4 M）のみを用いて凍結保存した胚は，ストローから取り出して 3 〜 6 段階で濃度の低いグリセリンを添加した保存液に移して希釈除去してから移植する．直接，子宮内または等張液内に移すと，グリセリンが細胞内から流出する前に多量の水分が細胞内に流入し，細胞は過度に膨張して傷害を受ける．

2）ガラス化保存

　緩慢冷却では凍結保存された胚の細胞内および細胞周辺の保存液のみがガラス化されているのに対し，ガラス化保存法は保存液（細胞外）全体を固化させる方法である．通常の 0.25 ml ストローを用いて保存液全体をガラス化するには，5 〜 8 M（30 〜 50%［v/v］）以上の高い濃度の凍害防止剤の添加が必要である．このような高濃度の凍害防止剤は，細胞に対して化学毒性や浸透圧傷害を与える．その傷害を軽減するため，複数の凍害防止剤を混合したり，高分子化合物あるいは糖類を添加した保存液が多数開発されている．一方，微量（1 μl 以下）の保存液に胚を収めた極細なストロー，あるいは微量の保存液と一緒に胚を載せた特殊なメッシュやフィルムを直接液体窒素に浸して行うガラス化法も開発されている．これらの方法では，冷却速度をより速くすることにより凍害防止剤の濃度を 30% 程度に抑え，高い胚の生存率を得ることに成功している．

　ガラス化保存法は特殊な機械を使わずに簡便であるが，融解時の凍害防止剤の希釈除去操作が野外における胚移植には向かないため，広く実用化されてはいない．しかし，従来の凍結保存法が利用できない動物の胚や卵子の低温保存には有効な手法である．

12-2　体外受精およびその他の生殖工学技術

到達目標：体外受精およびその他の配偶子および胚操作技術の意義と技術を説明できる．
キーワード：IVF，ICSI，マイクロマニュピレーター，胚細胞核移植，体細胞核移植，ES細胞，性選別精液

1. 体外受精

体外受精（in vitro fertilization：IVF）は，体内でみられる卵子と精子の融合および接合子の形成過程を体外で再現する技術であり，体外で受精・発生した胚をレシピエントに移植することにより産子が得られる．家畜の体外受精では卵胞内の未成熟卵子を培養して成熟させた体外成熟卵子が広く利用されている．また，体外受精によって得られた受精卵（胚）は，体外で培養して桑実胚または胚盤胞へ発育させてからレシピエントへ移植する．したがって，家畜の体外受精は，卵子の体外成熟（in vitro maturation：IVM），体外受精（IVF）および受精卵（胚）の体外培養（in vitro culture：IVC）などの複数の技術によって構成されている．

哺乳動物における初めての体外受精由来の産子は1959年にウサギで報告された．その後，1982年〜1986年にかけて，牛，山羊，羊および豚，1988年には猫，1991年には馬でも体外受精由来の産子が得られた．特に，1980年代後半から胚移植が実用化された牛では，卵子の体外成熟法や体外受精卵（胚）の培養法の研究開発が急速に進み，1985年には体外成熟卵子を用いた体外受精由来の子牛が得られるようになった．わが国では，1989年から体外受精により作出された黒毛和種牛の凍結保存胚の販売などの商業的な取り組みが始まり，1992年には家畜の体外受精に関する法的規制が家畜改良増殖法に加えられた．人における体外受精は，主に排卵直前の成熟卵胞内の卵子（体内成熟卵子）を用いて，卵管障害や精子減少症に起因する不妊症に対する生殖補助医療技術として臨床応用されている．一方，家畜における体外受精は，主に体外成熟卵子を用いて実用化されている．特に，胚移植が広く普及・実用化されている牛では，黒毛和種のような特定品種の牛を増産したり，通常の過剰排卵処置では胚の採取が困難な雌牛の産子を獲得するために，体外受精が利用されている．

2. 顕微授精

顕微授精は，顕微鏡下で卵子と精子を人為的に融合させる操作で，通常は卵細胞質内精子注入法

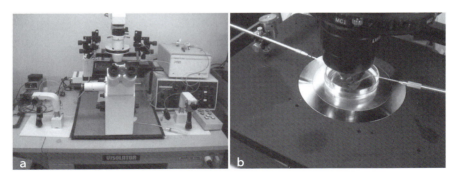

図12-5　生殖工学（卵子・胚の操作）に使用される倒立顕微鏡，マイクロマニュピレーター一式（窪田 力，獣医繁殖学第4版，文永堂出版，2012より転載）
a：倒立顕微鏡（中央），マイクロマニュピレーター（左右）．
b：倒立顕微鏡のステージ（左右にマイクロマニュピレーターアダプターと接続されたガラス針）．

（intracytoplasmic sperm injection：ICSI）と同義である．マイクロマニュピレーターに装着したインジェクションピペットを用いて，精子を成熟卵子（第二減数分裂中期：MⅡ期）に注入するとともに（図12-5），受精時に卵子内で起こるカルシウム濃度の反復的上昇（カルシウムオシレーション）に類似した人為的活性化刺激を与える．顕微授精では自動能を失った精子，凍結保存後の全く動かない精子および室温保存したフリーズドライ精子からも産子を得られることが報告されている．また，精子細胞からの産子産出，マウスでは一次，二次精母細胞からの産子作出も報告されており，雄側（精子）に障害がある場合の生殖に有効な技術と考えられる．

3．クローニング

単一細胞または個体から無性生殖によってできた同一遺伝子をもつ細胞群や個体群をクローン（clone）とよぶ．クローニングには，胚の割球を分離また胚を切断する方法と，単離した胚割球や体細胞を細胞質体（cytoplast またはレシピエント卵細胞質）に融合させて同一遺伝子をもつ胚を再構築する核移植がある．

発生初期の胚の割球を個々または数個の集まりに分離することで，それぞれが一卵性の胚（クローン）として発生する．羊では4細胞期胚の割球を4個に分けて3つ子を，牛では8細胞期胚の割球を2個ずつ4組に分けて3つ子を生産したことが報告されている．また，桑実胚や胚盤胞を金属刃や微細ガラス針を用いて切断二等分することで，一卵性双子が作出されている．しかし，桑実胚や胚盤胞を3個以上に切断すると胎子へ発生する確率が低くなる．

一方，胚の個々の細胞（割球：ドナー核細胞）を未受精卵子の除核卵細胞質（レシピエント卵細胞質）に移植・融合させると，再構築胚（核移植胚）ができ，適切な活性化処理と培養を行うことで細胞分裂を繰り返して胚盤胞に発育し，理論的には多数のクローン胚・動物を作出できる（胚細胞核移植）．また，体細胞をドナー核細胞（kryoplast）に用いることで，既知の能力をもった1頭の個体（ドナー）から無数のクローンを作出できる可能性がある（体細胞核移植）．1997年に乳腺上皮細胞からクローン羊「ドリー」が誕生して以来，体細胞に由来するクローンは，マウス，牛，山羊，豚，猫，ウサギ，ラット，馬，シカ，犬等，多数の動物種で誕生している．同一の遺伝情報をもつクローン動物を様々な条件で飼育することにより，乳量や肉質がより良くなるような飼養条件の検討を効率的に行うことが可能になるなど，遺伝的能力検定法としての活用が試みられている．

4．キメラ

キメラとは起源の異なる細胞集団から構成された動物および植物個体を意味する．自然発生的には，発生初期に2個以上の異なる細胞由来の胚が結合した場合のキメラや，牛のフリーマーチンのように初期胚期の血管吻合により，他の胎子の造血細胞が混入した場合に造血細胞系のキメラとなる．

生殖工学ではマウス，ラット，ウサギ，牛，豚などで人為的にキメラを作出しており，羊と山羊の胚から作出された異種間キメラ（ギープ）も生まれている．人為的にキメラを作出するには，胚または割球を集合させる胚集合法（集合キメラ）と胚盤胞の胞胚腔に他の胚に由来する細胞を注入する細胞注入法（注入キメラ）の2つの方法がある．細胞注入法は，胚性幹細胞（embryonic stem cell：ES細胞）を利用した遺伝子ノックアウトマウスの作製に不可欠な手段として利用され，得られたキメラマウス同士を交配させ，ES細胞が生殖系列に分化した子孫を選抜することで遺伝子組換えマウスが得られる．

5．遺伝子組換え動物

遺伝子組換え動物は"自然発生の突然変異とは異なり，遺伝子（遺伝形質を担う物質）の意図的な改変によって作られた動物"である．染色体の一部に遺伝子を導入した動物を遺伝子組換え（トランスジェ

ニック）動物または遺伝子導入動物という．また組み込まれた外来遺伝子の発現によって形質が変わることから，形質転換動物ともいう．

6. 雌雄の産み分け技術

哺乳動物の遺伝的な性は，性染色体の構成によって決定する．XまたはY精子のいずれかを選択的に受精できるように処理すれば，希望する性の産子が得られる．また，受精卵移植前に胚の性を診断することでも，雌雄の産み分けが可能である．動物種においてその形質（性質）を利用する際に，どちらか一方の性が都合のよい場合がある（産乳には雌，肉生産には雄，など）．

1）胚の性判別

胚から一部の割球または細胞の性染色体の核型分析による雌雄判別が可能である．また，採取した細胞の性染色体に存在する雄特異的遺伝子配列の有無をポリメラーゼ連鎖反応（polymerase chain reaction：PCR）やLAMP（loop-mediated isothermal amplification）法を用いて判定する方法もあり，牛用のキットが販売されている．

2）精子の分離・選別

X精子とY精子の最も有効な選別手段は，DNAと特異的に結合する蛍光色素で精子頭部を染色し，その蛍光量の差異をフローサイトメトリーで検出し，セルソーターで分取する方法である（図12-6）．

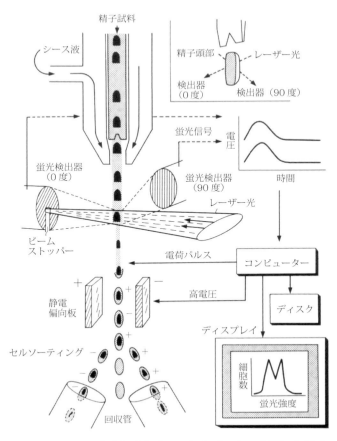

図12-6 フローサイトメトリー・セルソーターを用いたXおよびY精子の分離法の模式図（Johnson LA 1986）

106   第 12 章　胚移植および関連する生殖工学技術

これは，牛，豚，羊，馬などの精子において，X 染色体の DNA 量が Y 染色体に比べて 3.6 ～ 4.2% 多いことを利用している．牛の精子では 90% 以上の確率で雌雄判別された**性選別精液**が市販されている．

演習問題

問 1．牛の胚移植に関して正しい記述はどれか．

  a．人工授精後 10 ～ 12 日目の胚を子宮内から回収し，レシピエントの子宮角内に移植する．

  b．胚は受胚牛の黄体側とは反対側の子宮角内に移植する．

  c．移植胚の日齢と受胚牛の発情後日数のずれが前後 3 日程度までなら受胎率は下がらない．

  d．過剰排卵処置後のドナー牛発情時の人工授精は 2 回行うことが推奨される．

  e．凍結胚はほとんど使用されていない．

問 2．牛の胚移植に関して正しい記述はどれか．

  a．回収した胚をトリプシン処理により洗浄するのであれば，感染性疾患に罹患している牛をドナーとして使用してもよい．

  b．臁部を切開する外科的移植が一般的に行われている．

  c．体格が異なるため黒毛和種の胚をホルスタイン種に移植してはならない．

  d．移植器に外鞘を装着せずに胚移植を行った場合，腟内の微生物等が移植器とともに子宮内に持ち込まれ，受胎率が低下する．

  e．凍結胚を移植する際には必ず凍害防止剤を希釈除去しなければならない．

問 3．牛の過剰排卵処置および回収胚の保存法について正しい記述はどれか．

  a．ホルモン投与は，ドナーの発情周期に関係なく開始しても移植可能胚採取個数に影響しない．

  b．eCG の 1 回投与が広く用いられている．

  c．FSH を数日間漸増投与する方法が一般的である．

  d．ガラス化保存法は特殊な機械を必要としないため簡便であり，広く普及している．

  e．緩慢凍結法による凍結保存では保存液は氷晶を形成しているが，冷却過程で細胞内脱水が起こるため，細胞内はガラス化されている．

第13章　雌の繁殖障害

一般目標：無発情あるいは異常発情により交配ができない，あるいは交配しても受胎に至らない不妊症を症状と原因により分類し，その類症鑑別法および対策の概要を説明できる.

　繁殖が一時的または永続的に停止あるいは障害されている状態を繁殖障害という. また，生殖器の異常および疾患により受精の成立が妨げられている状態を不妊症とし，受精が成立しても胚〜胎子が死滅あるいは流産して成育しない状態を不育症として区別する場合がある. 臨床的には，受精卵の着床障害および胚の早期死滅を診断することは困難であるため，これらは不受精と同様に取り扱われ広義の不妊症とされる.

13-1　生殖器の器質的異常による不受胎の診断法および対策

　到達目標：生殖器の先天性および後天性器質的異常による不受胎の診断法および対策を説明できる.
　キーワード：染色体異常，フリーマーチン，間性，半陰陽，中腎傍管の部分的形成不全，ホワイトヘイファー病，中腎傍管の隔壁遺残，肉柱，腟弁遺残，犬の腟過形成

1. 生殖器の先天性器質的異常

1）牛の染色体異常

【症　状】

　不妊症や習慣性流産を示す.

【原　因】

　染色体に異常のある精子あるいは卵子が受精すること，あるいは受精卵の分割の時に染色体の分離異常が起きることにより，胎子の染色体異常が起きる.

　染色体異常は，数的異常と構造的異常に分けられ，前者には倍数性（2倍体，3倍体等），異数性（モノソミー，トリソミー）があり，後者には転座（染色体の一部が同一染色体の別の部位へあるいは他の染色体へ接合したもの，あるいは，非相同染色体間で染色体が接合した場合がある），欠失，ギャップ，重複，逆位，モザイク（同一の受精卵あるいは個体由来で，構成の異なる染色体が，同一個体内に混在した状態），キメラ（異なる個体由来の異なる構成の染色体が同一個体内に混在した状態）が含まれる. 雌の繁殖障害の原因となる染色体異常は，転座（1/29，受胎率の低下），キメラ（フリーマーチン，下記参照），モザイク（生殖器異常，不妊），トリソミー（不妊の未経産雌牛），逆位（受胎率低下），性染色体異常（牛XY性腺発育不全症，不妊の雌未経産牛）が知られている.

【診　断】

　染色体検査を行う.

【対　策】

　予後不良のため治療法はない.

2）フリーマーチン

【症　状】

　牛で異性多胎の場合，雌胎子の約92〜93％は絶対不妊となる. 卵精巣が存在する，子宮・子宮頸・

腟の発達が悪い，腟の長さが 1/2 以下となる，陰核肥大，長い房状の陰毛，腟狭窄等の徴候が認められる．

【原　因】

胎子期において血流の交流により，性染色体がキメラ（XX/XY）となる．雄由来 Y 染色体上 Sry による雄性化が原因となる．

【診　断】

試験管の腟への挿入により腟の長さを測定する．直腸検査による未発達生殖器の触診，染色体検査および PCR 法による Y 染色体由来雄特異的バンドの検出を行う．

【対　策】

予後不良．

3）間　性

間性とは，遺伝的性，生殖腺の性および表現型の性が一致せず，両性の特徴を併せもつ状態をいう．

【症　状】

不妊症を示す．

真性半陰陽：両生殖巣または卵精巣が存在する場合をいう（性染色体キメラやモザイクによる）．

仮性半陰陽：

　雄性仮性半陰陽：外見上は雌に似るが精巣をもつもの．馬，豚，無角の山羊でみられる．

　雌性仮性半陰陽：外見上は雄に似るが卵巣をもつもの．

【原　因】

半陰陽，副生殖腺の異常，性腺の発生異常およびフリーマーチンからなる．

【診　断】

症状から診断する．

【対　策】

予後不良．

4）犬の間性

【症　状】

ほとんどの場合，陰核の肥大を特徴とする．不妊症となる．卵精巣が存在する（真性半陰陽）．

【原　因】

不明．

【診　断】

症状から診断する．

【対　策】

突出した陰核の切除を行う．性腺を摘除する．

5）中腎傍管の部分的形成不全

牛と豚でみられ，卵管形成不全，卵管間膜嚢胞およびホワイトヘイファー病からなる．

【症　状】

卵管形成不全：一側性の卵管形成不全，卵管の重複および部分的形成不全を認める．

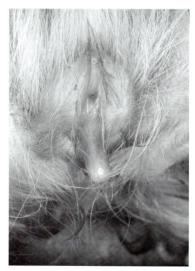

図 13-1　犬の間性（陰核肥大）（筒井敏彦，獣医繁殖学第 4 版，文永堂出版，2012 年より引用）

卵管間膜嚢胞：豚でよくみられ，卵管間膜に直径約1cmの嚢胞がみられる．

ホワイトヘイファー病：卵管，子宮，子宮頸管，腟などの管状生殖器の部分的形成不全となるが，卵巣は正常に形成される．牛で無発情となる．腟狭窄が認められる．

【原　因】

先天性である．

【診　断】

症状より診断する．

【対　策】

卵管に通過障害がない限り受胎に影響ない（豚の卵管間膜嚢胞）．

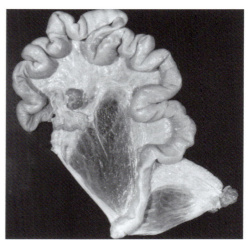

図 13-2　ホワイトヘイファー病：豚の単角子宮（右子宮角欠損）（写真提供：横木勇逸氏）（獣医繁殖学第4版, 文永堂出版, 2012年より引用）

6）犬の肉柱および腟弁遺残

【症　状】

腟内に肉柱あるいは腟弁が遺残し，交尾の妨げとなる．

【原　因】

先天性である．

【診　断】

交尾時に明らかとなる．腟検査で確認する．

【対　策】

交尾の障害となる遺残物を切除することで問題は解決する．

7）その他

その他，先天異常であるが，無発情，異常発情あるいは不妊症を示さないものとして，中腎傍管の隔壁遺残がある．症状は，重複外子宮口，肉柱（対策として切除する），腟弁遺残（対策として無孔の場合は切開，有孔の場合は無処置），先天性陰門狭窄および先天性腟狭窄である．先天性陰門狭窄と腟狭窄は受胎可能であるが難産の原因となる．

2．生殖器の後天性器質的異常

1）後天性陰門狭窄

【症　状】

分娩時に胎子通過障害を起こし，難産となる．

【原　因】

栄養不良や慢性疾患による発育不良（未経産畜），分娩時の陰門裂傷による瘢痕形成（経産畜）が原因となる．

【診　断】

症状より診断する．

【対　策】

分娩時に粘滑剤を用いて助産する．手指で陰門を拡張する．陰門会陰側切開術を行う．

2）後天性腟狭窄

【症　状】

分娩時に胎子通過障害を起こし，難産となる．

【原　因】

分娩時の腟損傷や重度腟炎の治癒後に瘢痕収縮が起こることによる．骨盤腔内の腫瘍によることもある．

【診　断】

症状より診断する．

【対　策】

分娩時に粘滑剤を用いて助産する．重度の場合は帝王切開術を行う．

3）腟囊胞

【症　状】

ガルトナー管（腟腹側の粘膜下子宮腟部から外尿道口頭側まで1対走行している）に分泌液が貯留し，胡桃大〜小児頭大となり腟壁から突出する．

【原　因】

中腎管（ウォルフ管）の遺残物であるガルトナー管に分泌液が貯留することによる．

【診　断】

症状より診断する．

【対　策】

囊胞壁を切開し，内容を排泄する．

4）尿　腟

排尿された尿が逆流し，腟深部に貯留し留まる状態を尿腟という．牛および馬でみられる．

【症　状】

腟検査で腟深部に尿の貯留がみられる．腟炎，子宮頸管炎あるいは子宮内膜炎を継発することがある．

【原　因】

子宮間膜，腟壁等生殖器の結合組織が弛緩して子宮と腟が下垂・沈下することによる．栄養不良・老齢が原因となる．

【診　断】

症状より診断する．

【対　策】

継発がない場合は，交配直前に生理食塩水などで腟洗浄を行うことにより受胎可能となる．子宮頸管炎や子宮内膜炎を継発している場合は，それらの治療を行う．尿道延長術，腟底防壁形成術等を行うとともに子宮頸管炎や子宮内膜炎を治療することにより受胎可能となる．

5）気　腟

腟に空気が出入りする状態を気腟という．貝吹けともいう．

【症　状】

排尿，排糞，運動時に独特の排気および吸気音を発生する．腟炎，子宮頸管炎および子宮内膜炎を継発し，不妊となる．

【原　因】

陰門の閉鎖不全が原因である．分娩時の裂傷後に起こる陰唇並列異常および老齢に伴う肛門陥没などによる陰門位置の水平化による．

【診　断】

症状より診断する．

【対　策】

子宮洗浄を行った後陰門閉鎖手術あるいは陰門矯正手術を行うことにより妊娠可能となる．陰唇の重度損傷や老齢あるいは先天性の場合多くは予後不良である．

6）子宮頸管狭窄

成熟雌畜の発情期に子宮頸管が開放されず狭窄している状態を子宮頸管狭窄あるいは頸管狭窄という．

【症　状】

発情期に人工授精を行う際に注入器の頸管〜子宮への挿入が困難となる．

【原　因】

分娩時に子宮頸に裂傷を受けた後に発生する瘢痕収縮あるいは重度頸管炎の瘢痕収縮が原因となる．また，牛において，精液注入器や頸管拡張棒の粗暴な挿入による子宮頸管の損傷が原因となる．

【診　断】

症状から診断する．

【対　策】

牛において，軽度狭窄の場合子宮頸管拡張棒を用いて頸管を拡張した後人工授精を行う．拡張困難な場合は，頸管深部に精液を注入することにより受胎することがある．重度狭窄の場合は処置の方法がない．牛および馬の頸管狭窄による難産の場合は，手指で頸管を徐々に拡張することにより助産するが，拡張できない場合は帝王切開を行う．

7）卵管閉塞

【症　状】

卵管腔が閉塞する．片側性では受胎可能であるが，両側性では不妊となる．

【原　因】

先天的には中腎傍管の部分的形成不全により起こる．後天的には卵管炎，卵巣炎および腹膜炎から継発する．

【診　断】

症状から診断する．

【対　策】

有効な治療法はないが，卵管通気試験の実施で治癒する可能性がある．

8）卵管采，卵管漏斗，卵巣嚢の卵巣との癒着

【症　状】

卵管采,卵管漏斗または卵巣嚢と卵巣との間に癒着を生じる．線維素性糸状物の析出,部分的癒着（軽度），あるいは広範囲の癒着（重度）が起きる．重度の場合，卵子の通過障害や排卵障害が起き，両側性で不妊症となる．

【原　因】

卵巣・卵管の粗暴な触診，黄体除去，卵巣嚢腫の破砕あるいは嚢腫様黄体の破砕による卵巣の損傷と出血が原因となる．卵管炎や卵巣周囲炎を継発する．

【診　断】

重度の場合は直腸検査で診断可能である．直腸検査においては，癒着の範囲および程度が増すに従い卵巣の輪郭が不明瞭となり，卵巣辺縁の不規則な膨隆が触知される．また，卵巣の可動性が失われる．

【対　策】

適切な治療法がなく，両側性の場合は予後不良である．

9）犬の腟過形成

【症　状】

発情前期および発情期に，外陰部より腟壁が脱出する．発情の終了とともに自然退縮し，発情の発現ごとに再発する．ボクサーに多発する．突出には，腟壁全体が突出するドーナツ型と腟下壁の一部が突出するドーム型があり，これらは交尾を妨げる．また，脱出した腟壁が損傷し，腟炎を継発する．

【原　因】

発情前期および発情期に分泌されるエストロジェンの作用による．

【診　断】

症状から診断する．発情期に発生するので，それ以外の時期に発生する腫瘍と類症鑑別する．

【対　策】

人工授精を行う，あるいは腟脱部を整復した後自然交配する．腟が脱出している期間中，絹糸を陰門部周囲皮下に埋没し，陰唇の腹壁側で結ぶことにより，腟入り口を狭くし，腟の脱出を防ぐ．発情の終了とともに腟脱が退縮したら抜糸する．

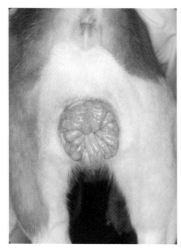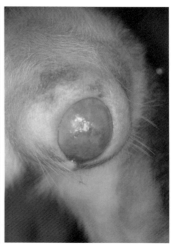

図13-3　犬の腟脱（左：ドーナツ型，右：ドーム型）（筒井敏彦，獣医繁殖学第4版，文永堂出版，2012より引用）

10）牛の線維乳頭腫

【症　状】

外部生殖器の伝播性腫瘍で通常1～6か月で自然消失する．難産の原因となることがある．

11）馬の黒色腫

【症　状】

馬の外陰部，肛門，会陰等に発生する．特に高齢の芦毛馬に多発する（発生率80～100%）．

【対　策】

有効な治療法はないが，シメチジンにより退縮・消失することがある．

12）牛の顆粒膜細胞腫

【症　状】

通常良性であるが，ステロイドホルモン分泌異常により不妊症となる．多くの場合一側性に発生し，

卵巣は腫大し，石灰化と液体の貯留が認められる．エストロジェン産生性の場合，初期に発情が持続する．次いで無発情となり，雄性化がみられる例もある．プロジェステロンおよびテストステロン産生性の場合は，無発情となる．非罹患側の卵巣は静止・萎縮する．

【診　断】
症状および直腸検査により，直径10 cm以上の囊腫様構造物を触知した場合，本症を疑う．

【対　策】
一側性でステロイドホルモン非産生性の場合は妊娠可能である．罹患側の卵巣摘出により受胎可能となる場合がある．

13）馬の顆粒膜卵胞膜細胞腫

【症　状】
持続性発情あるいは無発情を示し，不妊となる．テストステロン産生により行動が雄性化し，種雄馬に似た行動により攻撃的となる．

13-2　生殖器の機能的異常による不受胎の診断法と対策

到達目標：生殖器の機能的異常による不受胎の診断法および対策を説明できる．
キーワード：卵胞発育障害，卵胞囊腫，黄体囊腫，鈍性発情，短発情，持続性発情，無発情排卵，無排卵性発情，排卵遅延，黄体形成不全，囊腫様黄体，黄体遺残

1．卵胞発育障害

本症は卵巣発育不全，卵巣静止および卵巣萎縮の3種類の疾患に分類される．

【症　状】

ⅰ．卵巣発育不全

性成熟の時期に達した後も発情を示さず，卵巣が正常な大きさに発達しておらず卵胞も黄体も形成されない．

ⅱ．卵巣静止

性成熟に達すべき体重または時期を過ぎた後もあるいは牛では分娩後40日を過ぎた後でも発情がみられず，排卵活動が開始しない．卵巣において卵胞が発育しない，あるいは発育するが成熟・排卵に至らず閉鎖する．

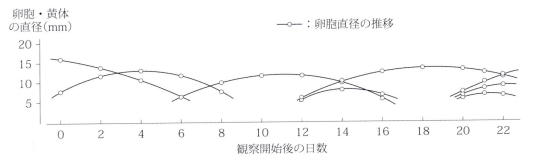

図13-4　未経産牛の卵巣静止の1例における卵巣の変化（加茂前秀夫，獣医繁殖学第4版，文永堂出版，2012より引用）

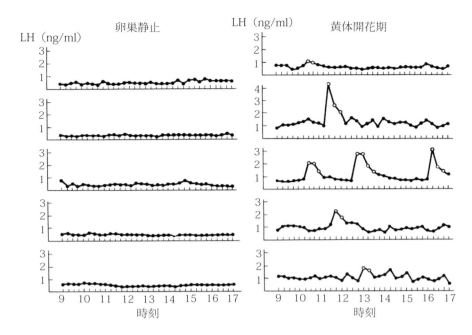

図 13-5 卵巣静止（左）および黄体開花期（右）の牛における血中 LH 濃度の推移（加茂前秀夫，獣医繁殖学第 4 版，文永堂出版，2012 より引用）

iii．卵巣萎縮

正常に発育して機能を正常に営んでいた卵巣が萎縮，硬結した状態となり，卵胞も黄体も形成されず無発情を示す．

【原　因】

LH パルスの不足による．エネルギー不足等が原因となる．

【診　断】

性成熟の時期に達しているか否かを調べた後，無発情であることを確認する．ついで，直腸検査により卵巣の状態を調べる．

【対　策】

　i．飼料給与の改善

健康状態の不良が原因である場合は飼料給与の改善などによる健康の回復を図る．

　ii．ホルモン剤の使用

　a．牛

① eCG 500 〜 1,000 単位と hCG 500 〜 1,000 単位の併用投与．

② eCG 750 〜 1,000 単位，hCG 1,000 〜 1,500 単位，GnRH 類似体（酢酸フェルチレリン 100 〜 200 μg あるいはブセレリン 10 〜 20 μg），あるいは豚 FSH 製剤 10 〜 20 AU の単回投与．

③未経産牛で，酢酸フェルチレリン 200 μg 投与後 6 日目に eCG 500 IU を投与．

④卵巣静止の場合，プロジェステロン徐放剤を腟内に 12 日間挿入後抜去することにより発情誘起する．

　b．馬

① hCG 1,500 〜 3,000 IU の 1 〜 2 回投与．

② eCG 500 〜 2,000 IU の単回投与.
③豚 FSH 製剤 20 〜 50 AU の投与.
　c．豚
① eCG 1,000 〜 2,000 IU 単独投与.
② eCG 1,000 〜 2,000 IU とエストラジオール 400 µg を併用投与.
③ eCG 500 IU と hCG 500 IU の同時投与.
④ eCG 1,000 IU 投与後 72 〜 96 時間で GnRH 類縁体 200 µg 投与.
⑤ eCG 1,000 IU 投与後 72 〜 96 時間で hCG 500 IU 投与.

2．牛の卵巣嚢腫

牛における卵巣嚢腫は卵胞嚢腫および黄体嚢腫の 2 種類に分類される．

【症　状】

卵胞嚢腫：卵胞が排卵することなく成熟卵胞の大きさを超えて異常に大きくなり，長く存続する状態をいう．持続性発情あるいは無発情を示す．

黄体嚢腫：卵胞が排卵することなく正常範囲を超えて異常に大きくなり，壁が部分的に黄体化し，長く存続する状態で，通常無発情を示す．

【原　因】

卵胞嚢腫，黄体嚢腫，ともに LH サージの欠如あるいは不足を原因とする．

【診　断】

発情の異常を確認し，直腸検査により直径 25 mm を超える卵胞が長期にわたり存続することを調べる．超音波検査〔嚢腫卵胞の壁の肥厚（黄体化）〕，血中プロジェステロン濃度測定（1 ng/ml を超える濃度）は卵胞嚢腫と黄体嚢腫の類症鑑別に有効である．また，直径 100 mm を超える卵胞は顆粒膜細胞腫の可能性が高い．

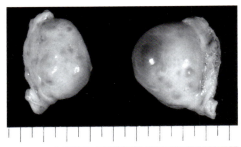
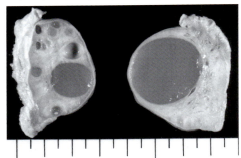

図 13-6　牛の卵巣嚢腫
　左卵巣には閉鎖退行中の嚢腫および右卵巣には嚢腫卵胞がみられる．上の写真は外観，下の写真は割面を示す．
（加茂前秀夫，獣医繁殖学第 4 版，文永堂出版，2012 より引用）

【対　策】

① hCG 3,000 〜 5,000 IU 単回投与.
②酢酸フェルチレリン（GnRH 類縁体）100 〜 200 µg 単回投与.
③ブセレリン（GnRH 類縁体）10 〜 20 µg 単回投与.
④豚 FSH 製剤 20 〜 40 AU 単回投与.
⑤プロジェステロン剤 50 〜 100 mg/ 日，14 日間投与.
⑥持続性プロジェステロン剤 750 〜 1,000 mg を単回投与.
⑦プロジェステロン放出腟内留置製剤（CIDR あるいは PRID）の 12 〜 18 日間処置.
⑧ $PGF_{2\alpha}$ の投与（黄体嚢腫）
　予後は早期に治療されるほど良好である．

116　　第 13 章　雌の繁殖障害

3. 豚の卵巣嚢腫

豚の卵巣嚢腫は，単胞性嚢腫，多胞性大型嚢腫および多胞性小型嚢腫に分類される．

【症　状】

正常で，卵胞は直径 8 ～ 12 mm で排卵し，その直後は出血体となる．次いで黄体が形成され成熟卵胞と同程度の大きさとなる．

単胞性嚢腫：必ずしも不妊にならない．直径 20 ～ 30 mm の大型の嚢腫化卵胞が 1 ～ 2 個黄体と共存する．

多胞性大型嚢腫：最も一般的にみられ，不妊症となる．陰核が肥大し（60%），発情周期が不規則となり，種々の長さの無発情を示す．発情徴候は正常より強く発現するが，持続時間は正常と同程度である．直径 20 ～ 100 mm の大型の嚢腫卵胞が一側の卵巣に 5 ～ 6 個存在し，出血体もみられる．

多胞性小型嚢腫：まれにみられる．発情周期が不規則になり，発情徴候は正常より強く発現するが，多胞性大型嚢腫と異なり陰核の肥大はみられない．直径 10 mm の小型嚢腫卵胞が一側の卵巣に 22 ～ 23 個と多数存在するが，嚢腫卵胞壁は黄体化せず，顆粒層細胞に覆われる．

【原　因】

無排卵が原因と考えられる．

【診　断】

大型の経産豚では直腸検査および直腸を介した超音波検査により診断可能である．未経産豚の大型嚢腫の場合は腟検査により外子宮口の異常な開大を確認する．また腹壁からの経皮的超音波画像検査も行われる．

【対　策】

① hCG 6,000 ～ 30,000 IU の投与．

② 酢酸フェルチレリン 200 μg の 1 回投与．

③ 酢酸フェルチレリン 200 μg の 1 回投与で反応がみられない場合は 7 ～ 10 日間隔で 2 ～ 3 回投与．

4. 無発情

【症　状】

性成熟後あるいは分娩後生理的卵巣休止期間をすぎても卵巣活動が正常に行われず発情を示さない．

【原　因】

卵巣静止，卵胞発育障害および卵巣嚢腫による．

【診　断】

妊娠診断により妊娠陰性を確認した後，原因である卵巣疾患を診断する．

【対　策】

原因である卵巣疾患の治療を行う．

5. 鈍性発情

【症　状】

卵胞の発育，成熟，排卵，黄体形成および退行（卵巣周期）は正常に営まれるが，卵胞の発育・成熟の時期に発情が発現しない（この場合の排卵を無発情排卵とよぶ）．

【原　因】

不明であるが，内分泌異常，発情発現に関する神経の感受性閾値の上昇および心理的要因が考えられる．

第 13 章　雌の繁殖障害　　117

【診　断】

　牛においては，性成熟後あるいは分娩後の卵巣活動開始後第 3 回目以降の排卵時に発情徴候を示さない場合に鈍性発情と診断する．牛・馬・豚において，妊娠診断により妊娠陰性を確認した後，直腸検査と超音波画像検査により卵巣周期の把握をし，発情発現の有無と照合する．初回検査時に黄体が認められない場合は，7 ～ 14 日後に再検査し，黄体の形成を確認することにより卵巣活動を把握する．再検査で黄体形成がない場合は卵巣静止を疑う．黄体遺残および発情の見逃しとの鑑別に注意する．

【対　策】

①黄体期（排卵後 5 日目以降）に PGF$_{2\alpha}$を筋肉内 1 回投与し，発情を誘起する．牛では，ジノプロスト 12 ～ 30 mg あるいはクロプロステノール 500 µg，馬ではジノプロスト 3 ～ 6 mg を筋肉内に投与する．

②牛では，排卵後 2 日目以降にヨード剤（ルゴール液，ポピドンヨード液）10 ～ 20 ml を子宮内注入する．6 ～ 11 日後に発情が発現する．

③牛では，プロジェステロン放出腟内留置製剤を一定期間腟内に挿入した後抜去すると数日後に発情が誘起される．

④馬では，温めた生理食塩水 250 ～ 500 ml で子宮洗浄することにより，2 ～ 4 日後に発情が誘起される．

6. 短発情

【症　状】

　卵巣周期は正常であるにもかかわらず，発情持続時間が短い．授精適期を逃すため，不妊と同様になる．

【原　因】

　不明である．

【診　断】

　発情観察を頻繁に行う．

【対　策】

　治療法はないが，発情発見補助器具の使用により発情を発見し，排卵前に交配（授精）を行う．

7. 持続性発情

【症　状】

　発情が異常に長く持続する．

　牛で，正常な発情持続時間は平均で 18 時間であるが，本症では 3 ～ 5 日間持続する．

　馬では，繁殖季節の初めに起こることが多く，正常な発情持続時間である平均 5.5 日を超えて 10 ～ 20 日以上持続する．

【原　因】

①卵胞が長期にわたり存続する．

②卵胞の発育と閉鎖を繰り返す．

③卵胞嚢腫．

【診　断】

　発情観察を行い発情持続時間を調べる．卵巣検査により卵胞あるいは卵胞嚢腫の存在を確認する．

【対　策】

①牛，馬において，成熟卵胞の存在を確認したうえで hCG 1,500 ～ 3,000 IU あるいは GnRH 類縁体（酢酸フェルチレリン 100 ～ 200 µg あるいはブセレリン 10 ～ 20 µg）を投与し，排卵を誘発する．投与後，

118   第 13 章　雌の繁殖障害

12 〜 18 時間後に人工授精する.
②豚 FSH 製剤 10 〜 20 AU 投与する.

8. 無排卵性発情（正常様発情），無排卵

【症　状】

発情が発現するが，卵胞が閉鎖退行（消失），閉鎖黄体化あるいは嚢腫化（存続）する．閉鎖黄体化卵胞は 12 〜 18 日間存続して退行する.

【原　因】

LH サージの欠如.

【診　断】

発情の観察を行うとともに，直腸検査と超音波画像検査により排卵しないこと（卵胞の閉鎖退行，閉鎖黄体化あるいは嚢腫化）を確認する.

【対　策】

持続性発情と同様の治療を行う.

9. 排卵遅延

【症　状】

発情開始から排卵までの間に長時間を要する.

【原　因】

不明.

【診　断】

発情観察と直腸検査あるいは超音波画像検査により排卵が遅延したことを確認する．牛で，発情開始後 42 時間以降に排卵した場合，馬で，発情終了後に排卵した場合（正常では発情終了前 1.5 日に排卵），および豚で，発情開始後 42 時間以降に排卵した場合，本症と診断する.

【対　策】

持続性発情の治療に準じる.

10. 牛の黄体形成不全

排卵後に形成される黄体組織の発育が不十分なものを黄体形成不全といい，牛にみられる．プロジェステロンの分泌不足が起こり，血中プロジェステロン濃度が低い．発育不全黄体と嚢腫様黄体に分類される.

1）発育不全黄体

【症　状】

黄体が発育不良で小さく，プロジェステロン分泌能が不十分である．寿命が短いため，短い発情周期を示す.

【原　因】

FSH および LH 分泌不足，形成された黄体の LH レセプター不足によりプロジェステロン分泌不足となる．また，$PGF_{2\alpha}$ の過剰あるいは早期産生が原因として考えられる.

【診　断】

黄体が最大となる時期に小さい黄体（長径 18 mm 未満）を触知することにより診断する．発情周期の短縮を確認する．血中プロジェステロン濃度の低下を調べる.

【対　策】

次回発情時あるいは排卵後に hCG 2,000 ～ 3,000 IU 投与する.

2）囊腫様黄体

【症　状】

黄体開花期においてもなお黄体に内腔（直径 10 mm 以上）が存在し，中に内容液が貯留している. このような黄体は排卵後に形成され通常通り退行するので，発情周期はほぼ正常である.

【原　因】

不明であるが，LH 不足が原因と推定される.

【診　断】

直腸検査で，黄体の波動感および冠状突起を確認する. 超音波検査で明瞭なエコージェニック領域（黄体組織）およびエコーフリー領域の描出，排卵のあったことを確認し（黄体の存在で確認してもよい），冠状突起を確認することにより卵巣囊腫（排卵しない，冠状突起がない）との類症鑑別を行う.

【対　策】

交配後 5 ～ 10 日における囊腫様黄体内容液の排除（卵巣注射器による吸引あるいは直腸を介した圧迫排除）が有効であるとの報告がある.

11．黄体遺残

【症　状】

妊娠していないにもかかわらず黄体が長く機能を持続して存続する. 無発情を示す. 牛に多発し，馬でもみられる. 豚の無発情の原因として推測されている.

【原　因】

子宮内膜による PGF_{2a} 産生または放出の阻害が原因と考えられる. 牛で胎子ミイラ変性あるいは膿や粘液の子宮内貯留（子宮蓄膿症）により起こる.

【診　断】

牛と豚で，無発情であることを確認し，直腸検査を繰り返して黄体が長く存続することを確かめる. また，胎子ミイラ変性および子宮蓄膿症の診断を行う. 妊娠初期（通常の妊娠診断）および鈍性発情（1 ～ 2 週間の間隔をおいて 2 ～ 3 回検査をする，あるいは血中プロジェステロン濃度を測定することにより発情周期の異常な延長を確認する）との類症鑑別を行う.

【対　策】

ⅰ．牛

ジノプロスト 12 ～ 30 mg，あるいはクロプロステノール 500 μg を筋肉内投与する. また，黄体と同側の子宮角深部へジノプロスト 6 mg 注入，あるいは黄体の存在する卵巣実質内へジノプロスト 2 mg を注射することで黄体が退行し，数日内に発情・排卵が起こる.

ⅱ．馬

ジノプロスト 2 ～ 5 mg を皮下あるいは筋肉内注射する. 大部分が発情誘起され，その半数が交配で受胎する.

ⅲ．豚

長期間無発情を示した例で，eCG 投与が無効であった場合，ジノプロスト 5 mg の単独筋肉内投与，あるいは同様にジノプロスト投与 3 ～ 4 日後に eCG 1,000 IU の追加筋肉内投与により発情が誘起され受胎可能となる.

120 第13章 雌の繁殖障害

12. 胚死滅

受精により発生を開始した胚が死滅する現象で，黄体の寿命が延長しない早期胚死滅と発情周期が延長する後期胚死滅に分類される．

【症　状】

早期胚死滅では，妊娠認識機構が作動する前に胚が死滅する．後期胚死滅では，妊娠認識が成立した後に胚が死滅するので黄体退行が阻止され通常発情期の延長として現れる．牛では，胚が 11 〜 13 日齢以前に死滅すれば発情周期が延長しないが，それ以降であれば延長する．馬では妊娠 14 〜 40 日頃に，羊では妊娠 18 日以前に起こりやすい．

【原　因】

牛では，黄体の形成不全や機能不全，子宮内膜の炎症と損傷あるいは暑熱環境が原因となる．牛と馬で，受精直後の低栄養と初期発生時の高タンパク質が原因となる．豚と羊では，交配前の高栄養は排卵率が上昇するが，交配後の高栄養飼料給与により胚死滅が多発する．豚で，夏〜秋における交配では胚死滅による受胎率低下と産子数低下が起きる．

【診　断】

診断は困難であるが，直腸検査等を行い，発情周期の延長を確認する．発情見逃し等他の疾患による発情周期の延長と類症鑑別を行う．

【対　策】

①飼養管理の不良の場合は，その改善を行う．
②牛で，子宮の炎症が疑われる場合は，$PGF_{2\alpha}$ の投与による発情誘起，子宮洗浄あるいは子宮内薬液注入を行う．
③牛で，黄体形成や機能不全が疑われる場合は，発情 5 日目 hCG 1,500 〜 3,000 IU を投与，あるいは発情の 13 日目頃に GnRH 100 〜 200 μg 投与を行う．
④豚で，子宮内への抗菌薬注入，持続性プロジェステロンを妊娠期に投与する．

13-3　生殖器への非定型感染とその結果生じる炎症による不受胎の診断法と対策

到達目標：生殖器への非定型的感染とその結果生じる炎症による不受胎の診断法および対策を説明できる．

キーワード：腟炎，子宮頸管炎，子宮内膜炎，子宮蓄膿症，子宮筋炎，子宮外膜炎，卵管炎，卵巣炎

1. 腟　炎

【症　状】

膿瘍物の陰門からの漏出がみられ，陰部，尾根部，臀部等に付着する．腟検査では，腟粘膜の充血，腫脹，膿瘍分泌物や線維素の付着が認められる．

【原　因】

原発性では，腟の創傷，分娩に伴う感染，非衛生的な腟検査や人工授精等により起こる．継発性では，胎盤停滞，子宮内膜炎，子宮頸管炎から継発する．

【診　断】

症状の確認および腟検査により診断する．

【対　策】

刺激性の低い消毒液や生理食塩水 2 〜 4 L で腟洗浄する．数日間隔で数回反復洗浄する．洗浄後抗

菌薬等を腟内投与あるいは塗布する．単純性腟炎の場合，予後は良好である．

2．子宮頸管炎

【症　状】

　牛と馬に多発する．膿瘍物の陰門からの漏出がみられ，腟検査では，外子宮口および子宮腟部は充血・腫脹し，しばしばうっ血・腫大した頸管皺襞が外子宮口より反転露出する．また，膿様浸出液が外子宮口より漏出する．

【原　因】

　子宮内膜炎に併発し，難産・胎盤停滞・流産・腟炎に継発する．また，消毒不良の器具の挿入による人為的な頸管炎が起こる．子宮内膜炎を併発しない軽度の頸管炎（約半数）は不妊症とならない．

【診　断】

　症状の確認と腟検査により行う．子宮内膜炎の併発を診断するために，診断的子宮洗浄を行う．

【対　策】

　子宮内膜炎や腟炎が併発している場合はこれらの治療を行うことにより，頸管炎も治癒する．ヨード剤,抗菌薬等を子宮と頸管へ注入する.尿腟や気腟に継発して起きている場合はこれらの治療も行う.牛・馬共に予後は一般に良好である．

3．子宮内膜炎

【症　状】

　ⅰ．滲出性子宮内膜炎

　外子宮口からの異常滲出物を伴う場合をいう．子宮腟部と外子宮口粘膜が充血・うっ血する．

　カタール性子宮内膜炎：外子宮口から硝子様滲出物あるいは灰白色絮状物を漏出する．

　化膿性子宮内膜炎：外子宮口から膿汁を漏出する．

　ⅱ．潜在性子宮内膜炎

　外子宮口からの浸出液を伴わない．子宮腟部と外子宮口の充血・うっ血は認められない．

【原　因】

　細菌感染による．交尾，人工授精等人為的な原因，難産，産褥期における自然感染が原因となり，経腟感染する．黄体初期にプロジェステロンの細菌感染に対する防御能低下作用により細菌感染を起こしやすい．刺激性の強い薬液の子宮内投与によっても起こる．

【診　断】

　人工授精後の不受胎により本症を疑い，腟検査，直腸検査，診断的子宮洗浄を行う．発情期における頸管粘液のpHが6.5より高いので，頸管粘液のpHを測定する．診断的子宮洗浄の回収液について，ギムザ染色により炎症性細胞の存在を確認する．あわせて細菌学的検査を行い，感受性抗菌薬を選択する．子宮内膜のバイオプシーを行い，組織学的検査を行う．直腸検査において，子宮の膨満や子宮壁の菲薄化あるいは肥厚を触知する．臨床的には腟における滲出物の存在により滲出性子宮内膜炎を診断する．滲出物が認められない場合でも子宮内膜炎を否定できないことに注意する（潜在性子宮内膜炎）．

【対　策】

①ポピドンヨード剤の子宮内投与を行う．黄体初期および開花期に注入すると6〜11日後に発情が誘起される．

②滅菌生理食塩水による子宮洗浄を行った後，ヨード剤・抗菌薬等を子宮内注入する方法もある．

③機能黄体を有する罹患牛にプロスタグランジン$F_{2\alpha}$を投与し，発情を誘起することにより高エストロ

ジェン濃度による子宮の感染防御機構を活性化する.

④予後は一般に良好であるが，経過が長く子宮内膜の器質的異常がある場合は不良である.

4. 子宮蓄膿症

【症　状】

子宮腔に膿汁が貯留し，黄体遺残により無発情を示す.腟検査において外子宮口は緊縮閉鎖するが子宮腟部あるいは外子宮口の粘膜は充血・うっ血・腫脹する.

直腸検査において，黄体を触知し，子宮は左右対称性に膨満して下垂し，収縮性を欠く.子宮は波動性を示し，子宮壁は菲薄となる.

【診　断】

無発情であることを確認する.直腸検査で子宮の左右対称性膨満と遺残黄体の確認を行う.子宮粘液症あるいは子宮水症との類症鑑別をする目的で，妊娠診断を行い妊娠陰性であることを確認した後，診断的子宮洗浄を行いその回収液を調べる，あるいは超音波検査により子宮内貯留液がエコージェニックの場合は子宮蓄膿症，エコーフリーの場合は子宮粘液症あるいは子宮水症と診断する.診断が困難な場合は，7〜14日後に再検査し，妊娠であれば妊娠ステージが進行するが，子宮蓄膿症の場合はそのような所見が認められないのでこれにより鑑別する.

【対　策】

$PGF_{2\alpha}$の投与により黄体を退行させ，排膿する.子宮洗浄の後，ヨード剤や抗菌薬等の子宮内投与を行う方法に$PGF_{2\alpha}$の投与を併用する.発情周期が正常に復した後，2〜3回正常発情周期の間交配を休止する.予後は早期治療により良好である.経過が長い場合は子宮内膜が変性し，脱落，線維化を起こし，受胎できない場合がある.

5. 子宮筋炎

子宮の炎症が子宮内膜のみならず子宮筋層まで及ぶ状態を子宮筋炎という.

【症　状】

子宮壁が部分的に肥厚・硬化する.子宮壁に膿瘍を形成する.

【原　因】

重度の子宮内膜炎や，難産・子宮壁損傷・停滞した胎盤の粗暴な除去等子宮壁の穿孔等から継発する.

【診　断】

直腸検査で子宮壁の肥厚・硬結を確認する.

【対　策】

抗菌薬の全身投与を行う.炎症が広範囲に及ぶ場合は予後不良である.

6. 子宮外膜炎

子宮外膜に炎症が起こった場合をいう.牛でしばしばみられる.

【症　状】

急性期には腹膜炎様症状を示し，食欲不振，排糞，排尿時における疼痛による背弯姿勢を示す.呼吸および脈拍上昇，直腸検査による子宮の触診で疼痛を示す.線維素の子宮外膜における軽度増生から，広範囲で強固に癒着するものまで種々病勢が異なる.

【原　因】

子宮筋炎から継発する.子宮洗浄管や人工授精注入器による子宮穿孔等，あるいは直腸検査時における直腸壁の穿孔等により起こる.

【診　断】

　直腸検査で子宮の硬結と疼痛を確認する．また，背弯姿勢を確認する．

【対　策】

　抗菌薬の全身投与を行う．軽度癒着は直腸を介して用手剥離する．癒着が広範囲で強固な場合は妊娠する可能性は低い．

7．卵管炎

【症　状】

　急性期で，卵管壁の肥厚と管腔への浸出液の貯留，慢性期で卵管の硬化がみられる．

【原　因】

　牛で，化膿性子宮内膜炎から継発する．

【診　断】

　軽症で臨床診断は困難である．重度で直腸検査による診断が可能である．

【対　策】

　軽症の場合は，子宮内膜炎や子宮蓄膿症の治療により治癒する．慢性で卵管が狭窄・閉塞した場合は予後不良である．

8．卵巣炎，卵巣癒着

　卵巣実質の炎症を卵巣炎という．

【症　状】

　初期には卵胞の発育・成熟および発情発現するが，卵巣癒着により癒着部位で排卵が阻害され，卵胞は閉鎖黄体化あるいは嚢腫化する．慢性化により卵巣実質が線維化し，卵巣機能が停止して無発情となる．

【原　因】

　嚢腫卵胞等の破砕や粗暴な卵巣触診による出血と炎症に起因する．子宮内膜炎・卵管炎・子宮筋炎・腹膜炎等から波及することもある．

【診　断】

　直腸検査で，卵巣の腫大（初期），触診による疼痛を確認する．癒着が進行すると，卵巣の表面輪郭不明瞭，卵巣可動性の喪失が認められる．なお，病変が明らかな場合を除き診断は困難である．

【対　策】

　適切な治療法はないが，片側性で受胎可能である．両側性では予後不良である．

13-4　飼養管理の不良など人為的要因による不受胎の診断法と対策

　到達目標：飼養管理の不良など人為的要因による不受胎の診断法と対策を説明できる．

　キーワード：栄養管理，ストレス

1．栄養管理

　栄養の不足は，性成熟の遅延，卵巣活動の停止による無発情，受胎率の低下，鈍性発情の原因となる．一方，栄養過多による肥満は，内分泌異常，胚死滅，難産および受胎率の低下の原因となる．

1）性成熟の開始時期における栄養

　育成期の栄養不足は性成熟の時期を遅延させ，高栄養は性成熟を早める．

124 第13章 雌の繁殖障害

2) 性成熟到達後における栄養

軽度の栄養不足では発情周期の延長や微弱, 胚死滅の増加がみられ, 重度の栄養不足では, LH サージの欠如, LH パルス状分泌の低下, FSH 分泌の低下が起こり, 卵胞嚢腫, 卵巣静止および卵巣萎縮の原因となる.

3) 妊娠および泌乳期における栄養

乳牛では, 分娩後のエネルギー不足が血中インスリン様増殖因子 -I（IGF-I）を低下させ, これによって卵巣活動が抑制される. また, 分娩後, 泌乳開始による体重あるいはボディーコンディションスコア（BCS）の減少が大きいほど発情回帰および受胎時期の遅れが生じる. 分娩後約 1〜2 か月で乳牛は泌乳のピークを迎え, 母体は負のエネルギーバランスとなる. 負のエネルギー状態を原始卵胞が過ごすと卵胞の発育初期に必要なインスリン様成長因子 IGF-I が不足する結果, 原始卵胞がその後成熟・排卵する約 60〜80 日後, 排卵した卵子は受精能力が低く, また, 排卵後に形成される黄体の機能が低下する. そのため, 負のエネルギーバランスを経験した乳牛は, 分娩後約 4 か月頃に受胎性が低下する.

4) タンパク質の不足と過剰

粗タンパク質摂取量の不足は, 肝臓の GH レセプター発現低下を介して繁殖機能低下の原因となる. 豚と羊で, 受精・初期発生時の高タンパク質飼料給与は胚死滅の原因となる. 過剰なタンパク質摂取（粗タンパク質 > 19%）は低受胎に繋がる.

5) ミネラルおよび微量栄養素の不足

（1）リン欠乏

通常タンパク質欠乏とビタミン A 欠乏を伴う. 牛と羊で性成熟の遅延, 無発情, 鈍性発情等の原因となる. 一般症状は, 栄養失調, 被毛粗剛, 食欲減退である.

（2）銅欠乏

飼料中の銅含量の不足による直接的欠乏と, モリブデン等他の微量元素の過剰含有による銅の吸収阻害が原因となる間接的欠乏がある. 一般症状は貧血, 発育不良, 下痢, 被毛粗剛である.

（3）コバルト欠乏

コバルトの欠乏によりビタミン B_{12}（シアノコバラミン）が欠乏する. 発情周期異常, 発情徴候消失, 受胎率低下の原因となる.

（4）マンガン

牧草の石灰岩量が多い場合マンガン欠乏となる. 糖新生, ステロイドホルモン産生, 抗酸化作用に関連する酵素に必要とされる元素で, 牛では, 欠乏により性成熟の遅延, 卵胞発育不全, 排卵遅延, 発情行動抑制, 受胎率低下等が引き起こされる.

（5）ヨウ素欠乏と抗甲状腺物質

ヨウ素欠乏地域においてヨウ素欠乏が発生する. ヨウ素欠乏は, 甲状腺からのチロキシン分泌が低下することを介して発症する. 牛では, 性欲減退, 発情行動抑制, 不受胎, 胚死滅等の原因となる. 一般症状は, 甲状腺腫, 代謝異常による削痩および発育不全である. チリメンキャベツ, レンズ豆等を未経産牛が放牧中に大量摂取すると, 甲状腺機能障害による無発情の原因となる.

（6）植物エストロジェン

牛で, エストロジェン様物質を含むマメ科植物（サブテラニアンクローバー等）の摂取により受胎率低下や, 大量摂取による外陰部の腫脹, 子宮の腫脹および卵胞嚢腫が引き起こされ, 無発情を示す. 羊では, 子宮内膜嚢胞性変化による不妊症等の原因となる.

第 13 章　雌の繁殖障害　　125

（7）ビタミン A および β カロテン欠乏

ビタミン A 欠乏症は乾燥あるいは荒廃した地域に発生しやすい．ビタミン A 欠乏は，性成熟の遅延，受胎率の低下，流産等の原因となる．一般症状は，夜盲症，流涙，食欲減退，下痢である．β カロテン（ビタミン A 合成の前駆物質）はコーンサイレージ主体の飼料給与で不足しやすい．β カロテン欠乏（ビタミン A は充足）は，卵胞期の延長，排卵遅延，無発情排卵，卵胞嚢腫，プロジェステロン産生低下，胚死滅増加，受胎率の低下の原因となる．

（8）セレニウムとビタミン E 欠乏

両者共に筋肉の細胞膜脂質の酸化を防止するため，これらの欠乏により白筋症（牛，馬，豚，羊，家禽）が発症する．セレニウム欠乏地帯で起こる．セレニウム欠乏は，胎盤停滞，子宮修復遅延，子宮炎，卵巣嚢腫，受精障害を引き起こす．ビタミン E 欠乏は，胚死滅および免疫系の抑制が起こるため分娩後の子宮修復が遅延する．

6）マイコトキシン中毒

トウモロコシ，トウモロコシサイレージ，穀類等の飼料がマイコトキシンに汚染される．マイコトキシンは，肝臓等の障害と免疫系の抑制により，性成熟の遅延，受胎性の低下，胎子の発育異常を引き起こす．

（1）アフラトキシン

肝障害を強く発症し，泌乳量と排卵率の低下を引き起こす．

ゼアラレノン：エストロジェン様作用を示す．豚で，リピートブリーディング，外陰部と子宮の腫大，乳房の発育，無発情産子数の減少，胚死滅，腟脱，偽妊娠，妊娠中の発情徴候発現等を引き起こす．

デオキシニバレノールとニバレノール：豚で，食欲低下，嘔吐による体重減少を介して間接的に繁殖成績低下を引き起こす．

（2）エルゴットアルカロイド

プロラクチン分泌を抑制する．豚，牛，馬等において乳量減少と無乳症を引き起こす．これにより新生子の生存率と発育が低下する．羊では，妊娠後期に摂取すると分娩率の低下が起こる．豚では，新生子の体重低下が起きる．

【診　断】

① BCS から栄養状態を推定する．

②分娩後の体重減少（BCS の低下）から分娩後の繁殖障害の原因を推定する．

③飼料中粗タンパク質濃度を分析する．

④リン欠乏で，血中リン濃度を測定する．正常で 4 ～ 7 mg/dl であり，4 mg/dl 以下の時リン欠乏と診断する．

⑤銅欠乏で，血中あるいは肝臓中の銅濃度を測定する．0.07 mg/dl 未満で銅欠乏と診断する．

⑥コバルト欠乏で，肝臓中のコバルトあるいはビタミン B_{12} 濃度を測定する．

⑦セレニウム欠乏で，肝臓中あるいは血中セレニウム濃度を測定する．

【対　策】

ⅰ．牛

過肥の場合は，制限給餌と強制運動による減量の後，栄養水準を高める．乳牛では，泌乳末期から乾乳期にかけて飼料給与を調節し，BCS が 3.25 ～ 3.75 の範囲で分娩を迎えられるようにする．リン欠乏の場合は，リン酸カルシウムを投与する（リンとカルシウムの割合を 1：1 とする）．銅欠乏の場合

126 第 13 章 雌の繁殖障害

は銅補給を行い，症状の改善があれば予後良好である．β カロテン欠乏では β カロテンを給与することにより，胎盤停滞と子宮炎が改善される．セレニウム欠乏では，セレニウムの補給により初回授精受胎率が上昇し，流産が減少する．ただし，セレニウム過剰症に注意する．

ii．馬

非繁殖季節から繁殖期への移行期に栄養水準を高めることにより体重が増加し始めるようにする．分娩後初回発情あるいは 1 か月以内に交配する場合は，分娩前数週間から高エネルギー飼料を給与する．

iii．豚と羊

一時的な高栄養は排卵率を上昇させるが，交配後においては，高エネルギー摂取が胚の生存性低下の原因となる．

iv．牛と羊

ビタミン A 欠乏では，青草を給与する．一般症状が改善され，流産率，死産率が低下する．

v．豚

ゼアラレノン中毒では飼料中のゼアラレノンを除去する．

2．飼育環境からのストレス

【原　因】

暑熱，輸送，過密，騒音，寒冷，疲労，焦燥，緊張，群内での社会的序列の変化，疼痛，消耗性疾患．

【症　状】

ストレスが視床下部からの副腎皮質刺激ホルモン放出ホルモン（CRH）を分泌させる．CRH は下垂体からの副腎皮質ホルモン刺激ホルモン（ACTH）分泌を促し，次いで副腎皮質から副腎皮質ホルモンが分泌される．これらのホルモンが GnRH および LH の分泌を抑制し，繁殖機能低下を引き起こす．牛で，GnRH に対する下垂体 LH 反応性の低下，LH パルス状分泌抑制，主席卵胞のエストロジェン分泌低下，LH サージ発現時期の遅延とピークの低下，排卵遅延が起こる．羊で，輸送によるバソプレッシン上昇と CRH 分泌が起こり，エストロジェン産生低下と LH 分泌抑制が起こる．

【診　断】

問診および一般臨床検査等により原因を特定する．

【対　策】

原因を除去する．乳牛では，牛舎構造，環境温度と湿度を改善する．夏季においては暑熱対策を施す．

13-5　発情発見，精液の取扱いおよび授精技術の不良および失宜による不受胎の診断法と対策

到達目標：発情発見，精液の取扱いおよび授精技術の不良および失宜による不受胎の診断法と対策を説明できる．

キーワード：発情の見逃し，精液取扱いの失宜，授精技術の失宜

1．発情の見逃し

発情の見逃しは，授精の機会を逸するため，妊娠率が低下する．牛においては，繁殖成績は受胎率よりも発情発見率に依存している．

【診　断】

問診を行い発情行動観察方法を精査する．また，生殖器検査により卵巣活動を把握し，発情発現の有無と比較することにより，発情の見逃しであるか，無発情であるか，鈍性発情であるかを鑑別する．
①発情行動を正しく把握していない場合，発情徴候についての知識の不足がないかを確認する．

②飼育頭数の過多がないかを確認する.

③発情行動観察方法が不適切ではないか確認する（観察時間が短い, 観察回数が少ない）.

④発情持続時間の短縮と発情徴候の強度低下がないかを生殖器検査等を用いて確認する.

【対　策】

①烙印, 首輪, 耳標を利用した個体識別法の改善をはかり, 発情発見率を上昇させる.

②発情観察の実施方法の改善を図る. 1日2回, 1回30分間観察を励行する.

③テールペインティング（十字部から仙骨と臀部にマーキングを施し, 被乗駕による消失を確認する）, ヒートマウントディテクター（色素を入れた容器を尾根部に設置し, 被乗駕による破損が起きて変色することを確認する）および歩数計測器（発情による活動量増加を検出する）等発情発見補助器具の使用により, 発情発見率を上昇させる.

④精管結紮やエプロンを施した試情雌の使用により発情発見を容易にする. 試情は, 羊と馬で交配適期の判断に使用される. 牛では, チンボール（乗駕により雌牛を着色する）を装着した試情雄を使用する.

⑤牛では, $PGF_{2\alpha}$の投与, ヨード剤の子宮内投与により, また, 牛, 羊, 山羊で, プロジェステロン放出腟内留置製剤を使用して, 発情の人為的誘起を行い, 短期間に集中して誘起された発情を観察することにより発情発見率を向上させる.

⑥排卵を同期化し, 発情発見を行わずに設定された時刻に人工授精を行う. これにより発情観察を省略できるだけでなく, 全ての個体に人工授精を実施可能となる.

⑦発情行動に関する正しい知識の普及をはかる. 発情の徴候は動物種によって異なる点があるので, 対象動物の特徴をよく把握しておくことが重要である. 牛においては, スタンディング（乗駕許容）が発情期に限定して認められる行動であること, 性行動は15〜20分間隔で発現するため発情行動の観察は少なくとも20〜30分間は行わなければならないこと等を正しく理解し, 当該動物の管理者（観察者）に伝える.

⑧観察者の発情発見の訓練により受胎率向上を図る.

2. 精液取扱いの失宜

【原　因】

　融解温度, 融解後の温度管理, 衛生的な扱い, 種雄牛の個体間違い等により人工授精後の受胎率が低下する.

【診　断】

　問診, 精液取扱操作の観察等により判断する.

【対　策】

　正しい扱い方の普及を図る. 牛凍結精液の融解は, 35℃にて40秒行う. 融解後子宮へ注入するまでの間における精液の温度低下を防止する.

3. 授精技術の失宜

1）発情適期を正しく把握できない

　発情適期を正しく把握していないことによる交配時期の不適により黄体期に精液を注入し, 子宮内膜炎を誘発する.

【原　因】

　排卵時期の推定が不正確な場合（Ⓐ）, および交配適期が正確に診断された場合（Ⓑ）でも人為的要因により授精ができない場合がある.

128   第13章　雌の繁殖障害

【診　断】

　問診および生殖器の検査により授精した時期が適切であったかを調べる.

【対　策】

　【原因】の⒜の場合，飼育者の正確な発情発見と獣医師による生殖器の精査を行う．⒝の場合は，飼育者と交配実施者との連絡を密接にとり適期に交配（人工授精）できるようにする.

　　2）精液の注入技術の失宜

　生殖器の損傷（子宮の貫通，膣内細菌の汚染を子宮へ運ぶ，等）を引き起こす.

【原　因】

　無理な注入器の生殖器への挿入による.

【診　断】

　問診，生殖器の検査により生殖器損傷により起こる頸管炎，子宮内膜炎，子宮筋炎，子宮外膜炎等を診断する.

【対　策】

　授精適期の正しい鑑定を行う．無理な注入器の生殖器への挿入を避ける．また，注入器具の消毒，外陰部の消毒など，衛生的な注入操作を励行する.

演習問題

問1．牛の無発情の原因として正しい疾患を選べ.

　　a．黄体遺残

　　b．無排卵

　　c．排卵遅延

　　d．頸管狭窄

　　e．陰門狭窄

問2．ホルスタイン種経産牛において，分娩後数か月経過後，発情が来ない，という稟告を受け，直腸検査により生殖器を検査したところ，子宮が左右対称に膨満している，子宮壁が収縮性を欠き弛緩している，胎子と胎膜は触知されない，という所見を得た．また，子宮内容物の超音波画像では吹雪状貯留物が認められた．卵巣を触診すると，どのような所見が得られるか，以下から最も適切な記述を選べ.

　　a．嚢腫卵胞が触知される.

　　b．卵胞も黄体も触知されない.

　　c．正常な卵胞のみ触知される.

　　d．退行黄体が触知される.

　　e．遺残黄体が触知される.

問3．畜主よりホルスタイン種乳牛が分娩後60日以降に人工授精を繰り返し実施するが受胎しないとの稟告を受けた．直腸検査では子宮に硬結感は触知されず，また，膣鏡により膣検査を行ったところ，膿汁が外子宮口より漏出する所見が得られた．この症状がみられる疾患で最も適切なものを選べ.

　　a．卵胞嚢腫

　　b．黄体嚢腫

　　c．子宮粘液症

d. 子宮内膜炎

　　e. 子宮外膜炎

問 4. 牛において，「発情が来ない」との禀告を受けた. 考えられる原因として，以下の項目から正しくないものを選べ.

　　a. 妊娠

　　b. 性成熟前

　　c. 分娩直後

　　d. 子宮蓄膿症

　　e. 潜在性子宮内膜炎

第 14 章　妊娠期の異常

> 一般目標：妊娠期に見られる母体および胎子の異常について概要を説明できる．また，動物に見られる流産を原因および発生時期により分類し，類症鑑別と予防を含めた対策の概要を説明できる．

　妊娠期の異常は母体によるもの，胎盤によるもの，胎子によるものに分類することができるが，流産・胎子死の原因を特定することは困難な場合も少なくない．正確な診断と適切な対応を講じるためには異常を早期に発見し，排出された流産胎子や胎盤が新鮮なうちに各種検査に供すること，そしてその発生時期と発生頭数を把握することが重要である．また，妊娠個体および同居個体の検査，さらに場合によっては精液を供給した雄個体や飼養環境の調査も必要である．本章では流死産および早産の定義，および代表的な動物における各種の感染性流産および非感染性流産について概説する．

14-1　母体および胎盤の異常

　到達目標：妊娠期にみられる母体および胎盤の異常および早産を説明できる．また，腟脱，子宮捻転，子宮ヘルニア等の異常を診断し，整復する方法を説明できる．

　キーワード：流産，早産，死産，腟脱，子宮捻転，子宮ヘルニア，胎膜水腫

1. 流産，早産，死産の定義

　流産，早産，死産は生産現場において混同して用いられることがしばしばあるが，獣医師としてはこれら 3 つの用語を適切に使い分けるべきである．

①流産：胎子が母体外で生存能力を備える前に娩出されること．

②早産：胎子が母体外で生存能力を備える段階に達する時期*以降，しかし妊娠満期に達する前に娩出されること．適切な処置により新生子の発育は可能である．

③死産：胎子が母体外で生存能力を備える段階に達した時期以降に死んで娩出されること．娩出時に生きていてもすぐに死亡した場合は生後直死とよび，死産とは区別する．

2. 腟　脱

　腟部や子宮頸部の脱出を腟脱（vaginal prolapse）という．反芻動物や豚においてみられる．

【発生時期】

　通常，妊娠後期に発生．時として分娩後に発生することもある．

【原　因】

　前回分娩時の腟の損傷，腟周囲組織の重度の脂肪沈着，弛緩した陰門，エストロジェン様物質を多く含む飼料の摂取，分娩後の場合は難産後の腟の損傷や感染に伴う重度の努責などが原因となる．

---

*各動物種の妊娠期間の約 9 割を経過した頃であり，牛は 250 〜 260 日，馬は 290 〜 300 日，羊・山羊は約 135 日，犬は約 56 日以降とされている．

第 14 章　妊娠期の異常　　131

【症　状】

　腟壁が陰門から脱出している．軽度では起立時に脱出部が腟内に戻って見えなくなることもある．発生から時間が経過すると脱出部の乾燥，硬化，炎症により努責が強くなる．

【処　置】

　脱出部の粘膜を洗浄，消毒後に腟内に還納，整復する．その後，腟圧定帯を装着する．重度の場合は陰門縫合，巾着縫合，あるいはボタン縫合を行う．

3．子宮捻転

　妊娠子宮が長軸に沿って子宮頸部，体部あるいは角部において左方あるいは右方に捻転した状態を子宮捻転（uterine torsion）という．

【原　因】

　全ての動物種に起こるが特に牛に多い．妊娠末期の妊角の小弯は腹腔内に遊離しており不安定であること，妊角と非妊角との間でアンバランスであること，開口期において子宮収縮の強度と頻度が増すにつれて胎子の動きも大きくなること，子宮頸管が軟化すること，起立時や座る時に後肢のみが伸長する際に子宮の長軸が垂直に近い形になること，などが考えられる．

【症状および診断】

　発生時期および捻転の程度により症状は異なる．発生割合としては左方捻転が多い．

　妊娠 6 〜 8 か月における子宮捻転はまれであるが，子宮体で起こるので腟や外陰部の変化はなく不安や挙動や腹痛，食欲減退などで本症を疑う．直腸検査にて緊張する子宮と捻転方向を示す皺襞の存在により確定診断できる．

　多くは開口期の終わり頃に発生する．この時期の捻転は弛緩して柔軟になった子宮頸管において起こる．開口期において落ち着きがない状態が長く続き，娩出期に移行しない．時間の経過と状態の悪化に伴って頻脈や呼吸速拍が観察され，腹痛，食欲減退，便秘などが認められることがある．子宮捻転が長く続いて胎盤が剥離すると胎子は死亡する．子宮破裂を起こして母牛も死亡することがある．外陰部の視診や腟鏡による外子宮口の視診により捻転の有無や方向を知る．左方捻転では右側の子宮広間膜が子宮の背側に移動し，左側の子宮広間膜が子宮の腹側に回り込む．右方捻転の場合はこれと逆になる．

【処　置】

　大動物の子宮捻転の処置は大きく分けて 4 つの方法からなる．子宮頸管が開き，胎子の頭部など一部に触れることが可能な場合には胎子回転法を，分娩前の捻転の場合や母体が起立できない場合は母体回転法あるいは後肢吊り上げ法による整復を試みる．以上の方法で整復できない場合には開腹術や帝王切開術が適用される．

ⅰ．胎子回転法

　後躯を前駆よりも高くして母牛を起立させた状態で，術者の消毒した腕を腟腔内に挿入し，胎子の鼻や口などを直接保持して捻転方向と逆に押し込みながら捻り戻して整復する方法である．子宮弛緩薬の投与や硬膜外麻酔は整復するうえでの助けとなる．また，破水後にケメラーの胎子捻転器や子宮捻転整復棒を胎子の両前肢（あるいは両後肢）に固定して回転させる方法もある．

ⅱ．母体回転法

　傾斜地において母体を前低後高に横臥させ，左方捻転の場合は左側を下にして側臥位とし，右側腹部に幅 30 cm 程度の板を斜めに置き，その上に人が乗って腹部に圧をかけることで胎子の位置を固定しつつ，ロープで縛った両前肢と両後肢を，後ろから見て右側から左側へと回転させることで母体を回転

させる（図14-1）．1回で整復できない場合は数回繰り返す．術者以外に助手3人以上を必要とする．

iii．後肢吊り上げ法

左方捻転の場合は母牛の左側を上にして側臥位とし，両後肢を縛って吊器に装着し，術者の肩の高さまで吊り上げる．産道より胎子の肢を把持したまま横臥位置まで静かに降ろすことで整復する．

iv．開腹による整復

脇部切開を行い，捻転した子宮を整復する．分娩予定日まで日数がある場合は整復後に経過観察する場合もあるが，分娩経過中の場合や開腹術でも整復できない場合は整復せずに帝王切開により胎子を摘出する．

4．子宮ヘルニア

妊娠子宮の一部または全部がヘルニアの破裂口を通して脱出するものをいう．牛，馬，羊では腹壁ヘルニアが，犬では鼠径ヘルニアとしてみられることが多い．

【発生時期】

牛：妊娠7か月以降

馬：同9か月以降

羊：同4か月以降

【原　因】

交通事故など外部からの大きな物理的圧力が腹部に加わった時，過大胎子や双胎など子宮に過度の重量が加わった際に恥骨前縁腱および腹筋が断裂，分離して妊角子宮が腹腔下に落ちることで発生する．

【症　状】

恥骨前縁から剣状突起にかけての腹部の明瞭な腫大が認められる．腫大部が飛節より下がることもある．胎子が産道を通過することができないために難産となる．

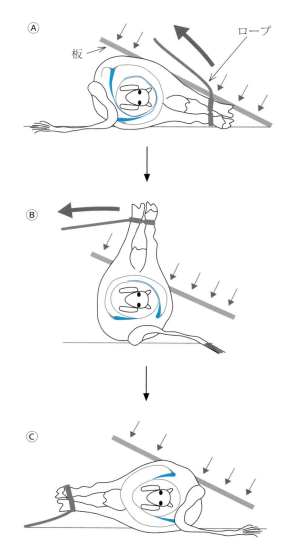

図14-1　母体回転法
青部分：子宮広間膜
A：母体回転前（子宮捻転の状態）
B：母体回転中
C：母体回転後（捻転の消失→治癒）

【処　置】

処置が遅れると胎子のみならず，腸絞扼が原因で母牛も死亡する危険があるため，自然分娩が無理だと判断した段階で帝王切開を行う．

5．胎膜水腫

胎膜腔内に多量の胎水が貯留するものをいう．主として牛において発生する．尿膜水腫と羊膜水腫がある．臨床的には区別されずに胎膜水腫とよばれることが多いが，原因や病態，予後には尿膜水腫と羊膜水腫で相違点がある（表14-1）．

第 14 章　妊娠期の異常　　133

表 14-1　牛の尿膜水腫と羊膜水腫の類症鑑別点

	尿膜水腫	羊膜水腫
胎膜水腫例中の発生割合	90 〜 95%	5 〜 10%
後から見た腹壁の形	円形（林檎様），緊張度高い	下部が膨れる（洋梨様），緊張度低い
胎水の貯留量	80 〜 250 L に達することがある	20 〜 120 L に達することがある
胎子と胎盤の触知	直腸や腹壁からの触知困難	直腸から胎盤の触知可．腹壁からの胎子浮球感をしばしば触知
胎水の色や性質	尿膜水は水様で透明琥珀色	羊水は粘稠性を有し，灰白色半透明，しばしば胎便を含む
胎子所見	異常を認めない	例外なく異常
胎盤所見	絨毛叢が不定形で大小不同，数が異常	尿膜絨毛膜に異常なし
胎水除去後の所見	尿膜穿刺により液体を除去した後の液体充満は急速	羊膜穿刺により液体を除去した後の液体充満は緩徐
腹部膨満の出現速度	5 〜 20 日以内に急速に発達	数週間〜数か月にわたり徐々に発達
継発症	重症例では子宮破裂，腹壁ヘルニア，股関節脱臼	不良な継発症はまれ
当該個体および繁殖性の予後	要注意または不良	良または普通

1）尿膜水腫

【発生時期】

　妊娠後期（最後の 3 か月）に発生する．

【原　因】

　体液の分泌や吸収に関連した胎盤機能の異常により発生すると考えられている．遺伝的要因としてバーター症候群 1 型（BAS1）が知られている．第 10 番染色体に存在する *SLC12A1* 遺伝子の変異によって発症する常染色体劣性の遺伝的不良形質であり，妊娠 5 〜 6 か月の母牛に尿膜水腫を引き起こす．双胎や体外受精，クローン由来胎子では発生リスクが高い．

【症状および診断】

　重症例では母体に食欲低下，起立困難，頻拍，脱水などが現れ，死に至るが，その前に流産して母体が助かることもある．軽症例では分娩予定日まで生存するが，子宮無力症により難産となることが多い．子宮ヘルニアを継発することもある．直腸検査にて液体を貯留した子宮が腹腔の大部分を占めていることを確認できる．胎子は触診できない．

【処　置】

　帝王切開術を行う．その際には尿膜水の除去は少しずつ行い，循環血液量減少性ショックを防ぐ必要がある．胎子娩出後は胎盤停滞や子宮炎の発症率が高い．

2）羊膜水腫

【発生時期】

　妊娠 3 〜 4 か月頃より発生がみられる．

【原　因】

　奇形胎子など，胎子側に原因がある．妊娠中期以降では胎子が羊水を嚥下することで羊水量は調節されているが，嚥下できない胎子の場合，羊水量は少しずつ増加することになる．異常胎子の原因は遺伝性，非遺伝性の両方が考えられる．

134　　第 14 章　妊娠期の異常

【症状および診断】

　母体の後部より牛体周囲の形を観察すると，体の下半分が膨れた，いわゆる洋梨様を呈する．

【処　置】

　軽症例では分娩を待ち，重症例では人工流産処置を行う．予後は尿膜水腫と比較して良好である．

14-2　胎子の死亡および異常

　到達目標：胎子の死亡および異常を説明できる．

　キーワード：先天異常，水頭症，腹水症，水腫胎，気腫胎，胎子ミイラ変性，胎子浸漬

1. 先天異常

　先天異常には機能的異常と形態的異常があり，先天奇形は形態的異常のみを示す概念であり，先天異常の一部として先天奇形が含まれている．機能的異常のみを示す先天異常も存在する．

1）機能的異常のみを示す先天異常

　原因には遺伝的要因と環境的要因が含まれる．

（1）遺伝的要因

　常染色体単一劣性遺伝子をホモで保有した際に先天異常を引き起こす疾患が数多く報告されている．それらの多くは原因遺伝子が特定され，遺伝子診断が可能となっている．牛においては種雄牛のなかに原因遺伝子をヘテロで有する保因個体が存在しており，1/2 の確率で子に疾患遺伝子を伝えるため，交配指導により発症個体の出現を予防することが重要である．牛の疾患として，ホルスタイン種では白血球粘着不全症（bovine leukocyte adhesion deficiency：BLAD），複合脊椎形成不全症（complex vertebral malformation：CVM），単蹄（syndactyly）などが，黒毛和種ではバンド 3 欠損症（band 3 deficiency：B3），第XIII因子欠乏症（factor XIII deficiency：F13），クローディン 16 欠損症（Claudin-16 deficiency：CL16），チェディアック・東症候群（Chediak-Higashi syndrome：CHS），多重性眼球形成異常（multiple ocular defect：MOD），モリブデン補酵素欠損症（molybdopterin cofactor deficiency），IARS 異常症（Isoleucyl-tRNA synthetase：IARS）などが知られている．

（2）環境的要因

　薬物，化学物質，有毒植物，内分泌異常，放射線，感染性病原体，微量元素欠乏，卵子の老化など，様々な要因が催奇形の原因となり得る．

2）先天奇形

　胎子の先天奇形は難産の原因となり得る．整復，摘出が困難な場合には切胎術あるいは帝王切開術を行う．難産の原因となる先天異常を伴う胎子の奇形には，水頭症，水腫胎，気腫胎，反転性裂体，双胎における重複奇形，関節弯曲症，多肢症などがあげられる．

（1）水頭症

　脳室内あるいは脳と硬膜との間に脳脊髄液が多量に貯留する結果，頭蓋骨が腫大した状態を水頭症（hydrocephalus）という．全ての動物種に発生し，犬では小型種に多く観察される．頭蓋骨の菲薄化がある場合には経腟分娩に際して頭蓋骨の圧縮が起こり得るが，産道の通過が困難な場合には帝王切開あるいは頭部を切開して内容液を排出し，容積を減じることで摘出する．

（2）水腫胎

　水腫胎（fetal anasarca）は胎子の皮下組織に重度の水腫を生じる結果，胎子容積が大きくなる．胎膜水腫に併発して（図 14-2），あるいは単独で発生する．腹膜の水腫（腹水症，ascites syndrome）を

合併する場合もある．腹水症は感染性要因や軟骨形成不全のような非感染性要因のいずれも原因となり，胎子が子宮内で死亡して自己融解した際に観察される．

水腫胎は直腸検査により胎子の腫大と体表の波動を触知することによって診断できる．難産の処置は産科刀を用いて胎子体内の液体を排出させて容積を減じさせることで摘出するか切胎術あるいは帝王切開術を行う．

(3) 気腫胎

気腫胎（emphysematous fetus）は全ての動物種にみられる．胎子の死後，腐敗菌（大腸菌やクロストリジウム菌など）が母体子宮内に侵入して腐敗する結果，胎子の皮下や内臓

図 14-2 水腫胎（口絵参照）
皮膚が黄色く染まっていることが多いが，これは排出された胎便に由来するものである．（写真提供：木村 淳氏）

にガスが蓄積して膨化する．母牛は腐敗菌の産生する毒素により発熱や低血圧，心拍数増加などの中毒症状を示す．膣からの悪臭を伴う赤褐色から帯赤灰白色の排出物が認められる．直腸検査では膨満した子宮を触知し，胎子皮下に蓄積したガスによる捻髪音を感じる．

処置として，多量の産道粘滑剤を子宮内に注入して整復する．通常は牽引のみでの娩出は困難であるため切胎術あるいは帝王切開術を行う．この場合，母体および術者への感染に十分に注意する．

(4) 反転性裂体

正中線における腹壁の癒合が妨げられ，腹壁や脊柱が反転，弯曲して胸腔と腹腔が閉じずに内臓が露出するものを反転性裂体（schistosomus reflexus）という．

(5) 双胎における重複奇形

重複奇形（diplopagus）は二重体ともいい，対称性と非対称性がある．対称性の重複奇形は対称性連絡二重体ともいい，体の一部を共有しつつ結合している不完全重複奇形（部分的重複奇形）と，2つの体が完全あるいはほぼ完全に揃いつつ体の一部が結合している完全重複奇形がある．不完全重複奇形には二顔体，二頭体，二殿体，頭胸結合体，二頭二殿体などがあり，完全重複奇形には頭蓋結合体，坐骨結合体，胸結合体，殿結合体などがある．一方，非対称性の重複奇形には非対称性分離二重体と非対称性連絡二重体があり，非対称性分離二重体には正常子と共に娩出される球状の無形無心体などが，非対称性連絡二重体には正常な肢に定数以上の肢が付着する多肢症などがある．

2. 胎子ミイラ変性

胎子死後に腐敗せずに体液を失って萎縮，硬化するものを胎子ミイラ変性（fetal mummification）という．胎子死の原因は様々であり，子宮内は通常無菌である．多くの動物種で観察されるが，多胎の場合は一部のみがミイラ変性を起こし，その他の胎子は正常に出生する例も珍しくない．牛の場合，妊娠中期（3〜8か月）にミイラ化し，黄体が遺残するために発情が回帰せず，分娩予定日を過ぎても分娩徴候が認められないという主訴により発見されることが多い．直腸検査にて波動感を欠いた子宮内に硬い胎子を触知することで診断が可能である．牛への処置はプロスタグランジン $F_{2\alpha}$ 製剤を投与することで通常2〜3日で自然排出される．

136 　　第 14 章　妊娠期の異常

3. 胎子浸漬

　胎子死後に子宮無力症などが原因で子宮外に排出されない状態で軟組織の自己融解や上行性感染による腐敗が起こる結果，濃厚粘稠なクリーム状液と遊離した骨片の集塊が残留するものを胎子浸漬（fetal maceration）という．胎子の骨化開始後，妊娠期のいずれのステージでも発生する．外陰部から悪臭を伴う排出液が観察されることがある．直腸検査により胎子の骨格あるいは骨片が触知される．妊娠黄体が遺残している場合が多く，子宮内容物を排出させるための処置は胎子ミイラ変性の場合と同様であるが，子宮内膜の変性や慢性の子宮内膜炎を併発していることが多く，一般に予後は不良である．

14-3　感染性流産

　　到達目標：代表的な動物において多発する感染性流産の原因となる微生物，感染経路，症状，経過，診断法および予防法について説明できる．

　　キーワード：ブルセラ病，牛カンピロバクター症，レプトスピラ症，リステリア症，馬パラチフス，クラミジア感染症，細菌性子宮内膜炎，アカバネ病，アイノウイルス感染症，牛伝染性鼻気管炎，牛ウイルス性下痢・粘膜病，馬ヘルペスウイルス感染，豚コレラ，日本脳炎，豚エンテロウイルス性脳脊髄炎，豚パルボウイルス感染症，オーエスキー病，豚繁殖・呼吸障害症候群，犬ジステンパー脳脊髄炎，犬ヘルペスウイルス感染症，猫ウイルス性鼻気管炎，猫汎白血球減少症，猫伝染性腹膜炎，猫白血病ウイルス感染症，ネオスポラ症，トリコモナス病，トキソプラズマ病，真菌性流産

　細菌，ウイルス，真菌，原虫などの微生物感染が原因となって起こる流産．発生様式は流行性，散発性ともに認められる．

【診　断】

　検査材料の迅速な採取が診断精度を上げるために必要である．

①交配月日と流産胎子の頭尾長や発毛部位などから胎子死亡時の月齢を推定する．

②流産胎子や胎盤を病理学的検査，微生物学検査に供する．

③流産直後および 3 〜 4 週間後の母体血清を抗体検査に供する．

④確定診断には流産胎子や胎盤からの微生物の分離，同定，あるいは免疫組織化学的検査結果が必要となることもあるが，分離・同定された微生物が流産の直接の原因であることを判定するには慎重を要する．

【予　防】

　不断の衛生管理が不可欠である．

①流産胎子および胎盤を除去して消毒を徹底する．

②流産母牛を牛群から隔離する．

③ワクチンが利用できる場合には定期的な予防接種を実施する．

④同一牛群内における流産の発生状況を正確に記録するとともに周辺や地域における発生状況を把握することで原因特定を早め，被害の拡大リスクを低減することができる．

　流産の原因となる生殖器感染病の一覧を表 14-2 〜表 14-4 に示す．

第 14 章　妊娠期の異常　137

表 14-2　流産の原因となる細菌による生殖器感染病

病名	動物種	病原体	感染経路	流産以外の主な症状	流産の時期	診断	予防
ブルセラ病	牛[*1]	*Brucella abortus*	経口, 粘膜, 皮膚, 交配	不妊症, 胎盤停滞, 精巣炎	妊娠 6 ～ 8 か月	菌分離, 血清反応	摘発淘汰, ワクチン[*3]
	羊[*1]	*B. melitensis*, *B. ovis*	経口, 皮膚, 交配	不妊症	妊娠後半	菌分離, 血清反応	摘発淘汰
	山羊[*1]	*B. melitensis*	経口, 皮膚	不妊症	妊娠後半	菌分離, 血清反応	摘発淘汰
	豚[*1]	*B. suis*	経口, 交配	精巣炎	妊娠 3 ～ 12 週	菌分離, 血清反応	摘発淘汰
	犬	*B. canis*	経口, 接触, 交配	死産, 陰嚢炎, 精巣上体炎	妊娠 45 日以降	菌分離, 血清反応	摘発淘汰
牛カンピロバクター症	牛[*2]	*Campylobacter fetus* subsp. Venerealis subsp. fetus	交配, 経口	不妊症	妊娠 4 ～ 7 か月	菌分離, 腟粘液凝集反応	保菌雄の摘発淘汰, ワクチン[*3]
レプトスピラ症	牛[*2]	*Leptospira borgpetersenii* Serovar Hardjo type Hardjo-bovis など	経口, 粘膜, 皮膚の傷口	死産, 虚弱子牛出産	妊娠 7 か月以降	菌分離, 血清反応	ワクチン
	豚[*2]	*Leptospira interrogans* Serovar Pomona など	経口, 交配	死産, 胎子ミイラ変性	妊娠後期	菌分離, 血清反応	ワクチン[*3]
リステリア症	牛, 羊	*Listeria monocytogenes*	経口, 経鼻		牛：妊娠 6 ～ 8 か月 羊：妊娠 12 週以降	菌分離	変敗サイレージを給与しない
馬パラチフス	馬[*2]	馬パラチフス菌, *Salmonella enterica* subsp. *enterica* serotype Abortusequi	経口	関節炎, 精巣炎	妊娠 6 ～ 9 か月	菌分離, 血清反応	有効なワクチンはない. 摘発淘汰
クラミジア感染症	牛, 羊	*Chlamydophila abortus* *C. pecorum*（牛）	経口, 経鼻, 交配	不妊症	妊娠 7 か月以降	クラミジア検出	ワクチン（羊）[*3]
細菌性子宮内膜炎	犬	*Escherichia coli*, ブドウ球菌, レンサ球菌, *Salmonella choleraesuis*, マイコバクテリウム	経口, 粘膜, 皮膚	不妊症, 死産, 子宮蓄膿症		菌分離	隔離, 消毒, 抗菌薬

[*1] 法定伝染病
[*2] 届出伝染病
[*3] 日本では実施していない.

138 第14章 妊娠期の異常

表14-3 流産の原因となるウイルスによる生殖器感染病

病名	動物種	病原体	感染経路	流産以外の主な症状	流産の時期	診断	予防
アカバネ病	牛[*2]，羊[*2]，山羊[*2]	Akabane virus	吸血昆虫	早産，死産，先天異常	季節性あり，夏〜秋に発生	初乳未摂取子牛の血清反応	ワクチン
アイノウイルス感染症	牛[*2]	Aino virus	吸血昆虫	早産，死産，先天異常	季節性あり，夏〜秋に発生	初乳未摂取子牛の血清反応	ワクチン
牛伝染性鼻気管炎	牛[*2]	Bovine herpesvirus 1	経口，経鼻，接触，交配	膿疱性陰門腟炎	妊娠6〜9か月	ウイルス分離，血清反応	ワクチン
牛ウイルス性下痢・粘膜病	牛[*2]	BVD virus	経口	先天異常	全ての時期	ウイルス分離，ウイルス遺伝子検出，血清反応	ワクチン
馬ヘルペスウイルス感染	馬[*2]	Equine herpesvirus 1, 4	経口，経鼻，接触，交配	呼吸器疾患（子馬，若馬）	妊娠8〜11か月	ウイルス分離，血清反応，蛍光抗体法	ワクチン
豚コレラ	豚[*1]	Hog cholera virus	経口	胚死滅，死産，胎子ミイラ変性，虚弱子，先天異常	全ての時期	ウイルス分離，抗体検査	ワクチン
日本脳炎	豚	Japanese encephalitis virus	コガタアカイエカの吸血	死産，胎子ミイラ変性，胚死滅，不妊症	妊娠3か月まで	ウイルス分離，抗体検査	ワクチン
豚エンテロウイルス性脳脊髄炎	豚	Porcine enterovirus	経口，経鼻	死産，胎子ミイラ変性，胚死滅，不妊症	全ての時期	ウイルス分離，抗体検査	豚群閉鎖管理
豚パルボウイルス感染症	豚	Porcine parvovirus	経口，経鼻	死産，胎子ミイラ変性，胚死滅，不妊症	妊娠70日まで	ウイルス分離，抗体検査	ワクチン
オーエスキー病	豚[*2]	Aujeszky's disease virus	接触	死産，胎子ミイラ変性，虚弱子	全ての時期	ウイルス分離，血清反応	ワクチン
豚繁殖・呼吸障害症候群（PRRS）	豚[*2]	PRRS virus	接触	死産，胎子ミイラ変性，虚弱子	妊娠後期	ウイルス分離，抗体検査	ワクチン
犬ジステンパー脳脊髄炎	犬	Canine distemper virus	接触，経鼻	肺炎，脳炎，下痢		封入体，血清反応	隔離，ワクチン
犬ヘルペスウイルス感染症	犬	Canine herpesvirus 1	接触，経鼻，経胎盤	膿疱性腟炎，死産，下痢		血液検査，ウイルス分離	隔離
猫ウイルス性鼻気管炎	猫	Feline herpesvirus 1	接触，経鼻	鼻炎，気管炎		封入体，血清反応，蛍光抗体	ワクチン
猫汎白血球減少症	猫	Feline panleukopenia virus	接触，経鼻	嘔吐，下痢，死産		臨床症状，血液検査，ウイルス分離，血清反応	隔離，ワクチン
猫伝染性腹膜炎	猫	Feline infectious peritonitis virus	経口，経鼻	嘔吐，下痢，呼吸困難，神経症状，子宮内膜炎		臨床症状，血液検査，ウイルス分離	
猫白血病ウイルス感染症	猫	Feline leukemia virus	接触，経胎盤	下痢，リンパ節腫大，呼吸困難，胎子吸収		蛍光抗体法，酵素抗体法	隔離，淘汰

[*1] 法定伝染病
[*2] 届出伝染病

第 14 章　妊娠期の異常　　139

表 14-4　流産の原因となる原虫と真菌による生殖器感染病

病名	動物種	病原体	感染経路	流産以外の主な症状	流産の時期	診断	予防
ネオスポラ症	牛[*2]	*Neospora caninum*	経口	死産,胎子ミイラ変性,虚弱子	妊娠 3〜8 か月	血清反応,免疫組織化学	犬の接近防止
トリコモナス病	牛[*2]	*Trichomonas foetus*	交配	不妊症	妊娠 1〜4 か月	原虫観察	人工授精
トキソプラズマ病	羊[*2]	*Toxoplasma gondii*	交配	死産,胎子ミイラ変性,虚弱子	全ての時期	原虫観察	衛生管理
	猫[*1]	*T. gondii*	オーシスト汚染土壌	下痢,肺炎,脳炎,死産		原虫観察,血清反応	隔離,消毒
真菌性流産	牛	*Aspergillus fumigatus*, *Absidia ramose* など	経口,経鼻	胎盤炎,生後直死	妊娠 5〜7 か月	真菌観察	カビ飼料の排除

[*1] 人獣共通感染症
[*2] 届出伝染病

14-4　非感染性流産

到達目標：非感染性流産の原因と対策について概要を説明できる.
キーワード：低栄養, 微量元素・ビタミン欠乏, 中毒, 染色体異常, 遺伝的要因, 内分泌異常

　微生物感染以外の原因により引き起こされる流産である. 発生は通常散発的であるが, 原因によっては集団発生することもある.

【原　因】

　多岐にわたるが, 大きく分類すると以下の通りである.

①母体側の異常：低栄養, 微量元素・ビタミン欠乏（マグネシウム, ヨード, ビタミン C などの欠乏）, 腫瘍やアレルギー, 硝酸塩やヒ素などの化学物質や, 有害植物の摂取による中毒, 子宮疾患など.

②胎子側の異常：胎子の染色体異常など遺伝的要因, 胎子奇形, 単胎動物における多胎妊娠, 臍帯巻絡や臍帯過捻転による絞扼臍帯など.

③転倒や腹部の打撲などの物理的ストレスや長時間の輸送などの環境ストレス.

④人為的要因：妊娠個体への人工授精やプロスタグランジン $F_{2\alpha}$ 製剤, 糖質コルチコイド製剤の誤投与. 妊娠診断時の粗暴な胎膜・胎子触診など.

⑤内分泌異常やその他の特発性流産.

【診　断】

　流産胎子や胎盤に明瞭な病変が認められない場合や妊娠初期の流産は見逃されている場合も多く, 正確に診断することは困難である.

①流産が報告された場合においても原因が特定できないことが少なくない.

②母牛の栄養状態や給与飼料の検査, 全身性疾患や子宮疾患などの有無, 流産胎子の異常の有無を確認する.

【予　防】

　流産の原因となり得る要因の除去が基本である.

①適切な日常の飼養管理.

140   第 14 章　妊娠期の異常

②牛舎環境や牛舎構造の点検.

③妊娠牛に対する栄養管理，注意深いハンドリングなど.

演習問題

問 1.　子宮捻転に関して正しい記述は次のうちどれか.

  a.　子宮がその短軸に沿って左方あるいは右方に回転した状態をいう.

  b.　分娩中に発生することが多い.

  c.　臨床症状を示さずに突然死することが多い.

  d.　外陰部所見の異常は認められない.

  e.　後躯を前駆よりも高くすることは禁忌である.

問 2.　牛の胎膜水腫に関して正しい記述は次のうちどれか.

  a.　胎膜水腫の 85 〜 90% を占めるのが羊膜水腫である.

  b.　羊膜水腫は妊娠後期の比較的短期間に急速に水腫が発達する.

  c.　母牛の予後は羊膜水腫の方が尿膜水腫よりも良好である.

  d.　尿膜水腫では例外なく胎子に異常が生じる.

  e.　胎盤の機能不全が原因となるのは羊膜水腫である.

問 3.　重複奇形に分類される組合せを選べ.

  a.　水頭症，無心体

  b.　無心体，多肢症

  c.　反転性裂体，水頭症

  d.　多肢症，反転性裂体

  e.　胎子ミイラ変性，水頭症

問 4.　以下の特徴を示す疾病の病原体は次のうちのどれか.

    国内での発生は認められないものの北米や豪州を含む世界各国において牛の繁殖障害の主要な疾病の 1 つとして位置づけられている．感染種雄牛との交配により早期胚死滅を引き起こし，これが低受胎の原因となる．流産は妊娠初期に多い．免疫を獲得した後には受胎可能である.

  a.　カンピロバクター

  b.　トリコモナス

  c.　ネオスポラ

  d.　ブルセラ

  e.　レプトスピラ

問 5.　妊娠牛への誤投与が原因で流産を起こす薬剤の組合せとして適当なのはどれか.

  a.　アルドステロン

  b.　プロジェステロン

  c.　糖質コルチコイド

  d.　プロスタグランジン $F_{2\alpha}$

  e.　プロラクチン

  ① a，b　② a，e　③ b，c　④ c，d　⑤ d，e

第 15 章　分娩時の異常

一般目標：代表的な動物について分娩の前徴が現れてから分娩終了までにみられる主要な異常の原因と対処法およびその後の繁殖性に及ぼす影響について説明できる.

　分娩に関わる異常は，分娩時に起こる難産のように直接的に母体や新生子の生命や健康を脅かすものだけでなく，分娩時の産道の損傷や分娩後の胎盤停滞などは，その後の母体の健康や繁殖性に影響を及ぼす. そのため，異常を早期に診断し，処置を施すことは，母子の健康や生産性における損失の防止や軽減につながる. 本章では，代表的な動物における難産，分娩時および分娩後の子宮および産道の損傷，胎盤停滞の原因，診断および処置法について概説する.

15-1　難　産

到達目標：難産について原因，診断および処置法について概要を説明できる. また，帝王切開術の適応および術式について説明できる.

キーワード：胎子過大，失位，胎位，胎向，胎勢，奇形，胎子死，双胎，子宮無力症，子宮捻転，ヒップロック，帝王切開術，切胎術

　難産とは，自力では自然分娩できず，助産を必要とする状態をいう. 適期に助産が行われないと，胎子は子宮内で衰弱または死亡し，母体も衰弱する. また，産道の損傷などにより産後疾患の発症につながる. 難産は牛に多く，初産牛で 10 〜 15%，経産牛では 3 〜 5% 程度とされている. 犬における難産発生率は約 5% であるが，広頭犬種や小型で産子数の少ない神経質な犬種で多い. 難産の原因は胎子側と母体側に分けられる.

【胎子側の原因】

ⅰ．母体骨盤腔と胎子の不均衡

　胎子の体重が大きいほど，難産の発生率も高くなる傾向がある. 母体骨盤腔に比べて，胎子が過大な場合を胎子過大という. 牛では胎子の生時体重が 1 kg 増えるごとに，難産の発生も平均 2.4% 増えるとされている. 多胎動物では，一腹の胎子数が少ない場合，胎子過大が起こりやすい. 犬では，正常に出産するための子の体重の上限は母親の体重の 4 〜 5% と考えられている.

ⅱ．胎子の失位

　母体の骨部産道の広さと胎子の最大周径とはほぼ一致しているため，胎子の姿勢が不適切な場合，産道をスムースに通過できない. そのような不適切な姿勢を失位という. 胎子の姿勢は，胎子体幹の母体に対する位置関係を示す「胎位」，「胎向」および胎子の頭部，四肢の位置関係を示す「胎勢」で表す. 胎位には，胎子と母体のそれぞれの長軸が平行である縦位，交差する横位，また，骨盤腔へ胎子頭部が向かう頭位，胎子尾部が向かう尾位などがある. 胎向は，胎子脊椎が子宮のどの面に接しているかを示し，子宮の上面に向かう上胎向，下面に向かう下胎向，側面に向かう側胎向がある. 胎勢は，胎子頭頸部の位置や屈折している四肢の位置を示す. 正常な分娩における正常位は，頭位上胎向で頭と両前肢の屈折がないものと，尾位上胎向で両後肢の屈折がないものである.

ⅲ．胎子の奇形

胎子の奇形により産道の通過が妨げられる場合がある．水頭症，水腫胎，反転性裂体，二重体（重複奇形）などは，難産の原因となる．

ⅳ．胎子死

分娩の経過が長引いた場合など，胎子が死亡することがある．死亡胎子は，脱力により失位を起こしやすく，難産の原因となることがある．また，腐敗菌の汚染により死亡胎子の皮下および内臓にガスが蓄積する気腫胎では，胎子が膨化するため，産道の通過が困難となり難産になる．

ⅴ．双　胎

双胎分娩において，双胎子が同時に産道に進入することで難産となることがある．また，双胎分娩では，分娩時間が長くなるため，第1子娩出後に陣痛微弱を生じ，第2子娩出時に難産となることがある．

【母体側の原因】

ⅰ．骨盤腔の狭小

骨盤腔の狭小による難産は，未経産のものに多く，発育が不十分な段階での交配や授精による妊娠がその原因となる．犬や猫では骨盤骨折治癒後の狭窄なども原因となる．また，分娩前に過肥のものは，産道周囲への脂肪の蓄積によって，産道が狭小となる．

ⅱ．子宮無力症

原発性の子宮無力症は，高齢のもので多く認められる．低カルシウム血症による子宮筋の収縮力低下もこの原因となる．分娩の経過が長引く場合，子宮筋の消耗が起こり，二次的な子宮無力症を生じることがある．

ⅲ．子宮捻転

子宮捻転が起きると，捻転の程度に応じて産道の狭窄がみられる．

【診　断】

牛と犬における難産の診断基準を表15-1に示す．難産の診断では，自然分娩が困難で助産を要する状態であるかの診断と難産を引き起こしている原因の診断が必要である．また，分娩状況に基づき，自然分娩が可能な状態であるか否かを判断する．分娩の経過時間と娩出への進展状況，陣痛の強さとその間隔などが自然分娩可否の主な判断基準となる．助産の方法を決めるうえで，その原因を診断することは重要である．

表 15-1　難産の診断

牛の難産の診断	犬の難産の診断
①分娩の第1期（開口期）が6時間以上経過した後も，明瞭な陣痛や努責などの所見が認められない	①第1破水が認められてから2〜3時間経過しても分娩の徴候がない．
②分娩の第2期（産出期）に入って2〜3時間陣痛が続いているにもかかわらず，胎子の産道内の前進が遅いか，あるいは前進がみられない．	②20〜30分以上強くて持続的な陣痛があるが胎子が産出されない．
③羊膜嚢の一部が外陰部から露出してから2時間以上を経過しても胎子が産出されない．	③4時間以上微弱で不規則な陣痛が持続する．
④第1破水から3〜4時間を経ても胎子の産出が完了しない場合や第1破水から1時間を経過しても足胞が現れない．	④胎子を娩出後2時間以上経過しても次の胎子が娩出されない．
	⑤分娩中の一般状態の悪化や浮腫，ショックなどの中毒症状が認められる．

i．母体骨盤腔・胎子不均衡の診断

母体骨盤腔に対する胎子の相対的な大きさを診断することは，牽引によって摘出が可能かどうかを判定するうえで重要である．牛などの大型の動物の場合，1～2人で15～30分間程度胎子の試験的牽引を行い，胎子の前進がなければ，牽引による摘出は困難であると判定する．犬や猫の場合，X線検査により骨盤および胎子の大きさを測定することで，相対的な不均衡の診断が可能である．

ii．胎子失位の診断

胎子失位による難産では，失位整復のために，「胎位」，「胎向」，「胎勢」を診断し，その異常を把握することが必要となる（図15-1）．

胎位の診断：肢の上方を触診し，上方の関節が蹄底の方向に屈折すれば前肢であり，頭位と診断される．逆に，関節が蹄底と反対の方向に屈折すれば後肢であり，尾位と判定される．産道に四肢が確認され，前肢が2本と後肢が2本の場合は，どちらかの2肢を牽引しながら，他の2肢を推退する．推退が困難な場合は，単胎で，腹位の可能性が高い．

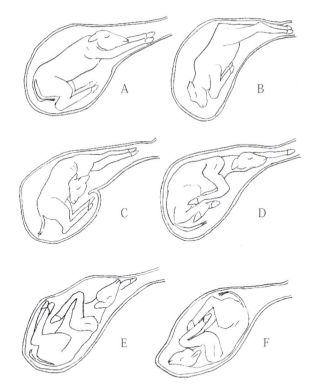

図15-1　牛の胎子失位の例（提供：大澤健司氏）
A：正常位（頭位上胎向），B：正常位（尾位上胎向），C：側頭位，D：頭位上胎向 右肩甲屈折，E：頭位下胎向 左肩甲屈折，F：尾位下胎向 股関節屈折

胎向の診断：前肢か後肢かを確認し，前肢で，蹄底が上を向いていれば，頭位下胎向である．後肢で蹄底が下を向いている場合は，尾位下胎向と診断される．左および右側の側胎向と完全に仰向けの状態の下胎向が失位である．

胎勢の診断：頭位の場合は，骨部産道に頭部が侵入していない頭部の失位が問題となる．また，両側または片側の肩甲屈折および前肢の屈折などが失位となる．尾位では，股関節および後肢の屈折の失位が問題となる．

iii．胎子の生死鑑別

胎子の生死を鑑別することは，助産の方法を決定するうえで重要である．犬・猫においては，超音波検査による生死鑑別が有効である．牛などでは，肢端の内蹄と外蹄を外側に押し広げるようにして疼痛を加え反応の有無を検査する．また，頭位の場合には，眼球の圧迫を行い，さらに，口の中に手を挿入して，吸引力の有無と嚥下反応，舌の後引反応などの有無を調べる．尾位の場合には，肛門に指を挿入し，肛門括約筋の収縮の有無を調べる．さらに，臍帯を指で圧迫し，血管の拍動の有無を検査する．

iv．双胎の診断

産道に四肢が確認される場合，四肢とも前肢か，または後肢であれば，双胎である．前肢が2本と後肢が2本の場合は，どちらかの2肢を牽引しながら，他の2肢を推退する．2肢を容易に推退できる場合は，双胎の可能性が大きい．難産には，双胎のものが比較的多いので，1頭の胎子を摘出した後，さらに他の胎子が子宮内に残っていないかどうか必ず確認する必要がある．

【処　置】

ⅰ．助産の流れ

　分娩経過が長く，難産と診断される場合，まず，産道の確認を行う．子宮捻転による産道の狭窄がある場合には，捻転の整復を試み，困難な場合には帝王切開の適応となる．産道への刺激に対する陣痛の発現がない場合には子宮無力症を疑う．次に，失位の有無を確認し，正常位あるいは失位整復後に胎子が生存している場合には，牽引を試みる．骨盤腔に胎子の腰部が引っかかるヒップロックが起こった場合には，牽引方向などを調整する．失位の整復が困難な場合や牽引分娩が困難な場合，胎子の生死により，帝王切開術または切胎術を行う．

ⅱ．帝王切開術

　帝王切開術とは，難産において経腟分娩が困難な場合，あるいは牽引摘出が胎子に悪影響を及ぼすおそれがある場合に，母体の開腹を行い，子宮を切開して胎子を摘出する方法である．

　帝王切開術には，保定の方法および開腹の部位によって，起立位左腸部切開，起立位右腸部切開，横臥位下腸部切開，仰臥位正中切開および仰臥位傍正中切開法などがある．牛では左腸部切開法，馬では正中切開法，犬および猫では正中切開法が一般的である．犬・猫では，帝王切開が陣痛開始後12時間以内に実施された場合に，母子の予後が良好である．

　牛の起立位帝王切開術の概要は以下の通りである．尾椎硬膜外麻酔，腰椎側神経麻酔，および局所浸潤麻酔を施した後，開腹に先立ち子宮弛緩薬（クレンブテロールなど）を投与して子宮の創口外への引き出しを助ける（図15-2A）．開腹，子宮を挙上して子宮固定鉗子にて把持した後，子宮大弯部を切開する．胎子を摘出，呼吸の蘇生を促す．クッシングの二重縫合やユトレヒト縫合などにより子宮を縫合する（図15-2B）．閉鎖前の子宮内に抗菌薬を投与，縫合後にオキシトシンを筋肉内投与して子宮収縮を促す．定法に従い，閉腹する．

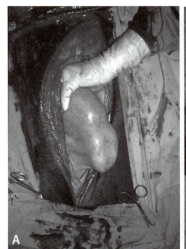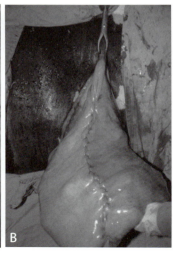

図15-2　牛の起立位帝王切開（口絵参照）（提供：酪農学園大学）
　A：開腹後，子宮壁の上から胎子の肢をつかみ，創口外に引き出したところ．
　B：胎子摘出後，子宮の縫合を終えたところ．

ⅲ．切胎術

　難産において胎子がすでに死亡している場合などでは切胎術を行うことで胎子を速やかに摘出し，母体を救助することがある．切胎術における器具としてショットラーの複鈎，産科チェーン，産科ローブ，線鋸やチゲーゼンの切胎器などが用いられる．切胎術では胎子をいくつかの部位に分けて切除するが，その順序は胎位により異なる．頭位の場合，両前肢，頭頸部，胸部，内臓，腹部，骨盤・後肢の順に，また尾位の場合，両後肢，骨盤部，内臓，腹部，胸部・頭頸部・前肢の順に切除する．産道損傷や併発症がなければ予後は比較的良好である．

第 15 章　分娩時の異常　　145

15-2　分娩時の産道の損傷

到達目標：分娩時の産道の損傷について診断，処置および予防法について概要を説明できる．

キーワード：子宮破裂，子宮頸管・腟の裂傷，外陰部挫傷，会陰裂傷，出血，繁殖成績

　分娩時の産道の損傷は，不適切な難産救助によって起きることが多く，これには子宮破裂，子宮頸管・腟の裂傷，外陰部挫傷および会陰裂傷などがある．

【症　状】

　胎子娩出後の外陰部からの持続的な出血や失血による貧血がみられる．また，分娩後 1 〜 5 日後に沈うつ，食欲不振，発熱，頻脈，第一胃運動静止，腹壁緊張などを示す．

【原　因】

　難産における胎子失位の整復および牽引摘出の際に，胎子の蹄尖部や歯あるいは術者の手や産科器具によって産道に損傷が起こる．子宮破裂は，子宮捻転，難産時の牽引，切胎，気腫胎の娩出により生じることが多い．

【診　断】

　難産救助を行った後は，出血がみられなくても，産道内を触診し，損傷の有無を確認する．子宮破裂では，多くの場合，破裂部位は，子宮背側部である．損傷の程度により，腟および腟前庭粘膜表層の損傷（第一度），外陰部，腟部の全層および会陰体に及ぶ損傷（第二度），外陰部，腟前庭，腟，肛門，会陰体の完全断裂を伴う直腸を含む会陰の裂傷（第三度）に分類される．

【治療および対策】

　子宮破裂などの子宮からの出血は，開腹による止血が必要となる．子宮頸管および腟の裂傷では出血の部位を確認し，可能であれば止血する．補助的に止血剤の全身投与も行う．会陰の裂傷は縫合する．

　子宮破裂では，出血多量または腹膜炎のために予後不良となることが多い．産道の損傷は，産褥熱や子宮炎などを併発した場合，その後の繁殖成績は不良である．また，子宮頸管裂傷では，その後の，閉鎖不全による子宮内の細菌汚染による不妊，頸管内腔の癒着により，発情時や分娩時の拡張不全が問題となる．

　難産時の適切な対応により，人為的な産道の損傷を減らすことが可能である．

15-3　子宮脱

到達目標：分娩時の子宮脱に対する処置法，予防法および予後について説明できる．

キーワード：子宮炎，子宮内膜炎，繁殖成績

　胎子娩出直後に子宮が反転し，陰門外に脱出した状態を子宮脱という．胎子娩出後に緊急性を要する疾患の 1 つである．

【症　状】

　胎子娩出後に子宮の一部または全部が反転して陰門から脱出している（図 15-3）．牛と豚で比較的多くみられ，犬や猫ではまれに発生する．

【原　因】

ⅰ．直接的要因

　胎子娩出後の強度の陣痛の持続などが直接の原因である．

ⅱ．間接的要因

産歴を重ねた経産牛における子宮を支える靱帯や陰門周囲の靱帯の緩み，低カルシウム血症，難産，難産の際の長時間にわたる強い牽引，産道の損傷，胎子娩出後の姿勢異常などが重なった時に脱出が生じやすくなる．

【診断および類症鑑別】

反転脱出した子宮と胎膜および腟壁との鑑別が必要である．牛では，粘膜表面の子宮小丘（母胎盤）を確認することで，その判別は容易である．

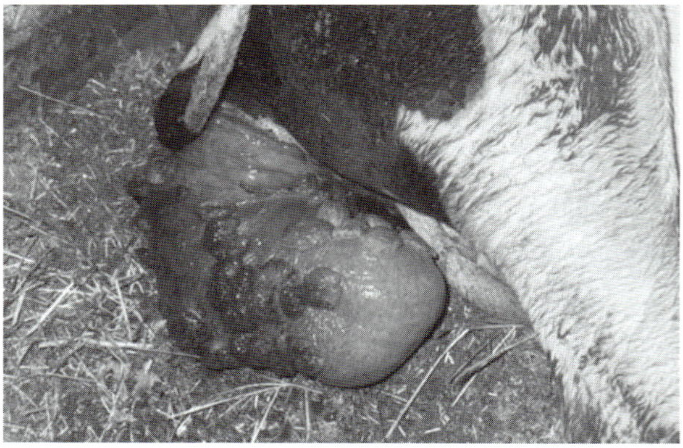

図 15-3　牛の子宮脱（口絵参照）
子宮脱発生から長時間が経過したため，子宮内膜・子宮小丘が乾燥している．　　　　（提供：澤向　豊氏）

【治　療】

脱出した子宮を腹腔内に還納する．

ⅰ．脱出した子宮の汚染や損傷を防止

脱出子宮の表面を滅菌生理食塩液などで十分に洗浄してから，汚染や乾燥を防ぐためにビニールシートなどで覆う．

ⅱ．子宮の整復

強度の怒責が持続している場合，尾椎硬膜外麻酔を施す．子宮全体を少なくとも陰門と同じ高さに保ち，子宮の脱出基部から徐々に整復を行う．起立困難な例では，後躯を吊り上げることが有効なことがある．時間の経過とともに，子宮粘膜面が乾燥・うっ血・浮腫状となり，還納が困難になる場合がある．露出した子宮内膜は脆弱になっている場合があるため，損傷を与えないように注意して整復後，子宮の収縮を促すために，オキシトシン 30 ～ 50 IU を投与する．

【予　後】

早期に発見され，整復されれば，予後は良好である．子宮内膜に損傷が生じた例では，重度の子宮炎を発症し，やがて，慢性の子宮内膜炎に移行することが多く，その後の繁殖成績の低下を招く．

【予　防】

分娩後も陣痛が強い場合には，尾椎硬膜外麻酔とともに，子宮の収縮を促すために，オキシトシン 30 ～ 50 IU を投与する．

15-4　胎盤停滞

到達目標：代表的な動物について胎盤停滞の原因，診断および対処法について説明できる．
キーワード：自然排出，用手剥離，子宮内膜炎，周産期疾病

胎子娩出後，牛では 6 ～ 8 時間，馬では 30 分，豚では 2 ～ 3 時間，犬では 15 分で，胎膜と胎盤が自然排出される．しかし，胎盤の剥離が不十分であったり，後産期の陣痛が微弱である場合に，胎膜と胎盤が排泄されず，胎盤停滞を発症する．

【症　状】

分娩後一定時間以内に胎膜・胎盤が排出されない状態であり，陰門より垂れ下がった胎膜，胎盤が独特の強い腐敗臭を伴う（図 15-4）．犬では暗緑色，猫では茶褐色の腟排出物が持続する．

【原　因】

　原因はまだ明確にはされていない．泌乳量の多い牛，運動不足の牛に発生しやすい．肥満牛症候群，ケトーシス，難産，子宮無力症なども原因としてあげられる．予定日よりも早い分娩あるいは予定日を超過した分娩でも分娩誘起を行った場合に発生率は高くなる．

【診　断】

　通常，胎膜・胎盤は胎子の娩出後，牛では6〜8時間，馬では30分，豚では2〜3時間，犬・猫では15分以内で排出される．牛や犬では，胎子娩出後12時間以内に排出しないものを胎盤停滞と診断する．牛の場合，多くは，胎膜・胎盤の一部が陰門から垂れ下がり診断は容易である．腟内あるいは子宮内に停留していることもあるため，胎膜・胎盤の排出が確認できない場合や独特の強い腐敗臭がある場合には，腟内および子宮内の検査を行う．馬では，胎膜・胎盤の一部が子宮内に残ることがあるため，排出後の胎膜における欠損した部分の有無を確認することが必要である．犬や猫で，腟排出物の持続と腹部触診，X線検査または超音波検査により子宮の部分的な腫大がみられた場合，本症を疑う．

図 15-4　牛の胎盤停滞（口絵参照）
（提供：澤向　豊氏）

【治　療】

　胎盤停滞の治療の目的は，胎盤の排出を促すことと，子宮感染を防ぐことである．全身症状を伴う場合は，その治療もあわせて行う．

ⅰ．胎盤の自然排出あるいは軽度の牽引

　牛では，無処置のまま放置した場合，通常，1〜2週間以内に自然に胎盤が剥離し，全体が自然排出される．陰門から垂れ下がっている胎盤を，手で軽く牽引し，胎盤の剥離を促す方法もあり，数分間試みて，排出されない場合は，1〜2日後に再度行う．いずれの方法も，排出後に，オキシテトラサイクリンなどの抗菌薬を子宮内に投与する．

ⅱ．薬剤の投与による胎盤排出促進

　オキシトシン，エストロジェン，麦角アルカロイド，カルシウム，$PGF_{2\alpha}$などの子宮収縮作用をもつ薬剤を投与することで，胎盤の排出が促されることも報告されている．分娩後数時間以内のオキシトシンやカルシウム剤の投与は予防につながるとする報告もある．

ⅲ．胎盤の用手剥離

　牛では，片方の手を子宮内に挿入し，もう片方の手で陰門外に垂れ下がっている胎盤を軽く引きながら，子宮内の胎子側胎盤を母胎盤（子宮小丘）から1つずつ剥離する方法であるが，近年，子宮の損傷や汚染，胎盤の一部が残ることなどの弊害が大きいことから推奨されない．

　馬では，牛に比べ胎盤の剥離が容易であることから，用手剥離を試みる．子宮内に胎膜が残存した場合，重篤な子宮炎と，それに続く産褥性蹄葉炎を引き起こすため，併せて子宮洗浄を行う．

【予　後】

　全身症状がなく，子宮に収縮反応があれば良好である．しかし，分娩後の卵巣機能の回復や子宮の修復は遅延することが多く，さらに子宮内膜炎に移行する場合も多い．そのため，胎盤停滞牛のその後の

148　　第 15 章　分娩時の異常

繁殖成績は低くなる.

　全身症状や悪露停滞症を伴った場合には, 食欲の回復の遅れなどによる代謝障害などを引き起こすこともある.

【予　防】

　原因として, 過肥, ケトーシスや低カルシウム血症, 難産, 子宮無力症などがあげられているため, 周産期疾病の予防と同様の飼養管理が予防につながると考えられる. また, セレニウム欠乏地帯にあっては, 分娩前にセレニウムやビタミン E を投与することが効果的である.

演習問題

問 1.　難産に関して正しい記述は次のうちどれか.

　a. 難産とは, 自力で自然分娩が困難であり, 助産を必要とする状態である.

　b. 牛では, 何度か分娩を経験した経産牛の方が, 未経産牛に比べ, 難産の発生は多い.

　c. 尾位とは, 胎子尾部から母体骨盤腔へ侵入する胎位であり, 異常胎位として難産の原因となる.

　d. 頭位と尾位との鑑別は, 胎子の頭部の触知の有無によって診断される.

　e. 分娩経過中に胎子死が起こった場合, 胎子の脱力により, 娩出が容易となる.

問 2.　牛の子宮脱に関して正しい記述は次のうちどれか.

　a. 子宮脱の発生は, 分娩後 2 〜 3 日に多い.

　b. 難産を起こした初産牛において, 多くみられる疾患である.

　c. 脱出した子宮は, 汚染や乾燥を防ぐために, 滅菌生理食塩液などで十分に洗浄する.

　d. 脱出直後は, 努責が強く, 子宮の還納が困難であるため, 十分な時間放置してから整復を行う.

　e. 母牛の後躯部を低くする前高後低となる姿勢により, 子宮の整復が容易になる.

問 3.　胎盤停滞に関して正しい記述は次のうちどれか.

　a. 牛の胎盤停滞は, 分娩後 24 時間経過しても胎膜・胎盤が排出されない状態をいう.

　b. 牛の胎盤停滞では, 陰門から垂れ下がった胎盤・胎膜を放置することで, その重みで胎盤の剥離を容易にする.

　c. 胎盤停滞は, 胎盤の剥離不全に起因するため, 子宮収縮薬の投与による排出効果は望めない.

　d. 牛の胎盤停滞では, 自然排出が見込めないため, 用手による除去を試みる.

　e. 馬の胎盤停滞では, 重篤な子宮炎に移行するため, 積極的な胎盤除去および子宮洗浄を行う.

第16章　産褥期の異常

一般目標：代表的な動物について分娩後の産褥期に見られる主要な異常の原因と対処法，さらにその後の繁殖性に及ぼす影響について説明できる．また，新生子に見られる異常の原因と対処法について概要を説明できる．

　産褥期は，分娩後に母体が妊娠前の状態へと回復していく時期であり，代謝および性ホルモンの大きな変動，ストレス，感染源への曝露などが複合的に発生する時期であるため，母体は異常な状態に陥ることがしばしばある．特に，泌乳に多大なエネルギーを消費する乳牛において発生率は顕著に高い．この時期の異常は，子宮修復および卵巣機能の回復の遅延から繁殖性の低下へとつながるため，早期の発見および処置，加えて発生の予防にも着目すべきである．本章では，分娩後に生殖器に起こる異常に加え，分娩および泌乳に関係する代謝性疾患，さらには外界に出た直後の新生子に起こる異常について概説する．

16-1　産褥性子宮炎

　到達目標：産褥性子宮炎の原因，診断および処置法を説明できる．
　キーワード：産褥性子宮炎，細菌感染

　子宮の筋層まで炎症が波及した状態を子宮炎というが，産褥期に発生するものを特に**産褥性子宮炎**（puerperal metritis）という．子宮の損傷部位から全身への**細菌感染**が起こると発熱し，産褥熱（後述）を併発する．牛では分娩後21日以内，馬では7〜10日以内，犬および猫では7日以内に発生する．

【原　因】
　分娩時および産褥期の子宮への細菌感染が直接的な原因であり，主に環境細菌が上行性に侵入することにより発生する．産業動物では，非衛生的な環境で分娩した場合に発生しやすくなる．また，難産，子宮破裂等による子宮壁の損傷や，胎盤停滞，胎膜片，胎子の残留などに継発する細菌の増殖も大きな発生要因となる．間接的には，生体の抗病性の低下や，子宮の収縮力不足などによる子宮修復の遅れが本症の発生に関与する．

【症　状】
　分娩後，子宮内に胎水，胎膜，胎盤などの妊娠産物と血液からなる多量の悪露が貯留することで子宮が拡張し，子宮頸管を通じて腟および体外へと内容物を排出する（図16-1）．陰門から化膿性あるいは血液を混じた化膿性の悪臭を帯びた暗赤色の悪露が漏出し，尾および尾の届く範囲の体表への付着あるいは伏臥時に床に溜まっている様子がみられる（図16-2）．牛では，通常より子宮が拡張しているものの全身症状を伴わないグレード1から，発熱，元気消失，乳量低下などの全身症状を伴うグレード2，

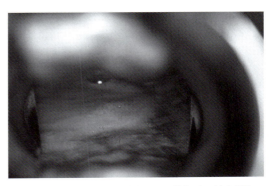

図16-1　牛の腟内に貯留した膿汁（口絵参照）
（提供：澤向　豊氏）

図 16-2　牛の外陰部から漏出した暗赤色の悪露
（口絵参照）

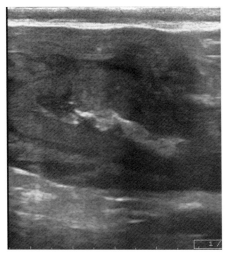

図 16-3　牛の子宮内貯留物の超音波画像

予後不良と考えられる毒血症まで進行したグレード3の3段階に分けられる．馬では，発熱を伴い病態の進行は早く，毒血症から蹄葉炎へと波及して運動機能が著しく阻害されるか，重篤なものは死に至る．犬および猫では，発熱，脱水，元気消失，食欲不振，泌乳減少，頻脈，嘔吐，下痢，裏急後重などがみられる．重篤になると敗血症，ショック，低体温症に進行することがある．

【診　断】
　牛では臨床症状を伴う例について検査を実施する．直腸検査により子宮の熱感，腫脹，収縮性，および子宮周囲の癒着を触診することができる．さらには，超音波画像診断により子宮内貯留物および周囲組織の状態を観察することもできる（図 16-3）．また，腟検査を行うか，十分な消毒を施したのちに手袋を装着した手指を腟内あるいは子宮内に入れることで悪露を拭い取り，色調，臭気，粘稠度などを検査する．また，メトリチェックとよばれる腟内の貯留物を掬い取る器具を使用し，採取された貯留物の色調と量からスコアを付けて診断する方法もある．馬では，牛と同様に直腸検査や悪露の検査を行うことに加えて，子宮内を直接探索し胎膜片がないかどうかを確認する．犬および猫では，触診により腹部に腫大したやや硬い子宮を認識できることがある．炎症が腹膜炎まで波及している場合には疼痛が認められる．X線検査や超音波画像診断により，子宮の腫大，胎子浸漬，停滞した胎盤などが確認できる．各動物に共通して，漏出物の細胞診では多数の変性した好中球，赤血球，細菌および残屑が観察される．また，全血球計算において，核の左方移動を伴う好中球の増加が認められる．

【処　置】
　処置の方針は各動物共通で，子宮内容物の排除，感染に対する処置および全身症状の緩和を行う．子宮洗浄は，子宮内の病原を物理的に灌流し，その量を減らすことで治癒を促すとともに，他の治療の効率も上げることができる．牛では，分娩後，子宮の収縮とともに子宮頸管が閉じてしまうので，洗浄を実施するときの開き具合によって使用するカテーテルの太さを選ぶ必要がある．馬では，全身症状が悪化しやすいことと，子宮頸管に輪状ひだがなく，太いカテーテルの挿入が容易なことから，まず子宮洗

第 16 章　産褥期の異常　　151

浄が実施される．小動物でも洗浄管を挿入することができれば実施可能である．薬理学的な方法では，オキシトシンあるいは $PGF_{2\alpha}$ の投与により子宮の収縮を誘導することで内容物の排出を促す．細菌感染に対しては時代とともに新しい抗菌薬が開発されるが，ペニシリン，ストレプトマイシン，セフチオフルなどが現時点では使用される．抗菌薬の投与は，3 日間以上，効果を見ながら実施することが好ましい．同時に，全身症状を呈している個体に対しては，非ステロイド系抗炎症剤としてフルニキシンメグルミンを投与することに加え，毒素の希釈，排泄のために輸液を行うこともある．軽度の子宮炎で処置が適切に行われれば，受胎率はやや低くなるものの予後は良好である．しかし，重度のものでは，受胎率の低下および空胎日数の延長が著しい．犬および猫では，症状が改善されないときには卵巣子宮摘出術を行う．

【予　防】

　大動物では，新鮮な寝藁を十分量使用し，分娩時の環境を清潔に保つ．難産や胎盤停滞後に発生しやすいことから，その発生自体を予防するような管理や，発生した時の適切な処置により予防できる．

16-2　その他の異常

到達目標：その他の異常をあげ，原因，処置法，さらにその後の繁殖性に及ぼす影響を説明できる．
キーワード：産褥熱，悪露停滞症

1. 産褥熱

　分娩時，子宮や子宮頸管，腟の損傷部位から細菌が感染することにより発熱し，全身症状を呈するものを産褥熱（puerperal fever）という．

【原　因】

　難産整復時の産道の損傷，胎盤停滞となった胎盤の用手剥離時の子宮の損傷などにより細菌が侵入しやすくなることで発症する．

【症状および診断】

　食欲停止，発熱，頻脈，呼吸促拍，粘膜の充血など敗血症の症状から診断する．

【処　置】

　子宮炎から継発している場合は子宮炎に対する処置に準ずる．子宮への処置が必要ない場合,抗菌薬,抗炎症剤および輸液による処置を行う．適切な処置により全身症状が改善したとしても，食欲の回復には日数を要することが多く，泌乳量がなかなか増加しない．栄養状態が改善されないと子宮修復と卵巣機能の回復も遅れ，受胎性も低下することが多い．

2. 悪露停滞症

　分娩後，子宮の収縮力不足などにより，悪露がすみやかに排出されずに通常清浄化される時期を超えて子宮に貯留する状態を悪露停滞症（lochiometra）という．難産および胎盤停滞の後に発生しやすく，産褥性子宮炎を併発していることが多い．

【原　因】

　難産，双胎分娩および低カルシウム血症に起因する子宮無力症による悪露の排出力不足が直接の原因となる．また，細菌感染も関与する．

【症　状】

　食欲不振，微熱，頻脈などの全身症状がみられ，泌乳量は増加しない．

【診　断】

　分娩後2週間以上経過した後も，外陰部から多量の悪露が排出されている．直腸検査により，子宮内の液体貯留と子宮の著しい下垂が認められる．

【処　置】

　産褥性子宮炎の項に準じて，投薬および子宮洗浄による子宮内容の排出に加え，抗菌薬で処置を行う．適切に処置されれば症状は緩和するが，多くは慢性子宮炎へと移行し受胎率は低下する．

3. 胎盤付着部の退縮不全

　犬において，正常であれば分娩後4～6週間で退縮すべき胎盤付着部が退縮せず，6週間を超えて悪露や血液状の排出物が認められる状態をいう．

【原　因】

　退縮不全を起こす原因は明らかではない．子宮内のどの胎盤で起こるか，あるいは全てで起こることもある．また，子宮内膜と筋層内への栄養膜様細胞の浸潤が認められている．

【症　状】

　持続的な出血性腟排出物が，分娩後6週間を超えて観察される．全身症状はみられないことが多いが，まれに出血が多く，貧血となることもある．

【診　断】

　上記のように，分娩後6週間を超えての出血性腟分泌物により診断する．

【処　置】

　ほとんどの場合自然に治癒し，その後の受胎性も問題ない．貧血，二次性の細菌感染ならびに子宮穿孔とそれに付随した癒着などが発生している場合，それぞれに合わせた対処を行う．多量の出血が止まらない，あるいは子宮感染がある時は，卵巣子宮摘出術の適用となる．

4. 乳房炎・子宮炎・無乳症症候群

　豚において，難産時の細菌感染など子宮炎や産褥熱を発症するような状態から乳房炎を併発し，無乳症となるものを乳房炎・子宮炎・無乳症症候群〔metritis-mastitis-agalactia（MMA）complex〕とよぶ．

【原　因】

　直接の原因は難産救助などにおける子宮の細菌感染であるが，栄養，飼養管理，内分泌異常，それらと関係するストレスおよび遺伝的素因などの関連も推測されている．

【症　状】

　症状は，産褥性子宮炎と同様の発熱，呼吸数および心拍数の増加，倦怠感，外陰部からの膿性粘液の排出に加え，哺乳の拒否，乳房腫脹がみられる．分娩後2～3日目に発症することが多い．

【診　断】

　発症により哺乳ができないので，子豚が空腹時の行動を示していることで発見される．母豚は速やかに臨床症状の検査を行う．

【処　置】

　子豚は早いうちに代理の母豚をあてがう．母豚は，全身症状に対して広域性抗菌薬と抗炎症剤，子宮内容の排出にオキシトシンや$PGF_{2\alpha}$の投与を行い，合わせてストレスの緩和を検討する．

5. 乳　熱

　乳熱（milk fever）は，低カルシウム血症を原因とする分娩後の起立不能症である．産乳量の多い経産の乳牛に比較的多く発生し，特にジャージー種で多くみられる．産褥麻痺（parturient paresis）とも

第 16 章　産褥期の異常　　153

いわれる．（詳細は内科学関連の別書に譲る．）

6．産後急癇（産褥性強直症）

　産後急癇（parturient eclampsia）は，低カルシウム血症により間代性の痙攣を示す急性疾患で，小型〜中型犬に比較的多くみられる．通常分娩後 3 週間以内に発生するが，まれに妊娠後期から分娩中に発生することもある．猫での発生は少ない．

【原　因】

　発生機序は乳熱と同様であり，乳汁へのカルシウムの喪失および食餌性カルシウムの摂取不足により，血中カルシウム濃度が低下することによる．痙攣は，細胞膜結合型のカルシウムが欠乏し，神経細胞あるいは筋肉細胞の膜透過性が亢進して脱分極が起こりやすくなることによると考えられている．

【症　状】

　神経過敏，挙動不安，呼吸速迫，歩様強拘，呻吟，頻脈などから始まり，数分〜数時間の経過で起立不能，四肢の伸展，過度の流涎を伴う咬牙，散瞳，間代性強直性の痙攣，体温上昇，粘膜充血，呼吸困難などを起こす．発作は 1 〜 2 日間持続することもあり，放置すれば虚脱，昏睡から死に至る．

【診　断】

　上記の症状に加え，血清カルシウム濃度が 4 〜 7 mg/dl 程度まで低下していることで診断できる．一方で，緊急処置が必要なため，症状を確認したらまずカルシウム剤による処置を行い，その反応により診断することが一般的である．妊娠中毒に伴う低血糖症と症状が類似するので，カルシウム剤に反応しない場合は血糖値を測定することで鑑別診断できる．

【処　置】

　グルコン酸カルシウム液またはボログルコン酸カルシウム液をゆっくりと点滴投与する．特に，徐脈や不整脈がある場合は，心拍をモニターしながら慎重に行う．加えて，炭酸カルシウム末またはグルコン酸カルシウム末とビタミン D 剤を 1 〜 2 週間経口投与する．哺乳は少なくとも 24 時間は人工哺乳に切り替える．本症の経験がある母親には，泌乳中に同様に経口投与することが推奨されている．しかし，牛の乳熱同様に，予防目的での妊娠後期のカルシウム補給は逆効果になる可能性があるので行わない．

7．ダウナー牛症候群

　ダウナー牛症候群（Downer cow syndrome）とは，低カルシウム血症を伴わない分娩後の起立不能症で，分娩後数日以内での発生が多い．繁殖分野では，分娩時の疲労や子宮炎が原因となる．（詳細は内科学関連の別書に譲る．）

16-3　新生子の蘇生法および新生子異常

　到達目標：新生子の蘇生法および新生子異常の原因，診断および処置法を説明できる．

　キーワード：新生子仮死，低酸素血症，アシドーシス，Apgar スコア，蘇生法，胎便停滞，鎖肛，新生子黄疸

1．新生子仮死

　出生後，新生子が低酸素血症およびアシドーシスから仮死状態となるものを新生子仮死（neonatal asphyxia）という．

【原　因】

　分娩時間の延長から，娩出前に子宮収縮および胎盤剥離などにより胎盤の血液循環不全が起こり，胎子は低酸素血症およびアシドーシスとなる．尾位では，頭が産道内にある状態で臍帯が圧迫され，呼吸

154　第16章　産褥期の異常

表16-1　牛および馬新生子における Apgar スコアの例

牛新生子の評価項目		点数			Apgarスコア*	診断
		0	1	2		
冷水を浴びせた時の頭の反応		なし	減退	自発的に活発	0〜3	衰弱（重度仮死）
眼瞼反射と蹄間を広げた時の反射		なし	片方のみ	両方	4〜6	要注意（軽度仮死）
呼吸		なし	不規則	規則的	7〜8	正常
可視粘膜		蒼白	青白	淡紅色		

馬新生子の評価項目		点数			Apgarスコア*	診断
		0	1	2		
可視粘膜		灰/青	薄ピンク	ピンク	0〜2	最大限の蘇生処置
心拍		なし	< 60	> 60	3〜5	酸素処置，循環器の補助
反射（平均値）	鼻への刺激	なし	渋面	強い渋面	6〜8	軽度仮死
	耳への刺激	なし	頭頚部振る	耳動く，首振り	9〜10	正常
	胸腰部への刺激	なし	頭頚部振る	立とうとする		
姿勢		横臥	半胸骨臥位	胸骨臥位		
呼吸		なし	< 30	> 30		

*各評価項目における点数の合計

を開始してしまうと同様の状態になる．また，早産では，肺がサーファクトントを十分に分泌できていない状態で娩出されるので，肺気腫や無気肺から呼吸困難となる．

【症　状】

舌など粘膜面がチアノーゼを示し，起立不能，用力呼吸，圧痛刺激に対する反射や肛門反射などの消失が認められる．

【診　断】

新生子の症状および刺激に対する反応を観察することにより診断する．診断の基準として，人新生児で用いられている **Apgar スコア** が牛および馬において改変され，さらに改良されたものがいくつか使用されている（表16-1）．

【処　置】

仮死状態にある新生子には，**蘇生法** が実施される．新生子を逆さに吊るす，あるいは台の上に寝かせ首から頭のみを下垂させ，胸腔，気管，鼻腔の順に遠位方向に向けてマッサージすることにより羊水の除去を促す．口腔に手を入れて掻き出す，あるいは吸引器の使用も有効である．自発呼吸が発現しない場合，全身を藁などでマッサージあるいは後頭部に冷水をかけるなどで呼吸中枢を刺激する．呼吸がみられたら，伏臥で前肢を前方に伸長させ開脚姿勢を取らせると胸腔が広くなり呼吸が楽になる．状態が悪いものに対しては，大動物では横臥状態での心臓マッサージと片方の前肢を持ち上げては降ろすことによる人工呼吸を組み合わせて行う．加えて，酸素吸入や強心剤の投与，保温などが行われ，うまくいけば回復するものもある．重度の仮死だと予後は悪いといわれている．生後24時間以内の死亡率が高いことに加え，免疫移行不全を呈しやすいことから生後2〜21日間における肺炎および白痢など下痢の罹患率も高い．

2. 胎便停滞

胎便停滞 は，馬の新生子によくみられ，硬い胎便が大結腸に塊状に停滞し，腹痛と食欲減退を示す．指で直腸検査を行うことにより，塊状の胎便を触知することができる．浣腸により排便させれば特に問題はない．

3. 鎖　肛

　鎖肛（anal atresia）は，先天的に肛門が閉鎖した状態で生まれ，便の排泄ができない状態をいう．宿糞のために肛門部が膨隆していることがある．程度が軽いものは，肛門部の皮膚を切開し，直腸と皮膚を縫合することで肛門を形成する．直腸閉鎖を伴う例では，開腹術が必要である．

4. 新生子黄疸

　新生子黄疸（neonatal jaundice）は，主に馬，豚および犬で新生子同種赤血球溶血現象により起こる黄疸をいう．

【原　因】

　何らかの形で新生子がもつ型の赤血球の抗原にさらされた母畜の初乳から免疫グロブリンが子畜に移行することで，溶血性黄疸を引き起こす．

【症　状】

　早いものでは生後8時間から，遅いものでは生後120時間で発症することがある．黄疸，嗜眠，呼吸困難，心悸亢進がみられ，重症になると血色素尿を呈し起立困難となる．

【処　置】

　馬では，貧血への処置と同時に，血液型が適合する馬の血液を輸血する．生後36時間は乳母に哺乳させるか，凍結保存してある初乳を人工哺乳する．母馬の初乳は絞っておき，生後36時間を過ぎて免疫移行の危険がなくなったら母子を戻して哺乳させることができる．

演習問題

問1. 牛の産褥性子宮炎として最もふさわしい記述は次のうちどれか．
　a. 分娩後10日に白色膿混の粘液が外陰部にみられた．全身症状はなく，妊娠角がやや太い．
　b. 分娩後10日に膜状のものが外陰部からぶら下がっていた．
　c. 分娩後10日に発熱等の全身症状がみられた．子宮に異常はなく，腟に裂傷がみられた．
　d. 分娩後10日に子宮の熱感，膨張および直腸温において発熱がみられた．
　e. 分娩後60日に子宮内腔から細菌が検出された．

問2. 産褥期の疾患の組合せのうち，原因が大きく違うものは次のどれか．
　a. 産褥熱，産褥性子宮炎
　b. 産褥性子宮炎，乳房炎・子宮炎・無乳症症候群
　c. 産褥性子宮炎，乳熱
　d. 産褥熱，乳房炎・子宮炎・無乳症症候群
　e. 乳熱，産後急痛

問3. 産褥性子宮炎の処置として，適切でないものは次のうちどれか．
　a. GnRH 投与
　b. 子宮洗浄
　c. オキシトシン投与
　d. 抗菌薬投与
　e. 抗炎症剤投与

問4. 牛の産褥期に母体が呈する症状として適切でないものは次のうちどれか．
　a. 発熱

156   第 16 章　産褥期の異常

   b. 低カルシウム血症

   c. 跛行

   d. 食欲低下

   e. 倦怠感

問 5. 新生子仮死に関して正しい記述は次のうちどれか.

   a. 待てば呼吸が安定するので基本的に何もしない.

   b. 圧迫刺激が少なく生まれてきた新生子に多い.

   c. 初乳を与えると治る.

   d. 低酸素血症から起立不能となる.

   e. 移行抗体の影響で溶血が起こる.

第17章　雄の繁殖障害

一般目標：雄の繁殖障害の原因，診断および対処法について概要を説明できる．

　種雄畜は，遺伝的形質（産肉能力，産乳能力等）が優れているという理由で選抜された個体である．これらの雄動物から人工授精の目的で精液を採取し凍結保存あるいは冷蔵保存する．あるいは雄動物は自然交配に使用される．少数の選ばれた種雄畜を使用し，多数の雌畜に交配することにより産子を得るため，種雄畜の繁殖障害が発生するとその損失は甚大となる．雄の生殖器の異常，交尾できない場合（交尾障害）および交尾できるが不受胎の場合（生殖不能症）に分けて概説する．

17-1　雄の性腺，副生殖腺および外部生殖器の検査方法および代表的な異常所見

　到達目標：雄の性腺，副生殖腺および外部生殖器の検査方法および代表的な異常所見を説明できる．
　キーワード：精巣，陰嚢，前立腺，精嚢腺，尿道球腺，陰茎

【原　因】
　雄の繁殖障害の原因は大きく分けると先天性と後天性に分類される．後天性の繁殖障害はさらに，感染性と非感染性に分類される．非感染性の場合は，内分泌異常，外傷，栄養失調および飼養管理と精液採取技術不良等である．感染性の場合は，細菌・真菌・ウイルスによる．

【診　断】
①稟告を聴取する．
②繁殖歴を聴取する．
③既往症を聴取する．
④一般状態の聴取をする．
⑤一般臨床検査に従い全身状態を検査する．
⑥生殖器の視診・触診を行う．
⑦発情雌あるいは擬牝台を使用して性行動を観察する．
⑧精液検査を行う．
⑨精巣の超音波検査を行う．
⑩血液中の生殖関連のホルモン濃度を測定する．血中テストステロン，エストロジェン，甲状腺ホルモン，性腺刺激ホルモンの濃度を測定する．
⑪負荷試験を行う．特に hCG（あるいは GnRH）を投与後，血中テストステロン濃度の上昇を確認する hCG 負荷試験は，精巣の間細胞機能を確認するために極めて有効である．
⑫精巣のバイオプシーを行う．

1. 雄の性腺（精巣）

【検査方法】
①陰嚢（精巣）の視診と触診を行う．
②超音波検査を行い，炎症・腫瘍・石灰沈着の有無等を調べる．
③必要に応じて，精巣組織をバイオプシーにより採取し，組織学的検査を行うことにより，精子形成の

有無，間質細胞，セルトリ細胞，精細胞の分化状態等を観察する．

④原因として内分泌異常が疑われる場合は，hCG（GnRH）負荷試験，性ホルモン濃度の測定を行う．

⑤生殖不能症（交尾することは可能であるが雌動物を受胎させられない）の場合（精巣発育不全，潜在精巣，精巣変性，精巣炎），精液を採取して精液検査を行う．陰嚢炎や陰嚢水腫の場合，精巣温度が上昇し精子形成の異常をきたすので，精液検査を行う．

⑥一般精液性状検査の結果が正常であるにも関わらず人工授精後の受胎率が低下している場合は精子の機能検査を行う．ハムスターテスト（透明帯除去ハムスター卵子への精子の進入能力判定を行う），ハイポオスモティック・スウェリング・テスト（低浸透圧液における精子の尾部の膨化を判定することにより精子の原形質膜の正常性を調べる），精子貫通試験（牛発情期子宮頸管粘液への精子の進入距離を測定し，精子の運動性の良否を判定する），体外受精試験（体外における牛卵子への精子の進入を調べ，精子の受精能力を判定する）が知られている．

【代表的な異常所見】

ⅰ．先天異常

無精巣，単精巣，間性（卵巣と精巣の共存等），精巣発育不全，潜在精巣（陰嚢内に精巣がなく，鼠径部付近の皮下に位置する），染色体異常（生殖不能症となる）が知られている．

ⅱ．後天的異常

精巣の石灰沈着：超音波検査で精巣組織内のエコージェニックな点状像が認められる．

精巣炎：視診と触診で，陰嚢皮膚炎，陰嚢水腫を認める．精液検査で，精子濃度低下，奇形率上昇が認められる．

精巣捻転症：激しい疼痛を示す．陰嚢部の腫脹とうっ血がみられる．

ライディッヒ細胞腫：牛で，触診で精巣内に1〜2cmの硬結として認められる．性欲と交尾欲は正常である．犬で，腫瘍は精巣内に球形に限局して存在する．

精上皮腫：馬で，精巣の超音波検査と精巣割面の肉眼的検査において，多数の腫瘍塊が認められる．乗駕欲と交尾欲は正常であるが，精液検査で，精子生存率および精子活力の低下が認められる．犬では，7歳以上の老齢個体でみられ，精巣に腫瘤を形成し，柔軟で出血しやすい．時に，罹患犬は疼痛を示し，背弯姿勢を取る．

セルトリ細胞腫：牛と犬で，腫瘍細胞がエストロジェンを分泌するため，雌性化が起こる．牛で，陰茎・包皮の腫脹，精巣の肥大あるいは萎縮，前立腺拡張と嚢胞化，腹部や身体下部の脱毛，性欲消失，乳房の腫大と雌性化，陰嚢の色素沈着等が認められる．犬で，対側精巣の萎縮，脱毛，乳頭の腫大，骨髄造血機能抑制による再生不良性貧血を認め，腫瘍細胞は紡錘形または楕円形を示す．

【対処法】

精巣発育不全・雄性間性は治療法がなく淘汰する．潜在精巣では，テストステロンの投与と精巣固定術が行われるが，遺伝するため繁殖に供用するべきではない．精巣変性では，特に治療法はないが，原因の対処療法を行う．

2．雄の副生殖腺

診断と治療の対象は，精巣上体，前立腺および精嚢腺である．家畜は，前立腺，精嚢腺および尿道球腺をもつが，犬は前立腺のみをもち，猫は精嚢腺を欠く．

第 17 章　雄の繁殖障害　　159

【検査方法】

　視診，触診，直腸検査および精液を採取して精液検査を行う．犬では，指で直腸を介して前立腺を触診する．牛で，精嚢腺炎が疑われる場合は，精漿中のフルクトース濃度等の定量や，直腸を介して精嚢腺をマッサージした後，尿道カテーテルを尿道へ 20 cm 挿入して精嚢腺液を採取し，細菌検査を行う．

【代表的な異常所見】

　先天性の精巣上体疾患：中腎管（ウォルフ管）の部分的形成不全，中腎傍管（ミューラー管）の遺残と囊胞形成および精嚢腺の欠損あるいは部分的欠損症（中腎管の分化発育異常）が知られている．

　精巣上体炎：精巣炎・陰嚢炎なら継発する．あるいは精管や血行を介して感染する．触診で，精巣上体の腫脹，硬結，精液瘤が触知される．精巣上体管が閉鎖癒着すると無精子症や，乏精子症になる．

　精液瘤，精子うっ滞，精子肉芽腫：中腎管（ウォルフ管）の遺残物により先天的に盲端を形成し，あるいは後天的に打撲・感染症・腫瘍等による炎症・圧迫や癒着から精巣上体管が閉塞することによって精巣上体管に精子が貯留する（精液瘤）．囊胞状に拡張した精巣上体管腔上皮が変性し，間質組織が炎症反応を起こすと精子肉芽腫を形成する．精子がうっ滞することにより精巣内の精細管に退行変性が起き，石灰沈着がみられる．

　前立腺炎と前立腺肥大症：家畜ではブルセラ菌およびウイルスによる感染症が知られている．犬の前立腺肥大症では，高齢化によるエストロジェンとアンドロジェンの比率にアンバランスが生じることに起因し，腺上皮と間質組織の過剰増殖を引き起こす．拡張した腺腔が合体し大きな腔が形成された場合を前立腺囊胞という．尿道と直腸を圧迫するため排尿，排便困難，扁平な糞の排泄をきたす．指による直腸を介した触診により前立腺の肥大と疼痛を調べる．犬の前立腺炎は，大腸菌を主とした尿道からの感染により起こる．疼痛があるので元気消失，背弯姿勢をとり，歩行をいやがる．前立腺囊胞を伴いその中に膿液が入る場合前立腺膿瘍という．膿の産生が多い場合尿道に排膿する．直腸検査で疼痛を，超音波検査で膿瘍形成を調べる．また，精液を採取し，精液中の細菌および白血球を検出する．

　精嚢腺炎：牛で，外見上ほとんど症状を示さないが，時に，背弯姿勢，腹痛症状，排尿・排便時における疼痛症状を示す．尿道からの上行性感染が感染経路とみられている．直腸検査で，精嚢腺の左右不対称，肥大，熱感，圧痛，波動感および囊胞形成を触知する．超音波画像診断装置により精嚢腺の炎症像を確認する．精液検査で，精液の灰白色〜淡黄色（膿汁の混入）あるいは赤色（血液の混入）の色調，精子活力の低下，精子奇形率の上昇（頭，頸部の遊離精子が高率に認められる），白血球や凝塊の混入，pH の上昇，カタラーゼ活性の上昇，フルクトース濃度の低下（50 mg/dl 以下）を認める．多くで慢性化し，その場合，膿瘍形成し，交配した雌動物に生殖器感染症が多発する．

【対処法】

　先天性の精巣上体疾患：治療法はなく淘汰する．

　精巣上体炎：温湿布，冷湿布，抗菌薬・サルファ剤・抗炎症剤の投与等を行う．

　犬の前立腺肥大症：精巣摘出術を施す，あるいは抗アンドロジェン製剤の経口投与を行う．

　犬の前立腺炎：脂溶性抗菌薬あるいは，エリスロマイシン，トリメトプリム，エンロフロキサシン，オルビフロキサシン等の長期投与を行う．大型の膿瘍は膿液の吸引除去と抗菌薬の注入を行う．

　牛の精嚢腺炎：抗菌薬やサルファ剤の大量全身投与を行う．

3. 雄の外部生殖器

　診断と治療の対象は陰茎と包皮である．

160   第 17 章　雄の繁殖障害

【検査方法】

　陰茎と包皮を視診および触診する．性行動（交尾行動）の観察を行い，陰茎伸張の勃起状態を調べる．牛で，陰茎の精密検査として，塩酸クロールプロマジン 40 〜 70 mg/kg 体重の静脈注射により陰茎後引筋を弛緩させ，陰茎の検査を行う．

【代表的な異常所見】

　嵌頓包茎：陰茎が包皮内に完納できない状態である．馬で，亀頭炎と包皮粘膜の炎症により浮腫を生じ，陰茎が包皮に還納されなくなる．交尾障害または交尾不能となる．

　包皮脱：包皮粘膜が外反した状態である．交尾障害となる．

　包皮小帯の遺残：包皮小帯が退化せず，遺残した状態であり，陰茎の勃起を妨げる（牛，豚，犬）．

　らせん状陰茎弯曲：ホルスタイン種牛で，陰茎先端部がらせん状に弯曲する．

　陰茎白膜裂傷：牛で，人工腟へ陰茎が激突することにより陰茎が損傷して起こる．

　陰茎海綿体裂傷：馬で交尾の際陰茎に蹴傷を受け，血腫を生じる．

　陰茎強直症：犬と猫で，陰茎が包皮口から突出したまま包皮内へ還納できない状態である．仙髄や骨盤神経の損傷により起こる．亀頭内で血液がうっ滞し，亀頭表面は壊死し，疼痛を起こす．

　亀頭包皮炎：陰茎亀頭および包皮の炎症を生じる．牛のヘルペスウイルス感染症で伝染性嚢胞性陰門腟炎を起こす．馬の媾疫と媾疹で発生する．犬で，亀頭と包皮粘膜の発赤，亀頭球周辺の顆粒形成が認められる．黄白色クリーム状の膿を包皮腔内貯留あるいは包皮より排出する．患部に熱感，疼痛，不快感を伴い交尾不能となることがある．

　媾疫（トリパノソーマ症）：包皮，陰茎，精巣の腫脹（雌馬で，外陰部と腟の腫脹，浸出液漏出，硬貨斑）．

　馬媾疹（馬ヘルペスウイルス 3 型感染症）：陰茎の水疱とびらん，治癒後に白斑を生じる．

　馬ウイルス性動脈炎：陰嚢浮腫（下肢の浮腫）を生じる．

　犬包皮口狭窄：包皮口が狭窄し，重度で尿が包皮内に貯留することにより細菌が増殖し亀頭包皮炎を継発する．完全な勃起と射精が不能となる．

　若齢牛の伝播性線維乳頭腫：陰茎先端に，単発性あるいは多発性に，無茎あるいは有茎の腫瘍を生じる．潰瘍化することがあり，出血・不快・疼痛のため勃起しない場合がある．

　犬可移植性性器肉腫：交尾により雄から雌，雌から雄へ伝搬する．野犬から伝搬する．陰茎亀頭および包皮にカリフラワー状あるいは結節状の脆弱で出血しやすい良性の腫瘍塊を生じる．性欲が減退する．

【対処法】

　包皮脱〜嵌頓包茎：外傷等で悪化した場合は包皮環状切除を行う．

　包皮小帯の遺残：包皮小帯の切断と切除を行う．

　らせん状陰茎弯曲：外科的修復が可能であるが，遺伝性疾患であるため淘汰が望ましい．

　陰茎白膜裂傷：外科処置を施した後，包皮消毒を行う．

　陰茎海綿体裂傷：外反した陰茎・包皮の粘膜を切除する．あるいは性的休養，心理的障害ではトランキライザーを投与する．

　犬陰茎強直症：亀頭表面を数か所切開し，うっ滞した血液を絞り出す．ヘパリン加生理食塩水で海綿体内部洗浄を行うことにより陰茎は縮小するので，包皮内へ還納する．

　亀頭包皮炎：包皮洗浄を行い，抗菌薬等を包皮内に注入する．犬では，2 〜 7 日間隔で数回行う．

　犬包皮口狭窄：包皮口下部の部分切除により包皮口を広げる．

　若齢牛の伝播性線維乳頭腫：自然消失するが，多発している場合は外科的に除去する．

第 17 章　雄の繁殖障害　　161

犬可移植性性器肉腫：発症後 6 か月程度で自然治癒することがあるが, 治療法としては, 外科的切除, 焼絡および化学療法である. 野犬との接触を避け予防する.

17-2　交尾障害

到達目標：交尾障害の原因, 診断および治療法を説明できる.

キーワード：交尾欲減退, 交尾欲欠如症, 交尾不能症, 陰茎・包皮の異常, 肢蹄の異常, 勃起不能症

雄の交尾障害は大きく 2 種類に分類され, それらは①交尾欲減退〜欠如症および, ②交尾不能症である. ②はさらに, 原因から陰茎・包皮の異常, 肢蹄の異常および勃起不能症に分けられる.

1. 交尾欲減退〜欠如症

牛の性行動は, 発情雌への求愛に始まり, 陰部の探索, フレーメン, 陰茎の勃起, 透明液体の排出, 顎乗せを行った後, 乗駕し, 勃起した陰茎の挿入, 続いて射精反射が温覚により誘起され, 一瞬の射精を行う. 射精後直ちに降駕する. これら一連の交配行動はテストステロンおよび中枢神経により支配されている. 本症では, 発情雌動物に対し, 性欲を全く示さない, 性欲・乗駕行動・交尾行動の発現にやや時間がかかる, あるいは遅延する, 交尾欲は示すが乗駕に至らない, 勃起はするものの陰茎挿入から射精に至らない, という種々の段階の症状を示す.

【原　因】

遺伝的要因, 内分泌異常, 栄養障害（ビタミン A, タンパク質等の不足）, 運動不足, 供用過度（頻回射精）, 精液採取失宜による疼痛・恐怖の経験, 全身性疾患, 甲状腺機能低下, 肺炎, 肝臓障害, 腎疾患, 脂肪壊死症, 創傷性第二胃炎, 尿路コリネバクテリウム感染症, 熱性疾患などに罹患した場合交尾欲が減退・欠如する.

【診　断】

血液中のホルモン濃度を測定する. また, hCG（GnRH）負荷試験を行い, 内分泌機能を検査する.

【治　療】

先天性の場合は淘汰する. 供用過度の場合は性的休息, 栄養障害や管理失宜の場合は飼養管理法の改善を行う. 内分泌障害の場合はテストステロン製剤（油性レポジトール型テストステロン 100 〜 500 mg, 5 〜 10 日の間隔で数回投与）あるいは hCG（5,000 〜 10,000 IU 4 〜 7 日の間隔で数回投与）, 甲状腺機能低下で, ヨード・カゼイン 1 g/45 kg 体重 / 日を投与する.

2. 交尾不能症

交尾欲が正常またはわずかに減退している程度であるにもかかわらず, 肢蹄の障害, 陰茎・包皮の疾患および勃起不全のために雌動物と自然交尾する能力が欠如する.

【原　因】

低栄養, 内分泌異常, 甲状腺異常, 全身性疾患, 運動器疾患（膝関節, 球節等の障害）, 脊椎の疾患, 神経筋肉性痙攣症, 陰茎の発育不全や陰茎後引筋の先天的異常（勃起不能症）, 陰茎弯曲, 短小陰茎, 陰茎および包皮の腫瘍, 陰嚢ヘルニア, 臍ヘルニア.

【診　断】

負荷試験およびホルモン濃度測定による. 肢蹄障害（よくみられる膝関節炎, 股関節脱臼, 十字靱帯断裂, 蹄葉炎等の蹄疾患, 臀部諸筋の炎症・断裂など）, 歩様強拘と疼痛, 脊椎の硬直などを診断し, あるいは陰茎・包皮の視診・触診により異常を診断する. 乗駕試験により, 陰茎の発育状態, 損傷, 弯曲, 腫瘍の有無等を調べる.

162　第 17 章　雄の繁殖障害

【治　療】

陰茎・包皮の疾患，肢蹄障害では外科処置，抗炎症剤・抗菌薬の投与を行う．内分泌障害の場合はテストステロン製剤（油性レポジトール型テストステロン 100 〜 500 mg，5 〜 10 日の間隔で数回投与）あるいは hCG（5,000 〜 10,000 IU 4 〜 7 日の間隔で数回投与），甲状腺機能低下で，ヨード・カゼイン 1 g/45 kg 体重 / 日を投与する．

17-3　生殖不能症

到達目標：生殖不能症の原因，診断および治療法を説明できる．

キーワード：無精液症，無精子症，精子減少症，精子無力症，精子死滅症，血精液症，膿精液症，夏季不妊症

交尾欲が正常で，交尾能力があるにもかかわらず，生殖機能の正常な雌動物を受胎させることができない場合を生殖不能症という．射精行動が正常に行われるため，一般に採取された精液を検査することにより本症が発見される．

1. 無精液症 aspermia

射精行動がみられるが射出精液が認められないか極度に少ない症例をいう．

【原　因】

先天性では精管の閉鎖または狭窄，後天性では，副生殖腺の炎症，癒着，新生物である．

【診　断】

精液採取による．射精行動がみられるが射出精液が認められないか極度に少ないことを確認する．

【治　療】

通過障害では外科的に管腔を拡張，副生殖腺の感染症では抗菌薬と抗炎症剤の投与．遺伝的な例では淘汰する．治療後に精液を再度採取して予後判定する．

2. 無精子症 azoospermia

交尾欲・勃起能・射精能等性行動には異常が認められず，射精が完全に行われても，精液中に精子が存在しないかわずかに認められる精液をいう．

【原　因】

原因は 2 つに大別される．①精路の閉塞，②造精機能障害．

ⅰ. 精路の閉塞

精巣上体管等精巣上体精子が射出に至るまでの間の通路の閉塞により精液中に精子がみられない．先天性と後天性がある（前述）．

ⅱ. 造精機能障害

原因はさらに 2 つに分けられ，先天性および後天性である．

先天性：精巣の欠如や停留（潜在精巣）．

後天性：視床下部−下垂体−性腺の機能不全による造精機能障害，外傷や損傷，腫瘍，感染症，精巣の石灰沈着，発熱による精巣の温度調節失調である．

【診　断】

精液検査，ホルモン負荷試験，超音波検査，精巣の病理組織検査による．

【治　療】

　先天性では，淘汰する．後天性では，ビタミン A・E の投与，性腺刺激ホルモン，GnRH あるいは性ステロイドホルモンの投与（内分泌異常），抗菌薬・抗炎症剤の投与（感染症）を行う．

3. 精子減少症 oligozoospermia

　射出精液中の精子数が正常範囲から著しく低下していることをいう．

【原　因】

　先天性あるいは後天性に発症する．後天性の場合は精巣発育不全，精巣の機能障害・損傷，精子通過障害，過度な採精が原因となる．

【診　断】

　精液検査による．牛で，5×10^8 精子/ml 以下の場合，本症と診断する．

【治　療】

　先天性では淘汰する．後天性では，淘汰（精巣発育不全），性的休養（射精頻度が多い場合），性腺刺激ホルモンや GnRH の投与（内分泌異常），抗菌薬の投与（感染性）を行う．

4. 精子無力症 asthenozoospermia

　採精直後に精液で生存率および活力が著しく低い場合をいう．

【原　因】

　精巣炎等による造精機能障害，副生殖腺や尿道の炎症，不適切な精液処理に起因する．

【診　断】

　精液検査で，活発な前進運動を示す精子の割合が低い（牛で+++活力が 50% 以下）ことを確認する．一般に精子減少症も同時に示す．

【治　療】

　感染性の場合は，抗炎症剤と抗菌薬等を投与する．テストステロンの投与や頻回採精を行い副生殖腺の分泌機能維持を行う．

5. 精子死滅症 necrospermia

　採精直後の精液で精子活力が認められず死滅しているものをいう．

【原　因】

　造精機能障害（精巣炎，精巣萎縮），副生殖腺や尿道の炎症性滲出物や尿の精液への混入，不適切な精液の処理．

【診　断】

　精液検査による．牛においては，精液量および精子濃度が正常であるにもかかわらず精子が死滅している場合，本症と診断する．

6. 奇形精子症 teratozoospermia

　形態学的に正常な精子の割合が正常範囲より低い場合をいう．

【原　因】

　過度の採精（未熟精子の増加）あるいは暑熱ストレス（夏季不妊症）．

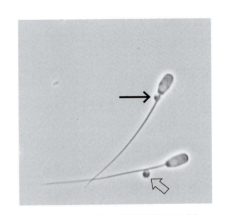

図 17-1 精子の形態異常の 1 例
上は近位細胞質滴（→），および下は遠位細胞質滴（⇨）を示す精子．

【診　断】

精液検査により奇形率上昇を確認する．正常では 10% 以下，20 〜 30% を超えると受胎率が低下する．

7. 血精液症 haemospermia

精液に血液が混じているものをいう．

【原　因】

陰茎の腫瘍，陰茎や包皮の裂傷，尿道の出血，射精口付近の尿道炎および陰茎海綿体の異常．

【診　断】

精液検査により血液の混入を確認する．

【治　療】

性的休養，抗菌薬の投与，外科処置（外傷性）を行う．

8. 膿精液症 pyospermia

精液中に化膿性の分泌物あるいは好中球，剥離上皮細胞等の異常細胞が存在するものをいう．

【原　因】

副生殖腺の炎症性病変，尿道や膀胱の炎症，精嚢腺炎でよくみられる．

【診　断】

精液中に，化膿性の分泌物，好中球，剥離上皮細胞等異常細胞の有無を確認する．

【治　療】

抗菌薬の投与，外科処置を行う．交尾による雌性生殖器への感染に注意する．

9. 夏季不妊症 summer sterility

高温多湿の季節に，造精機能や副生殖腺の機能が一時的に減退し，精液性状が不良となって繁殖供用不能となる，あるいは受胎率の低下がみられる現象をいう．

【原　因】

精巣への血液の供給および精巣の温度調節機能が損なわれ，精子形成が障害を受けるために起こる．栄養の摂取量減少，飼料消化率の低下，甲状腺機能の低下が原因としてあげられる．

【診　断】

精液検査により精子活力の低下，濃度低下，奇形率上昇を確認すると同時に，受胎率低下，精子中プラズマロジェン含有量の低下，精液中フォスファチジルコリン（PC）の異常な高値を確認する．

【治　療】

畜舎の冷却（換気，散水等），動物体への散水，栄養価の高い飼料の給与を行い，飲水量を増加させる．

演習問題

問 1．矢印で示した精子の奇形の名称は何というか．以下から正しい記述を選べ．

 a．先体異常
 b．中片部屈折
 c．尾部屈折
 d．尾部巻縮
 e．遠位細胞質滴

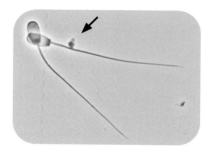

第 17 章　雄の繁殖障害　　165

問 2．陰茎が包皮内に完納できない状態となる疾患名は何か．以下から正しい記述を選べ．

    a．亀頭包皮炎

    b．包皮脱

    c．嵌頓包茎

    d．包皮小帯の遺残

    e．らせん状陰茎弯曲

問 3．犬の精巣腫瘍のうち，雌性化乳房，陰茎の萎縮，両側性非瘙痒性対称性脱毛等，エストロジェンの過剰による症状を示す記述を以下から選べ．

    a．精子肉芽腫

    b．ライディッヒ細胞腫

    c．精上皮腫

    d．セルトリ細胞腫

    e．顆粒膜細胞種

問 4．牛の精嚢腺炎の記述として正しいものを選べ．

    a．腎臓からの下行性ルートによる細菌感染．

    b．直腸検査で腫脹した精嚢腺が触知されるが，圧痛は示さない．

    c．精液検査では，精子数の減少，尾部欠損，精液 pH7.0 以上を示す．

    d．治療として抗菌薬の投与は行わない．

    e．多くは急性炎症の経過を示す．

参考文献

明石博臣, 江口正志, 神尾次彦, 加茂前秀夫, 酒井　豊, 芳賀　猛, 眞鍋　昇 編（2013）：牛病学 第三版, 近代出版, 2013.

牛繁殖超音波画像診断研究会 編：牛の繁殖管理における超音波画像診断－動画と静止画によるトレーニング－, 文永堂出版, 2010.

及川　伸 訳：乳牛の周産期管理, 緑書房, 2018.

大澤健司 訳：牛の卵巣・子宮アトラス―発情周期の理解を深めて直腸検査を極めるために, 緑書房, 2015.

大澤健司 訳：臨床獣医師のための牛の繁殖と超音波アトラス―発情周期のステージ別の観察と繁殖検診, 緑書房, 2015.

小笠　晃, 金田義宏, 百目鬼郁男 監修：動物臨床繁殖学, 朝倉書店, 2014.

佐々田比呂志, 高坂哲也, 橋爪一善 他 訳：スキッロ 動物生殖生理学, 講談社, 2011.

佐藤英明 編：新動物生殖学, 朝倉書店, 2011.

獣医繁殖学教育協議会 編：獣医繁殖学マニュアル第 2 版, 文永堂出版, 2007.

獣医繁殖学教育協議会 編：雌牛の繁殖障害カラーアトラス, 緑書房, 2009.

全国農業共済協会：家畜共済における臨床病理検査要領, 2005.

全国農業共済協会：家畜共済の診療指針II, 2003.

高橋迪雄 監修：哺乳類の生殖生物学, 学窓社, 1999.

津曲茂久, 中尾敏彦 監修：獣医繁殖の実践超音波診断, 学窓社, 2007.

中尾敏彦 監修：乳牛の繁殖管理プログラム－繁殖成績向上の理論と実際, 北海道協同組合通信社, 2003.

中尾敏彦, 津曲茂久, 片桐成二 編：獣医繁殖学 第 4 版, 文永堂出版, 2012.

日本繁殖生物学会 編：繁殖生物学, インターズー, 2013.

丹羽太左衛門：20 世紀における日本の豚改良増殖の歩み, 畜産技術協会, 2001.

浜名克己 監修：カラーアトラス 牛の先天異常, 学窓社, 2006.

Ball PJH, Peters AR：Reproduction in Cattle 3E, Wiley-Blackwell, 2004.

Bradley K：Cunningham's Textbook of Veterinary Physiology 6E, Elsevier, 2019.

Brinsko SP, Blanchard TL, Varner DD, Schumacher J, Love CC, Hinrichs K, Hartman D：Manual of Equine Reproduction, 3E, Elsevier, 2011.

Buczinski S：Update on Ruminant Ultrasound, An Issue of Veterinary Clinics of North America: Food Animal Practice, Elsevier, 2016.

Christensen BW：Theriogenology, An Issue of Veterinary Clinics of North America: Small Animal Practice, Elsevier, 2018.

Dascanio J, McCue P,：Equine Reproductive Procedures, Wiley-Blackwell, 2014.

DesCôteaux L, Colloton J, Gnemmi G：Practical Atlas of Ruminant and Camelid Reproductive Ultrasonography, Wiley-Blackwell, 2010.

England GCW, Heimendahl AV：BSAVA Manual of Canine and Feline Reproduction and Neonatology, British Small Animal Veterinary Association, 2010.（訳書－津曲茂久 監訳：小動物の繁殖と新生子マニュアル 第 2 版, 学窓社, 2011）

Hafez ESE, Hafez B：Reproduction in Farm Animals 7E, Lippincott Williams and Wilkins, 2000.（第5版 の訳書－吉田重雄, 正木淳二, 入谷　明 監訳：家畜繁殖学, 西村書店, 1992）

Larson BL：Bovine Theriogenology, An Issue of Veterinary Clinics of North America: Food Animal Practice, Elsevier, 2016.

Mair T, Love S, Schumacher J. Smith RKW, Frazer G：Equine Medicine, Surgery and Reproduction 2E, Elsevier, 2012.

McGeady TA, Quinn PJ, Fitzpatrick,ES, Ryan MT, Kilroy D, Lonergan P：Veterinary Embryology 2E, Wiley-Blackwell, 2017.

McKinnon AO, Squires EL, Vaala WE, Varner DD：Equine Reproduction 2E, Wiley-Blackwell, 2011.

Mullins KJ, Saacke RG：Illustrated Anatomy of the Bovine Male and Female Reproductive Tracts, Germinal Dimensions Inc, 2003.

Nicholas FW：Introduction to Veterinary Genetics 3E, Wiley-Blackwell, 2009.（第2版の訳書－鈴木勝士 監訳： 獣医遺伝学入門第2版, 学窓社, 2008）

Noakes DE, Parkinson TJ, England GCW：Veterinary Reproduction & Obstetrics 10E, Elsevier, 2018.（第 5版の訳書－河田啓一郎, 浜名克己 監訳：獣医繁殖産科学, 文永堂出版, 1988）

Pineda MH, Dooley MP：McDonald's Veterinary Endocrinology and Reproduction 5E, Wiley-Blackwell, 2008.

Rodriquez-Martinez H, Vallet JL, Ziecik AJ：Control of Pig Reproduction VIII, Nottingham Univ Press, 2010.

Senger PL：Pathways to Pregnancy and Parturition 3E, Current Conceptions, 2015.

Youngquist RS, Threlfall WR：Large Animal Theriogenology 2E, Elsevier, 2006.

Zimmerman J, Karriker L, Ramirez A, Schwartz K, Stevenson G：Diseases of Swine 10E, Wiley-Blackwell, 2012.

正答と解説

第1章

問1：d

　　生殖隆起，中腎管，中腎細管，尿生殖洞はそれぞれ生殖巣（精巣や卵巣），精巣上体と精管（雌では退化），精巣輸出管（雌では退化），腟前庭等（雄では前立腺等）に分化する．雌では中腎傍管〔雄では AMH（MIS）の作用で退化〕が卵管，子宮，腟の一部に分化する．

問2：b

　　原始卵胞，一次卵胞，二次卵胞，および白体は，直腸検査での触診も超音波検査での画像描出も困難である．一方，卵胞液を有する胞状卵胞や実質と異なる組織密度を有する黄体は超音波検査において特徴的な画像を描出でき，一定以上の大きさであれば直腸検査による触診も可能である．

問3：c

　　子宮頸の大きな役割は頸管粘液を排出することである．発情期には透明の粘液を排出し，生殖道の潤滑および洗浄の役割を果たし，妊娠時に糊状の粘液を排出して外子宮口を塞ぎ，外部からの異物の侵入を防ぐ．

第2章

問1：e

　　a. エストロジェンよる LH サージは GnRH 分泌を介した反応．
　　b. 乳房を刺激すると射乳するのはオキシトシン分泌を介した反応．
　　c. 交尾刺激による排卵は GnRH 分泌を介した反応．
　　d. 性的興奮時の精巣上体尾部からの精子の移動はオキシトシン分泌を介した反応．
　　e. 射精は神経反射による反応．

問2：e

　cAMP はセカンドメッセンジャーとして働き，細胞質に存在するプロテインキナーゼを活性化する．

問3：b

　LH サージは排卵を起こさせる内分泌シグナルである．

第3章

問1：b

　　牛において，有糸分裂した A 型精祖細胞から 16 の一次精母細胞が生じる．それぞれの一次精母細胞から 2 つの二次精母細胞が生じ，それぞれから 2 つの精子細胞が発生する．

問2：a

　　FSH は卵胞発育数を促進させるホルモンである．

問3：e

　　これは主に卵胞壁の脆弱化に関与していると考えられている．

問4：b

　　ライディッヒ細胞は精細管の間隙に存在する．精細管内には精子の栄養供給のための細胞である

セルトリ細胞が存在する.

第4章

問1：e

牛，豚，犬は周年繁殖動物，馬，羊，山羊，猫は季節繁殖動物とよばれる.

問2：e

牛のLHサージは高く鋭いピークとなって出現し，排卵を誘起する．血中プロジェステロン濃度が排卵日までに上昇し始めるのは犬である．交尾後にLHが放出されるのは猫である.

問3：c

馬では排卵の30時間前～排卵後6時間までが交配適期とされている.

問4：d

通常，離乳後3～10日で発情がみられる.

問5：d

角化上皮細胞が多数出現し，ギムザ染色液に濃染する.

第5章

問1：c

第一減数分裂が開始するのは精子侵入前である．卵管から子宮内に下降するのは一般に，8～16細胞期のステージである．馬の胚では妊娠37日頃までは球形を保っている．子宮乳は子宮腺や子宮内膜細胞から分泌される.

問2：a

牛や羊の胚の栄養膜からは，インターフェロン-タウ（IFN-τ）とよばれるタンパク質が生産・分泌されている．IFN-τは，子宮内膜におけるオキシトシン受容体の発現を抑制することでPGF$_{2\alpha}$のパルス状分泌を抑制する．豚の胚は妊娠認識物質としてエストロジェンを分泌し，そのピークは妊娠11～12日と16～30日にみられる．馬の胚は左右の子宮角を移動する.

問3：b

豚では，子宮内へ下降した胚の約40%が反対側へ移行して混合される．牛の胚は，一般に排卵側子宮角に定着する．牛の胚の子宮内移行は1%以下と極めて少ないが，馬の胚は定着までに1日10回以上も左右の子宮角を移動することから，子宮内移行は50%前後となる.

問4：e

霊長類の胚は子宮内膜上皮を突き抜け，粘膜下組織に達して着床する．これを壁内着床という.

第6章

問1：a

1か月齢において，頭と肢芽が判別できるようになる．雌では3か月齢で乳頭の隆起が明瞭になる．口の周囲に毛が見え出すのは5か月齢である．6か月齢で毛が尾端に，7か月齢で肢の近位部に出現する.

問2：b

上皮絨毛胎盤をもつ動物種には馬，豚が含まれる.

170   正答と解説

問 3：e

　受胎後の血中プロジェステロン濃度は 4 〜 8 ng/ml を維持して推移する.

　子宮内膜の着床性増殖はエストロジェンが作用した後のプロジェステロンの働き，プロジェステ
ロンは子宮筋のオキシトシンに対する感受性を低下させる.

　プロジェステロンは胎盤からも産生される.

　妊娠期はエストロンがエストラジオール -17β より優位である.

問 4：b

　妊娠中の血中プロジェステロン濃度は 15 〜 20 日でピークに達した後に漸減し，分娩直前に基底
値まで急減する.

第 7 章

問 1：③（b, d, e）

a. ノンリターン法の場合，不妊であっても発情徴候を示さない場合もある.

c. 犬，猫を含めほとんどの動物で最も早期に妊娠を診断できるのは超音波検査であり，X 線検査に
よる妊娠診断は，骨化が起こる時期以降で可能な方法である.

問 2：③（b, d, e）

a.「ノンリターン法と黄体の存在」,「乳汁中または血中プロジェステロン測定」,「PAG 測定」および「超
音波検査」は直腸検査に先立って実施可能である. いずれの方法を用いる場合も，その後の胚死
滅の割合が高いため，早期妊娠診断法による判定を最終診断とせず後日確定診断を実施する.

c. 犬，猫における胎嚢の触診による妊娠診断の適期は，20 〜 30 日である.

問 3：②（a, c, e）

b. PAG 検出を含めた早期妊娠診断ではその後の胚死滅を考慮して後日確定診断を実施する. また,
PAG は分娩後も血中に残存するために分娩後早期では誤判定が生じることがあり，その場合には
妊娠の有無を確定させることはできない.

d. 犬では妊娠の有無によらずプロジェステロン濃度は同様の変化を示すことから，プロジェステロ
ン濃度によって妊娠の有無を診断することはできない.

第 8 章

問 1：③（b, d, e）

a. 牛の場合，体温が前日の同時刻と比較して 0.5℃以上低下してから 12 時間以内に分娩が開始する
ことが多い.

c. 開口期は経産牛で 2 〜 6 時間，未経産牛では 12 時間ほどかかる.

問 2：③（b, d, e）

a. 牛では分娩後約 30 日で左右子宮角の直径がほぼ同じサイズに戻る.

c. 犬では分娩後数週間で子宮の修復は完了するが，子宮内膜の再生および炎症の消失などが完了し
て妊娠可能な状態になるまでには約 3 か月を要する.

問 3：②（a, c, e）

b. 初乳中には常乳に比べて免疫グロブリン，増殖因子およびビタミン類は多く含まれるが，乳糖や
ガゼインは少ない.

正答と解説　　171

d.　子牛の消化管での免疫グロブリンの吸収は，出生後 24 時間以降低下する.

第 9 章

問 1：b

　　GnRH 投与後，排卵は 24 〜 32 時間後に誘起される．これにより，主席卵胞からのエストラジオール分泌は低下し，抑制されていた FSH 分泌量が増えるため約 2 日後に卵胞ウェーブが始まる.

問 2：a

　　FSH は過剰排卵処理の際に漸減投与によって用いられる．近年，過剰排卵目的で皮下に 1 回のみ投与する FSH 製剤が国内で販売されている.

問 3：c

　　羊ではジェスタージェンの徐放剤と eCG を併用することで発情誘起率が向上する．特に，半減期が長い eCG は長期間 FSH 様の作用を示すため，卵胞発育促進効果が高い.

問 4：c

　　山羊は妊娠 4 日目以降のいつであっても $PGF_{2\alpha}$ 投与が効果的である.

問 5：c

　　GnRH 類似体を抗原としたワクチンが雄豚用に販売されている．GnRH に対する免疫が付与されることで，FSH および LH の分泌が抑制され，精巣の発達が抑制される.

第 10 章

問 1：c

　　表 10-1 を参照.

問 2：c

　　中片部にはらせん状に取り巻くミトコンドリア鞘があり，尾部運動のエネルギーを供給している.

問 3：a

　b.　頸部は最も切断しやすい.

　c.　ミトコンドリア鞘は軸線維束を覆うように存在する.

　d.　雌の生殖道内での上行は，主として生殖道の蠕動運動に依存しているが，精子の前進運動能は重要である.

　e.　精子の代表的な代謝は解糖系と呼吸系であり，動物種によっては解糖系の方が ATP 生産により貢献しているという報告もある.

問 4：d

　a.　牛は弾性線維型.

　b.　犬は血管筋肉型.

　c.　牛では温覚，馬や犬では圧覚や摩擦，豚では圧覚が重要である.

　e.　射精中枢.

問 5：d

　a, b.　馬精液の膠様物は精嚢線に由来し，豚精液の膠様物は尿道球腺に由来する．膠様物を除去しても受胎成績には影響しない.

　c.　一般に壮齢雄動物の精液量，精子数は若齢に比べて多く，牛では 3 〜 6 歳前後の間で非常に安定

172   正答と解説

的に良好な精液を生産する.
　e．一般的に頻回の射精は精液性状を悪化させる.

第 11 章

問 1：d
　a．豚の精液採取法.
　b．馬精液の性状.
　c．尿の混入は精子活力を著しく低下させる.
　d．精子濃度が高く，活発な精子が多く含まれる反芻動物精液で観察される.
　e．精液採取回数の増加は未成熟精子の出現率を高める.

問 2：b
　a．用手法によって採取するのが一般的である.
　c．豚や馬の精液に膠様物が多く含まれる.
　d, e．牛における人工授精の解説.

問 3：d
　a．種畜から羊と山羊は外れているが，これらも本法で定める人工授精の対象家畜となる.
　b．種畜が疾患にかかっていることを知りながら，種付けまたは人工授精用精液の採取を行ってはならない.
　c．昭和 58 年の「家畜改良増殖法」の改正により,獣医師の資格でこれらを実施できるようになった.
　e．獣医師でなくとも実施可能である.

問 4：c
　性選別精液作製の過程で多くの精子のロスがあるため，1 本のストローに封入されている精子の数は通常精液（1,000 ～ 4,000 万個）よりも性選別精液（200 万～ 300 万個）の方が少ない.

第 12 章

問 1：d
　過剰排卵処理時には同個体内でも排卵時期に差異が生じるため，胚を多く得るために複数回の人工授精が推奨される．人工授精後 7 日前後の胚を回収し，レシピエントの黄体がある側の子宮角に移植する．ドナーとレシピエントの発情周期の違いは 1 日以内とする．新鮮胚より凍結胚の方が受胎率の低くなることが報告されているが，長期間の保存や移動が容易なため凍結胚の利用価値は高い.

問 2：d
　a．胚を回収する雌牛は疾病に罹患していないことが家畜改良増殖法で定められている.
　b．人工授精と同様な非外科的移植法が開発されたため，牛の胚移植は広く普及している.
　c．子牛の価値の高い和牛を生産するためホルスタイン牛に黒毛和種の胚を移植することは広く行われている.
　e．凍害防止剤の希釈除去の必要のない直接移植法の開発が胚移植普及の一因でもある.

問 3：e
　a, b, c．卵胞ウェーブが開始する時期（小卵胞が多く存在する時期）にホルモン投与を開始すると

正答と解説　　173

排卵数が増加する．一般的に FSH が用いられ排卵誘起時に LH サージに反応できないような小・中卵胞の発育を避けるため，漸減投与する．

d. ガラス化保存した胚は融解時に凍害防止剤の除去を必要とするため一般的には使用されていない．

第13章

問1：a

a. 黄体期が持続するため無発情となる．

b. 成熟卵胞は形成されるが排卵しない病態である．そのため発情は発現する．

c. 成熟卵胞は形成されるが正常より排卵する時期が遅延する．そのため発情は発現する．

d. 卵巣の活動とは別に発生する．

e. 卵巣の活動とは別に発生する．

問2：e

子宮蓄膿症は通常黄体遺残を併発するので，直腸検査により黄体遺残を確認したうえで子宮蓄膿症が診断されることが多い．

問3：d

本症状は子宮内膜炎の典型的な症状である．

問4：e

e 以外の選択肢では，無発情となる．

第14章

問1：b

子宮がその長軸に沿って左方あるいは右方に回転した状態を子宮捻転という．多くは開口期の終わり頃に発生する．症状として腹痛，呼吸速拍などが認められる．外陰部の捻れにより発見することもある．処置としては，後躯を前駆よりも高くして胎子を回転させたり整復したりする方法がある．

問2：c

尿膜水腫が発生の大部分を占め，尿膜絨毛膜の機能不全が生じる．羊膜水腫では徐々に羊水が貯留し，例外なく胎子に異常が生じる．

問3：b

無心体は非対称性分離二重体，多肢症は非対称性連絡二重体に分類される．

問4：b

種雄牛が感染源となる病原体としてカンピロバクターやトリコモナスがあげられるが，カンピロバクターは近年でも国内での発生が報告されている．

問5：④（c, d）

糖質コルチコイドは胎盤からのエストロジェン分泌を増大させることで，またプロスタグランジン $F_{2\alpha}$ は黄体を退行させることで流産や分娩発来を惹起する．

第15章

問1：a

b. 未経産牛では，産道を形成する骨盤などが，発育途中であり，経産牛より小さいため，難産の発

174　　　　正答と解説

　　　生率が高い.
　　c. 尾位上胎向で両後肢の屈曲や失位がない場合は，正常である.
　　d. 頭位であっても，胎子頭部の失位により，手の届く範囲で触知できない場合がある.
　　e. 胎子死が起こった場合，脱力した胎子は失位を起こしやすく，難産の原因となりうる.
問2：c
　　a. 子宮脱とは，胎子娩出直後に，子宮が反転し陰門外脱出した状態をいう.
　　b. 産歴を重ねた経産牛に生じやすい疾患である.
　　d. 脱出後，時間の経過とともに陰門が閉鎖することにより，うっ血・浮腫がすすみ，還納は困難となる.
　　e. 母牛の後躯部が高くなる姿勢にすることで，腹腔内への子宮の還納，整復が容易になる.
問3：e
　　a. 牛では，分娩後12時間以内に排出しないものを胎盤停滞と診断する.
　　b. 牛の胎盤停滞では，垂れ下がった胎盤・胎膜は，乳房や環境への汚染，子宮内への感染の原因となるため，陰門より出ている部分を切除する.
　　c. 子宮収縮薬の投与により，排出が促される場合がある.
　　d. 牛の胎盤停滞では，分娩後1～2週間以内での自然排出が見込める.

第16章

問1：d
　　子宮の炎症により熱感，貯留物より膨隆，全身症状から発熱を呈している. 膿混粘液は通常の修復過程においても認められる.
問2：c
　　産褥熱，産褥性子宮炎，乳房炎・子宮炎・無乳症症候群は細菌感染を原因とし，乳熱，産後急癇は低カルシウム血症を原因とする.
問3：a
　　GnRHは主席卵胞を排卵させる. 黄体ができると子宮内容物の排出が遅れ，悪影響となる可能性がある.
問4：c
　　牛では産褥期と跛行との直接的な関係は知られていない.
問5：d
　　新生子仮死は，循環不全から低酸素血症およびアシドーシスとなる. その結果，反応の低下，起立不能，さらには状態が悪いと死亡することもある.

第17章

問1：e
　　a. 精子頭部先端部分の異常を示す.
　　b. 中片部が曲がった状態を示す.
　　c. 尾部が曲がった状態を示す.
　　d. 尾部がゼンマイのように巻いた状態を示す.
問2：c

 a．陰茎と包皮内の炎症．
 b．包皮粘膜が外反した状態．
 d．包皮小体が退化せずに遺残した状態．
 e．ホルスタイン種雄牛で，陰茎先端部がらせん状に弯曲した状態．
問3：d
 エストロジェンを産生するのはセルトリ細胞腫である．
問4：c
 a．尿道から上行性に感染する．
 b．直腸検査で圧痛を示す．
 d．治療として抗菌薬の大量投与を行う．
 e．多くは慢性化する．

演習問題は各章の執筆担当者が作成．
ただし，第3章問4の作成は永野昌志，
第10章問2の作成は田中知己による．

イラスト：高桑ともみ

索 引

A

accessory reproductive glands 7
acrosome reaction 42
after birth period 65
allantois 51
AMH 2
amnion 51
anal atresia 155
anti-Müllerian hormone 2
antral follicle 5
aspermia 162
asthenozoospermia 163
azoospermia 162

B

block to polyspermy 42
bulbourethral gland 9

C

capacitation 42
castration 78
chorion 51
cleavage 43
colostrum 71
contraception 78
corpus luteum 5

D

deferent duct 7
diplopagus 135
Downer cow syndrome 153
down-regulation 14
dystocia 70

E

early pregnancy factor (EPF) 45
eCG 17, 45, 47, 60, 77
embryo 49
embryonic stem cell 104
embryo transfer 98
emphysematous fetus 135
epididymis 7
estrous cycle 30
ET 98
expulsion period 64

external organs of reproduction 4

F

female pronucleus 43
fetal anasarca 134
fetal maceration 136
fetal membrane 51
fetal mummification 135
fetus 49
foal heat 69
follicular phase 30
follicular wave 31
FSH 12, 82, 99

G

genital tubercle 3
GnRH 11, 15, 75, 82
gonad 12

H

haemospermia 164
hCG 17, 45
hydrocephalus 134

I

ICSI 104
IFN-τ 45
implantation 46
in vitro culture 103
in vitro fertilization 103
in vitro maturation 103
IVC 103
IVF 103
IVM 103

K

kryoplast 104

L

LH 12, 54, 82
LH surge 15
lochia 67
lochiometra 151
luteal phase 30

M

male pronucleus 42

maternal recognition of pregnancy (MRP) 44
meiosis 19
mesonephric duct 1
metritis-mastitis-agalactia complex 152
milk fever 152
mitosis 19
MMA complex 152

N

necrospermia 163
neonatal asphyxia 153
neonatal jaundice 155

O

oligozoospermia 163
opening period 64
ovarian bursa 5
ovarian cycle 30
ovariectomy 79
ovariohysterectomy 79
ovary 4
oviduct 4
Ovsynch 75
ovulation 5

P

paramesonephric duct 1
parturient eclampsia 153
PG 12
$PGF_{2\alpha}$ 45, 73, 99
pH 84, 91
pituitary gland 12
pregnancy-associated glycoproteins (PAG) 59
pregnancy diagnosis 56
prostate gland 9
puberty 29
puerperal fever 151
puerperal metritis 149
pyospermia 164

R

reproductive life-span 29

S

schistosomus reflexus 135

索　引　177

seminiferous tubule　8
sexual maturation　29
spacing　46
spermatic cord　7
spermatogenic cycle　27
Sry　2
summer sterility　164
superovulation　98

T

teratozoospermia　163

testis　7

U

undifferentiated gonads　1
urogenital sinus　2
uterine torsion　131
uterus　4

V

vagina　4
vaginal prolapse　130

vesicular gland　9

Y

yolk sac　51

Z

zygote　43

あ

アイノウイルス感染症　138
アカバネ病　138
アグレプリストン　78, 80
アクロシン　83
アクロソーム　83
後産期　64, 65
Apgar スコア　154
アフラトキシン　125

い

ES 細胞　104
移行抗体　71
移植器　101
一次極体　22
一次卵胞　21, 22
一次卵母細胞　21
遺伝子組換え動物　104
犬可移植性器肉腫　160
犬ジステンパー脳脊髄炎　138
犬の発情周期　33
犬ヘルペスウイルス感染症　138
犬包皮口狭窄　160
陰茎　7, 9, 86, 159
陰茎 S 状曲　86
陰茎海綿体裂傷　160
陰茎強直症　160
陰茎白膜裂傷　160
インターフェロン - タウ　45
陰囊　7, 157
インヒビン　12

う

ウォルフ管　1, 159
牛

　─の染色体異常　107
　─の発情周期　31
牛ウイルス性下痢・粘膜病　138
牛 XY 性腺発育不全症　107
牛カンピロバクター症　137
牛伝染性鼻気管炎　138
馬
　─の発情周期　32
　─の分娩後初回発情　69
馬ウイルス性動脈炎　160
馬媾疹　160
馬絨毛性性腺刺激ホルモン　17, 45, 60, 77
馬パラチフス　137
馬ヘルペスウイルス感染　138
馬ヘルペスウイルス 3 型感染症　160
雲霧様物　91

え

栄養管理　123
栄養膜　43
栄養要求量　54
会陰裂傷　145
エストロジェン　44, 53, 60, 62
エストロン　60
エストロンサルフェート　60
エチレングリコール　102
X 線検査　58
LH サージ　15, 16, 22
エルゴットアルカロイド　125

お

横位　141
黄体　5, 6

黄体遺残　119
黄体期　30
黄体形成　16
黄体形成不全　118
黄体形成ホルモン　12, 82
黄体退行　17
黄体退行法　73
黄体囊腫　115
オーエスキー病　138
オキシトシン　11, 15, 144
雄の効果　77
オブシンク法　75
悪露　67
悪露停滞症　148, 151

か

外陰部挫傷　145
開口期　64, 142
外胚葉　49
開腹　132
外部生殖器　2, 4, 7
夏季不妊症　85, 164
拡張胚盤胞　100
過剰排卵　98, 99
下垂体　12, 14
仮性半陰陽　108
カタール性子宮内膜炎　121
下胎向　141
過大胎子　77
家畜改良増殖法　95, 103
家畜人工授精　96
家畜人工授精師　96
家畜伝染病予防法　96
化膿性子宮内膜炎　121
過肥　148
カベルゴリン　81

178　索引

ガラス化保存　102
顆粒膜細胞腫　112
顆粒膜卵胞膜細胞腫　113
カルシウムオシレーション　104
ガルトナー管　110
鉗子法　94
間性　108, 158
完全生殖周期　30
感染性流産　136
嵌頓包茎　160

き

奇形　142
奇形精子　93
奇形精子症　163
希釈　92
気腫胎　135, 142
キスペプチン　15
季節外繁殖　76
季節繁殖動物　30
気腟　110
亀頭包皮炎　160
偽妊娠　33
擬牝台　90
キメラ　104, 107
ギャップ結合　44
局所浸潤麻酔　144
去勢　78

く

クッシングの二重縫合　144
クラミジア感染症　137
グリセリン　102
クレンブテロール　144
クローニング　104
クローン　104
クロプロステノール　74, 78,
　80

け

頸管経由法　101
経腟分娩　144
血管筋肉型　86
結合織絨毛胎盤　53
血絨毛胎盤　53
血精液症　164
ケトーシス　147
ケメラーの胎子捻転器　131
原始卵胞　21
減数分裂　19
顕微授精　103

こ

媾疫　160
後核帽　83
抗甲状腺物質　124
後肢吊り上げ法　132
合成ジェスタージェン　75
後天性陰門狭窄　109
後天性腟狭窄　110
後天的異常　158
交尾排卵　31
交尾不能症　161
交尾欲欠如症　161
交尾欲減退症　161
合胞体　47
抗ミューラー管ホルモン　2
呼吸性アシドーシス　71
黒色腫　112
誤交配　79
骨盤腔　143
骨部産道　141
コバルト欠乏　124
コルチゾール　62

さ

細菌性子宮内膜炎　137
臍静脈　50
臍動脈　50
細胞質滴　92
鎖肛　155
産科チェーン　144
産科ローブ　144
産後急痛　153
散在性胎盤　51
産出期　64, 142
産褥　67
産褥性強直症　153
産褥性子宮炎　149
産褥性蹄葉炎　147
産褥熱　145, 151
産道狭窄　144
産道損傷　144
3倍体　107

し

ジェスタージェン　74, 77
子宮　4, 6
子宮炎　145, 146
子宮外膜　6
子宮灌流　99
子宮筋炎　122
子宮頸　6

子宮頸管炎　121
子宮頸管狭窄　111
子宮頸管粘液　56
子宮頸管裂傷　145
子宮固定鉗子　144
子宮弛緩薬　144
子宮修復　38, 67
子宮小丘　6
子宮洗浄　147
子宮脱　145
子宮蓄膿症　122
子宮内移行　46
子宮内膜　6
子宮内膜炎　121, 146, 147
子宮内膜刺激法　74
子宮内膜杯　47
子宮乳　44
子宮捻転　131, 142, 144
子宮破裂　145
子宮ヘルニア　132
子宮無力症　142, 144, 147
死産　130
視床下部　11, 14
雌性生殖器　4
雌性前核　43
雌性発生　43
雌性避妊　79
自然排出　146
自然排卵　31
持続性発情　117
失位　141
ジノプロスト　74
自発呼吸　70
死滅胚　100
射精中枢　86
射精頻度　85
手圧法　90
縦位　141
獣医師法　96
習慣性流産　107
周産期疾病　148
収縮桑実胚　100
雌雄の産み分け　105
雌雄判別　105
重複奇形　135, 142
絨毛膜　51
授精証明書　96
授精適期　40
受精能獲得　42
受精能力　84
受精卵移植証明書　96
主席卵胞　31

出血体　35
受胚雌　98
春機発動　29, 82
上胎向　141
上皮絨毛胎盤　53
初期胚　43
初期胚盤胞　100
触診　57
植物エストロジェン　124
助産　143, 144
ショットラーの複鈎　144
初乳　71
飼料給与　114
真菌性流産　139
人工授精　73, 89, 94
人工授精器　94
人工腟法　90
人工妊娠中絶技術　79
滲出性子宮内膜炎　121
新生子　70
新生子黄疸　155
新生子仮死　153
真性半陰陽　108
陣痛微弱　142
浸透圧　84
深部注入カテーテル　95

す

水腫胎　134, 135, 142
水素イオン濃度　84
水頭症　134, 142
スクワッティング　37
スタンディング　37
ステロイドホルモン　12
ストレス　126
スペーシング　46

せ

ゼアラレノン　125
精液　84
精液注入　95
精液瘤　159
精液量　84
精管　7
性決定領域　2
性行動　37
精細管　8, 25
精索　7
精子　24, 85
　－の形態　83
精子うっ滞　159
精子運動能自動解析装置　91

精子活力検査盤　91
精子形成　17, 19, 21, 82
精子形成サイクル　27
精子減少症　163
精子細胞　21, 25
精子死滅症　163
精子受容性　35
精子侵入　42
精子数　84, 92
精子肉芽腫　159
精子無力症　163
成熟卵子　104
精漿　84, 85
精上皮腫　158
生殖結節　3
生殖巣　1
生殖道　1, 2
生殖不能症　162
性成熟　29, 82
性腺　12
性腺軸　14
性腺刺激ホルモン　15, 22,
　77, 98
性腺刺激ホルモン放出ホルモン
　11, 82
性染色体　108
性選別精液　89, 106
精巣　7, 8, 157
　－の石灰沈着　158
精巣炎　158
精巣下降　3, 82
精巣上体　7, 9, 158
精巣上体炎　159
精巣上体管　9
精巣導帯　3
精巣捻転症　158
精巣発育不全　158
精巣輸出管　7, 9
精祖細胞　21, 25
生存指数　91
精囊腺　9, 158
精囊腺炎　159
性判別　105
精母細胞　82
石灰沈着（精巣の－）　158
接合子　43
切胎術　135, 144
接着　46
セルトリ細胞　25
セルトリ細胞腫　158
セレニウム欠乏　125, 148
線維乳頭腫　112

潜在性子宮内膜炎　121
潜在精巣　158
染色体異常　107, 139, 158
先体　83
先体反応　42
先体帽　83
先天異常　134, 158
先天奇形　134
線鋸　144
前立腺　9, 158
前立腺炎　159
前立腺肥大症　159

そ

早期妊娠因子　45
早産　130
桑実胚　43, 100
双胎　135, 142, 143
双胎分娩　142
側胎向　141
足胞　64
蘇生法　154

た

胎位　141, 143
第1破水　64, 142
第2破水　64
体温調節　71
体外受精　103
体外成熟　103
体外培養　103
胎向　141, 143
体細胞核移植　104
胎子　49
胎子回転法　131
胎子過大　141
胎子死　142
胎子循環　50
胎子浸漬　136
胎子捻転器（ケメラーの－）
　131
胎子ミイラ変性　135
代謝性アシドーシス　71
帯状胎盤　52
胎勢　141, 143
胎盤　51
胎盤停滞　78, 146
胎盤排出促進　147
胎盤付着部　152
胎便停滞　154
胎膜　51
胎膜水腫　132

180　　索　引

胎膜スリップ　57
ダウナー牛症候群　153
ダウンレギュレーション　14
多核細胞　47
多精拒否機構　42
多精子受精　43
多胎盤　51
脱出胚盤胞　100
多発情動物　31
多胞性大型嚢腫　116
多胞性小型嚢腫　116
単為発生　43
短日繁殖動物　30，77
弾性線維型　86
単精巣　158
タンパク質　124
短発情　117
単発情動物　31
単胞性嚢腫　116

ち

チゲーゼンの切胎器　144
腟　4，6
腟炎　120
腟過形成　112
腟検査　39
腟スメア　36，37
腟脱　130
腟嚢胞　110
腟弁遺残　109
腟裂傷　145
着床　46
着床遅延　47
中腎管　1，159
中心着床　46
中腎傍管　1，108，159
中毒　139
中胚葉　49
超音波検査　57，147
超音波断層法　58
長期在胎　77
長日繁殖動物　30，77
直腸検査　39，57
直腸腟法　94

つ

蔓状静脈叢　7

て

定位　46
帝王切開術　133，135，144
低カルシウム血症　142

定時人工授精　73，75
デオキシニバレノール　125
デキサメサゾン　77
電気刺激法　90
転座　107
伝播性線維乳頭　160

と

頭位　141
凍害防止剤　101
凍結精液　94
銅欠乏　124
凍結保存　101
頭尾長　49
透明帯　21，22，44，100
透明帯反応　42
トキソプラズマ病　139
ドナー　98
ドナー核細胞　104
トランスジェニック　104
トリコモナス病　139
トリソミー　107
トリパノソーマ症　160
豚コレラ　138
鈍性発情　116

な

内細胞塊　43
内胚葉　49
内皮絨毛胎盤　53
難産　70，141

に

二核細胞　47，53
肉質改善　78
肉柱　109
二重体　142
二次卵胞　21，22
二次卵母細胞　22
日照時間　77
2倍体　107
ニバレノール　125
日本脳炎　138
乳熱　152
乳房炎・子宮炎・無乳症症候群　152
尿生殖洞　2
尿腔　110
尿道球腺　9，158
尿膜　51
尿膜水腫　133
妊娠　17

妊娠関連糖タンパク質　59
妊娠期間　49
妊娠診断　56
妊娠認識　44

ね

ネオスポラ症　139
猫ウイルス性鼻気管炎　138
猫伝染性腹膜炎　138
猫の発情周期　33
猫白血病ウイルス感染症　138
猫汎白血球減少症　138
粘稠度　84

の

嚢腫様黄体　119
膿精液症　164
ノンリターン法　56

は

胚　44
　−の品質判定　100
　−の品質評価　100
　−の分化　49
背圧試験　39
配位　46
胚移植　98
配偶子形成　19
胚細胞核移植　104
胚死滅　120
胚性幹細胞　104
ハイパーアクチベーション　83
胚発育ステージ　100
胚盤胞　43，100
胚葉　44
排卵　5，16，22
排卵窩　6
排卵同期化　73，75
白体　6
破水　64
8細胞期胚　100
発育不全黄体　118
発情期　30
　犬　37
発情休止期（犬）　37
発情周期　30
　犬の−　33
　牛の−　31
　馬の−　32
　猫の−　33
　豚の−　32
発情診断　39

発情前期　30
　犬　36
発情同期化　73
発情の見逃し　126
発情発見　73
発情発見補助器具　40
発情誘起　77
バルーンカテーテル　99
パルス状 GnRH 分泌　16
盤状胎盤　52
繁殖季節　29, 30
繁殖寿命　29
反転性裂体　135, 142

ひ

ヒアルロニダーゼ　83
尾位　141
非感染性流産　139
ビタミン A 欠乏　125
ビタミン E 欠乏　125
尾椎硬膜外麻酔　144
ヒップロック　144
非定型感染　120
人絨毛性性腺刺激ホルモン　17, 45
避妊　78
肥満牛症候群　147
品質判定（胚の―）　100
品質評価（胚の―）　100

ふ

ファーガソン反射　63
フィードバック機構　14, 17
孵化　44
不完全生殖周期　30
腹位　143
副腎皮質ホルモン　77
腹水症　134
副生殖器
　牛　35
　馬　36
　豚　36
副生殖腺　2, 4, 7, 8, 9, 158
不受胎　113, 120, 123
豚エンテロウイルス性脳脊髄炎　138
豚の発情周期　32
豚パルボウイルス感染症　138
豚繁殖・呼吸障害症候群　138
不動反応　39
不妊症　107
フラッギング　38

フリーズドライ精子　104
フリーマーチン　107
不良遺伝形質　89
フルクトース　84
ブルセラ病　137
プロジェステロン　53, 59, 62
プロジェステロン拮抗薬　80
プロジェステロン放出腟内留置製剤　74
プロスタグランジン　12
プロスタグランジン E_2　62
プロスタグランジン $F_{2\alpha}$　73
プロラクチン　54
分娩開始　62
分娩経過　64
分娩後初回発情（馬の―）　69
分娩誘起　77, 147

へ

β カロテン欠乏　125
壁内着床　46
偏心着床　46

ほ

胞状卵胞　5, 21
包皮　159
包皮小帯の遺残　160
包皮脱　160
母体回転法　131
ホルモン　12
ホルモン剤　114
ホワイトヘイファー病　108

ま

マイクロマニュピレーター　104
マイコトキシン中毒　125
マンガン　124

み

密着結合　43
ミネラル　124
未分化生殖巣　1
ミューラー管　1, 159

む

無精液症　162
無精子症　85, 162
無精巣　158
無排卵　118
無排卵性発情　118
無発情　116
無発情期（犬）　37

無発情排卵　116

め

免疫グロブリン　71
免疫避妊法　79

も

モザイク　107
モノソミー　107

ゆ

有糸分裂　19, 20, 21
雄性生殖器　7
雄性前核　42
雄性発生　43
雄性避妊　78
ユトレヒト縫合　144

よ

用手剥離　147
用手法　90
ヨウ素欠乏　124
腰椎側神経麻酔　144
羊膜　51
羊膜水腫　133
羊膜囊　142

ら

ライディッヒ細胞腫　158
ライフサイクル　29
卵黄遮断　42
卵黄囊　51
卵割　43
卵管　4, 6
卵管間膜囊胞　109
卵管形成不全　108
卵管通気試験　111
卵管閉塞　111
卵丘　22
卵ク液　92
卵細胞質内精子注入法　103
卵子形成　19, 20
卵巣　4, 36
　牛　34
　馬　35
　豚　36
卵巣萎縮　114
卵巣炎　123
卵巣間膜　5
卵巣子宮摘出術　79
卵巣周期　30
卵巣静止　113

卵巣嚢　5
卵巣嚢腫　115
卵巣発育不全　113
卵巣門　5
卵巣癒着　111，123
卵祖細胞　20
卵胞ウェーブ　24，31，34，73
卵胞期　30
卵胞刺激ホルモン　12，82
卵胞嚢腫　115

卵胞の閉鎖　24
卵胞波　31
卵胞発育　16
卵胞発育障害　113
卵母細胞　19，20

り

リステリア症　137
流産　79，130
　習慣性－　107

リラキシン　60，63，64
リン欠乏　124

れ

レシピエント　98
レセプター　12
レプトスピラ症　137

ろ

ロードシス　38

コアカリ獣医臨床繁殖学

2019 年 6 月 15 日　初版 第 1 刷発行

編　集	獣医繁殖学教育協議会
発行者	福　　毅
発　行	文永堂出版株式会社
	〒 113-0033　東京都文京区本郷 2 丁目 27 番 18 号
	TEL 03-3814-3321　FAX 03-3814-9407
	URL https://buneido-shuppan.com
印　刷	株式会社平河工業社
製　本	壺屋製本株式会社

定価（本体 3,800 円＋税）

＜検印省略＞

© 2019　獣医繁殖学教育協議会

ISBN 978-4-8300-3274-5

獣医繁殖学 第4版

中尾敏彦　津曲茂久　片桐成二　編

B5判　592頁（2012年3月刊）

定価（本体 10,000 円＋税）送料 594 円

　第3版の発行から6年を経て，第4版が完成いたしました。第3版の内容を踏襲しつつ，新たな執筆陣を加え，最新の情報を盛り込んであります。教科書として編纂されており，これから繁殖学を学ぶ方々には最適の書となっています。

ISBN 978-4-8300-3239-4

略目次：第1章 生殖器の構造と機能，第2章 内分泌，第3章 雌の繁殖生理，第4章 雄の繁殖生理，第5章 交配・受精・着床，第6章 妊娠と分娩，第7章 生殖工学，第8章 雌の繁殖障害，第9章 妊娠期の異常，第10章 周産期の異常，第11章 乳房の疾患，第12章 雄の繁殖障害，第13章 野生動物の繁殖

獣医繁殖学マニュアル 第2版

獣医繁殖学教育協議会　編

A4判　312頁（2007年3月刊）

定価（本体 5,200 円＋税）送料 432 円

　本書の初版が2002年に刊行されてから，5年近く経過した．その間に獣医繁殖学分野の研究や技術はさらにいっそう進展している．また，獣医関係の法規がいくつも改正または制定され，特に繁殖と関係の深い家畜改良増殖法が改正された．

　獣医繁殖学教育協議会ではこれらの事情を勘案し検討の結果，実習書および卒後教育テキストとして本書の改版を企画し，協議会メンバーの全教員がその作業に参加することとした．

ISBN 978-4-8300-3209-7

　したがって本書には，各章にわたって最新の知見が取り入れられている．その中でもいっそう充実された分野として，繁殖性の向上技術，生殖工学，小動物などがある．

　本書の構成は実用的な面を考慮して，牛（一部めん山羊を含む），馬，豚，犬と猫の順で，動物別となっている．図表，写真が多用され，大変利用しやすく，見やすいものとなっている．

―編集者　序より一部抜粋―

●ご注文は最寄の書店，取り扱い店または直接弊社へ

文永堂出版

〒113-0033　東京都文京区本郷 2-27-18

TEL 03-3814-3321
FAX 03-3814-9407